无人机概论

主　编　王海霞　牛　玺　解本江
副主编　陆飘飘　孙松楠　刘　艳　王海燕　夏季风
参　编　强巴丁真　刘友霞　肖成刚
　　　　夏仲影　蓝东亮　杨春燕　曲冬日

哈爾濱工業大學出版社

内 容 简 介

本书从无人机的基础理论出发，对无人机的相关内容做出了系统专业的研究与分析。全书共包括7个项目，分别是无人机的基础认知、无人机系统、无人机系统的工作原理、无人机植保技术、5G网联无人机、无人机系统维修与保养和多旋翼无人机。每个项目最后还提供了练习题，可帮助读者巩固所学的内容。

本书可作为无人机操控与维护专业及相关专业的教材，也可作为无人机操控人员及有人机相关专业和技术保障人员的参考用书。

图书在版编目（CIP）数据

无人机概论／王海霞，牛玺，解本江主编．—哈尔滨：哈尔滨工业大学出版社，2024.12

ISBN 978-7-5767-1447-0

Ⅰ.①无… Ⅱ.①王… ②牛… ③解… Ⅲ.①无人驾驶飞机-概论 Ⅳ.①V279

中国国家版本馆CIP数据核字(2024)第103874号

策划编辑　闻　竹　常　雨
责任编辑　闻　竹　常　雨
封面设计　童越图文
出版发行　哈尔滨工业大学出版社
社　　址　哈尔滨市南岗区复华四道街10号　邮编150006
传　　真　0451-86414749
网　　址　http://hitpress.hit.edu.cn
印　　刷　哈尔滨起源印务有限公司
开　　本　787mm×1092mm　1/16　印张12.5　字数297千字
版　　次　2024年12月第1版　2024年12月第1次印刷
书　　号　ISBN 978-7-5767-1447-0
定　　价　88.00元

前　言

随着无人机技术的不断完善和无人机市场的不断拓展,各方面无人机专业人才的教育、培训显得越来越重要,学习并掌握无人机技术和无人机的应用本领已成为当今社会的广泛需求。纵观近年来陆续面世的无人机知识方面的书籍,其内容基本上都比较单一,有的为培训无人机驾驶员所用,有的为学习无人机操纵某一技能(如航拍)所用,有的为无人机在某个行业(如植保)运营推广所用,缺少理论与实际结合、技术与应用兼容的综合性教材。无人机是以新一代人工智能技术、信息通信技术和先进制造技术深度融合为基础,将人类复杂的需求经过大数据分析处理后,通过网络通信、计算机控制来实施各类飞行任务,使人类从繁杂、危险及重复性的工作中解放出来的智能航空器。

本书从无人机的基础认知出发,对无人机系统及工作原理进行专业的梳理和总结,对无人机植保技术、5G 网联无人机进行分析和研究,并对无人机系统维修与保养及旋翼无人机做了系统的分析和总结。本书立足现实,面向未来,注重对基本理论、基本技能、基本知识和基本方法的介绍,力求结构合理、宽而不深、多而不杂、文字简洁、通俗易懂。本书从基础理论出发,对相关内容做出了系统专业的研究和分析,可作为无人机操控与维护专业及相关专业的教材,也可作为无人机操控人员及有人机相关专业和技术保障人员的参考用书。

本书的参考学时为 72 学时,建议采用理论实践一体化教学模式,各项目的参考学时见下面的学时分配表。

学时分配表

项目	课程内容	学时
项目 1	无人机的基础认知	8
项目 2	无人机系统	12
项目 3	无人机系统的工作原理	10
项目 4	无人机植保技术	12
项目 5	5G 网联无人机	12
项目 6	无人机系统维修与保养	10
项目 7	多旋翼无人机	8
课时总计		72

本书由王海霞、牛玺、解本江任主编,陆飘飘、孙松楠、刘艳、王海燕、夏季风任副主

编,强巴丁真、刘友霞、肖成刚、夏仲影、蓝东亮、杨春燕、曲冬日等也参与了本书的编写工作。刘艳、王海燕编写了项目1,牛玺编写了项目2,陆飘飘编写了项目3,孙松楠编写了项目4,王海霞编写了项目5,解本江编写了项目6、项目7。全书由夏季风统稿完成。

由于编者水平和经验有限,因此书中难免存在疏漏和不足之处,恳请广大读者批评指正。

编　者

2024年10月

目　　录

项目1　无人机的基础认知

【情景导入】

无人机出现一个世纪以来，随着信息技术的高速发展，它的技术也发生了巨大的变化，从遥控飞行器(remotely piloted vehicle，RPV)到无人飞行器(unmanned aircraft vehicle，UAV)，再到无人驾驶飞行器系统(unmanned aircraft system，UAS)，无人机技术已经迈上了新的高度。无人机属于无人驾驶飞行器的一种，从飞行原理和形态上来讲，可以分为固定翼无人机、垂直起降无人飞机、无人飞艇、无人直升机、多旋翼无人机和伞翼无人机等。

【知识目标】

1. 学习无人机的概念与类别。
2. 了解无人机的结构。

【能力目标】

1. 掌握无人机基础知识。
2. 掌握无人机结构与用途。

【思政及素质目标】

1. 培养全面发展的品德素质，通过参与各种实践活动，建立正确的价值观念。
2. 培养自我认知能力、独立思考能力和发现并解决问题的能力。

【学习路径】

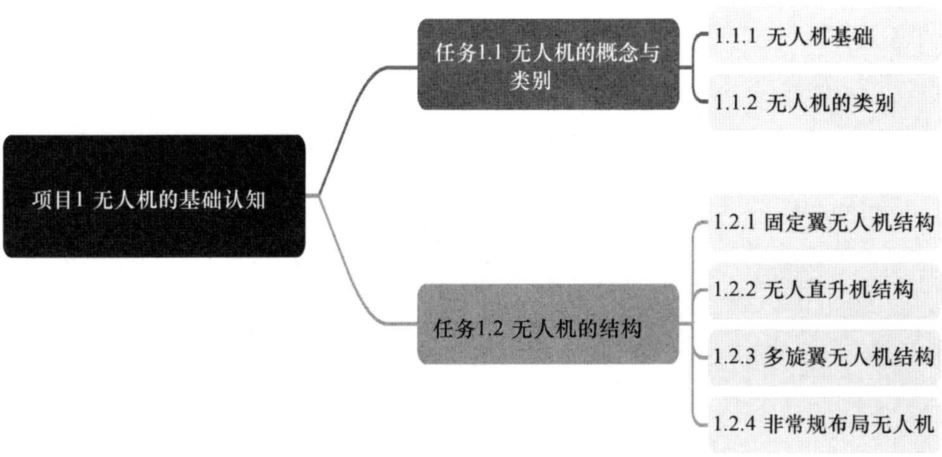

任务 1.1　无人机的概念与类别

1.1.1　无人机基础

1. 无人机的概念

在无人机技术的漫长发展过程中，有关专家、学者从不同角度，根据不同的考量，对无人机是什么做出了表述不尽相同的解释。比较典型的提法如下。

(1)无人机是由控制站管理(包括远程操纵或自主飞行)的航空器，又称远程驾驶航空器(remotely piloted aircraft，RPA)。

(2)UAV 是利用无线电遥控设备和自备的程序控制装置操纵的不载人飞机。

(3)drone 是无人飞行器的简称，是一种通过无线遥控或内设的智能控件进行操控，利用机内嵌入式系统及配件与远程信息平台构建完成数据链，从而完成信息实时交互的不载人飞行器。

(4)无人机是利用无线遥控设备或预先编写好的程序控制，能在实现自主或半自主功能的同时，可重复使用的飞行器。

(5)无人机是指无人驾驶飞机，是通过无线电遥控设备，利用自备的程序控制装置来操控飞行的飞机。

(6)无人机是无人驾驶航空器的简称，是一种通过远程操作遥控器指挥，让其自主飞行的航空器。

随着无人机技术的发展，上述定义有的不尽全面，有的没有紧跟技术的进步。这里参考中国民用航空局飞行标准司的规定，无人机的定义是由控制站管理(包括远程操纵或自主飞行)的航空器(图 1-1)。该定义中既不强调“通过无线电遥控设备”控制，也不突出远程操作，因为固定式系留无人机已被广泛使用。鉴于当今技术高速迭代发展，低空经济席卷全球，无人机机型百花齐放，种类层出不穷，无人机的定义必须要与时俱进，随时调整。

图 1-1　无人机

2. 无人机与航模的区别

从广义上来说，无人机与航模的主要区别是能否进行无人操控的自主飞行。前者通过飞控系统控制飞机的姿态和机动，只需通过数据链与地面控制系统参数进行交互，即可实现自主飞行，在一些军用、航测等应用中可实现超远距离飞行。而后者比较初级，大都在视距内飞行，主要用于运动娱乐和体育竞赛。未来，无人机将作为空中载体和应用平台，探索出越来越多的应用场景和功能。

具体来说，要知道无人机与航模的具体区别在于以下几点。

(1)定义方面。

航模的定义是航空模型，一般在相对高度不超过120 m、水平距离不超过500 m的视距内飞行，但也有少数航模具备第一人称视角(FPV)功能，可以进行有限距离的超视距飞行。它是一种有尺寸限制、带有或不带有动力装置的不能载人的航空器。

无人机则是一种由无线电遥控设备和自备程序控制装置操纵的无人驾驶飞行器。它可以不依赖遥控器，而通过地面站、数据链路或机载计算机来指挥，能飞行到几千千米外，有的无人机留空时间可以长达几小时甚至几十小时。

(2)飞控系统方面。

无人机与航模的区别在于是否安装导航飞控系统，能否按照预设程序实现自主飞行。通俗地说，无人机通过复杂的中央飞控系统与地面控制系统进行参数交互，以控制飞机的姿态和机动，实现自主飞行。航模虽然也是无人驾驶，但它在操控手的视距范围内，由操控手遥控实现机动和姿态的调整，少数航模也可以安装增稳控制系统，但一般不具备导航控制功能。

(3)用途方面。

无人机多数用于执行超视距任务，最大任务半径可达上千千米。通过机载导航飞控系统自主飞行，由链路系统上传控制指令和下达任务信息。

航模通常在视距范围内飞行，控制半径小于500 m，操纵人员目视飞机，通过手中的遥控发射器操控飞行。由于航模的用途一般是娱乐表演及体育运动，因此机上一般不会搭载吊舱、雷达、相机等任务载荷，但是有可能会挂载拉烟管、条幅、彩带抛投舱甚至模拟弹药发射筒等增加表演效果的载荷。

(4)安全管理方面。

在我国，航模由国家体育总局下属的航空运动管理中心管理；民用无人机由中国民航总局统一管理；军用无人机由军方统一管理。

3. 无人机相关名词解释

(1)无人驾驶航空器。包括无人机、航模航空器、导弹、游荡弹药等。

(2)无人机系统。又称远程驾驶航空器系统(remotely piloted aircraft systems，RPAS)，是指由无人机、相关控制站、所需的指令与控制数据链路，以及批准的型号设计规定的任何其他部件组成的系统。

(3)控制站。又称遥控站、地面站，它是无人机系统的组成部分，包括用于操纵无人机的设备。

(4)指令与控制数据链路(command and control data link,C2)。是指无人机与控制站之间为达到飞行管理目的而形成的数据链接。

(5)无人机云系统(简称“无人机云”)。是指轻小型民用无人机运行动态数据库系统,用于向无人机用户提供航行服务、气象服务等,对民用无人机运行数据(包括运营信息、位置、高度和速度等)进行实时监测。接入系统的无人机应即时上传飞行数据。无人机云系统对侵入电子围栏的无人机具有报警功能。

(6)运营人。是指从事或拟从事航空器运营的个人、组织或企业。

(7)主动反馈系统。是指运营人主动将航空器的运行信息发送给监视系统的系统。

(8)被动反馈系统。是指利用雷达、广播式自动相关监视设备(ADS-B)、北斗系统等手段,从地面对航空器进行监视的系统,该反馈信息不经过运营人。

(9)无人机系统驾驶员。是指由运营人指派的对无人机的运行负有责任,并在飞行期间适时操纵无人机的人。

(10)无人机系统的机长。是指在系统运行时间内,负责整个无人机系统运行和安全的驾驶员。

(11)无人机观测员。是指由运营人指定、训练有素、通过目视观测无人机协助无人机驾驶员实施安全飞行的人员。

(12)视距内运行(visual line of sight operations,VLOS)。是无人机驾驶员或无人机观测员与无人机保持直接视觉接触的操作方式,是指航空器处于驾驶员或观测员视距半径 500 m 内、相对高度低于 120 m 区域内的运行。

(13)超视距运行(beyond VLOS,BVLOS)。是指无人机在视距以外的运行。

(14)融合空域。是指有其他航空器同时运行的空域。

(15)隔离空域。是指专门分配给无人机系统运行的空域,通过限制其他航空器的进入以规避碰撞风险。

(16)人口稠密区。是指城镇、村庄、繁忙的道路或大型露天集会场所等区域。

(17)重点地区。是指军事重地、核电站和行政中心等关乎国家安全的区域及周边或由地方政府临时划设的区域。

(18)机场净空区。又称机场净空保护区域,是指为保护航空器起飞、飞行和降落安全,根据民用机场净空障碍物限制图要求划定的空间范围。

(19)空机质量。是指不包含载荷和燃料的无人机质量,该质量包含无人机的燃料容器和电池等固体装置的质量。

(20)电子围栏。是指为阻挡未经批准而侵入特定区域的航空器,在相应电子地理范围内划出特定区域,并配合导航控制系统,保障区域安全的软硬件系统。

(21)反无人机系统。是指利用技术手段对无人机进行监测、干扰、诱骗、控制、摧毁的一种装置。如今,反无人机技术手段主要有激光炮、信号干扰、信号欺骗、声波干扰、黑客技术、无线电控制及反无人机等。

1.1.2 无人机的类别

无人机涉及传感器技术、通信技术、信息处理技术、智能控制技术及航空动力推进技术等,是信息时代高技术的产物。无人机的价值在于形成空中平台,结合其他部件扩展应用,替代人类完成空中作业。

1. 按飞行平台构型分类

按飞行平台构型分类,无人机可以分为固定翼无人机、多旋翼无人机、无人直升机、无人飞艇、扑翼无人机等。

(1)固定翼无人机。

固定翼无人机是由动力装置产生推力,固定的机翼产生升力,在大气层内运行的重于空气的航空器,其机体结构通常包括机翼、机身、起落架、尾翼、发动机等。它依靠发动机螺旋桨进行动力滑跑或弹射方式起降,飞行高度高、速度快,适用于大范围航拍、长距离高速勘测等。

(2)多旋翼无人机。

多旋翼无人机是由两具及以上定距旋翼产生升力的无人机,其姿态控制由旋翼的转速变化来完成。其结构简单、操纵便捷、成本低廉,被广泛用于各个领域,是目前全世界使用量最大的一种无人机(图1-2)。

(3)无人直升机。

无人直升机是由1~2架可变距旋翼产生升力的无人机,其姿态变化由总距控制及周期变距机构来完成,其载重量大,相对灵活,多用于军事、应急、物流等领域(图1-3)。

图1-2　多旋翼无人机

图1-3　无人直升机

(4)无人飞艇。

飞艇是人类文明史上最古老的航空器之一。其内部填充氢气或氦气等低密度气体,是一种轻于空气的无人飞行器。无人飞艇有不少种类。按结构来分类,飞艇可分为三种:一是软式飞艇;二是硬式飞艇;三是半硬式飞艇。飞艇具有极长的留空时间,非常适合用于科学试验、通信中继等用途(图1-4)。

(5)扑翼无人机。

扑翼无人机没有任何旋转的桨叶或旋翼,而是像鸟一样通过机翼主动扑动产生升力和前行力的飞行器,又称振翼机(图1-5)。其优点是隐藏性高、噪声小,可以被制作成微型无人机。其一般用于侦查。

图 1-4　无人飞艇

图 1-5　扑翼无人机

2. 按用途分类

按用途分类，无人机可分为军用无人机和民用无人机。近年来，随着公安机关使用无人机维护公共安全的进程加快，警用无人机又从民用无人机中脱颖而出，于是就有了军用、警用、民用三类无人机。

(1) 军用无人机。

军用无人机是指由遥控设备或自备程序控制操纵的军用不载人飞机。

①无人侦察机。无人侦察机几乎不受天气和昼夜的影响，无论是白天还是晚上，都能潜入目标(天空、水下)附近进行侦察，为军队的作战指挥中心提供准确的目标信息，让军队及时掌握战场的情况，制订作战计划。

②无人战斗机。无人战斗机是指携带导弹或激光武器的无人作战飞机，其主要任务是攻击、拦截地面和空中目标。与传统有人驾驶的战斗机相比，无人战斗机具有成本低、维护少、无飞行员、没有与人相关的安全性要求等特点。因此，无人战斗机可以在不牺牲人员的情况下完成高风险任务，进行精确打击。

(2) 警用无人机。

警用无人机是警用无人驾驶飞机的简称，是警方、保安组织执行多种任务的专用无人机。它以无人机飞行平台为载体，通过负载相关任务模块，精准执行侦查、处置、打击等警务工作。警用无人机是警方的专业警用装备，在当前警察系统中有着十分广泛的应用，已经成为公安部门七大警种、23 项警务工作的技术手段和支持。

公安机关借助无人机的独特优势，将其广泛应用于反恐除暴、侦查缉捕、紧急救援、禁毒铲毒、治安巡逻、交通监管、大型活动安保、突发事件应急处置等方面，节省了大量警力、财力，减少、避免了人员伤亡风险，取得了显著成效。

警用无人机一般为多轴无人机，对飞行器的稳定性和云台精度的要求较高，需要摄影设备具有一定的变焦功能，可以在远处实现悬停，并在对焦后能够清晰地拍摄到车牌号、人脸等局部细节，同时也需要较长的续航时间。

(3) 民用无人机。

随着无人机研发技术的逐渐成熟，其制造成本大幅降低。无人机在各个领域得到了广泛应用,除军用、警用外,还包括农业植保、测绘巡检、地质勘探、环境监测、森林防火、抢险搜救、林业监管、海事监管、海洋监测、航空物探及影视航拍等民用领域,且其适用领域还在随着相关科技的发展而迅速拓展。

民用无人机按照其具体用途,可分为植保无人机、气象无人机、勘探无人机、测绘无人机、巡检无人机等。其中,植保无人机使用比较广泛,主要用于农业大田作物(如小麦、棉花、玉米等)的病虫害防治(航空施药),以及化学除草、叶面施肥、森林病虫害防治、草原灭蝗等。使用航空施药可以及时有效地控制大面积病虫害的发生,与地面喷雾相比,具有工作效率高、不受地形因素的限制、施药均匀且穿透性好等优点。同时,施药时人机分离,能够降低药剂对人的影响,飞机产生的下旋气流可有效减少药剂的漂移,减少对环境的危害。

3. 按尺度(质量)分类

无人机的尺度有大小,质量有轻重。按尺度(质量)分类,无人机可分为微型无人机、轻型无人机、小型无人机、中型无人机及大型无人机。

(1)微型无人机。

空机质量小于0.25 kg,最大起飞质量小于2.3 kg,最大飞行真高不超过50 m,最大平飞速度不超过40 km/h。这类无人机通常用于视距内运行,全程可以随时人工介入操控。

(2)轻型无人机。

空机质量不超过4 kg且最大起飞质量不超过7 kg,最大平飞速度不超过100 km/h。这类无人机具备符合空域管理要求的空域保持能力和可靠被监视能力,全程可以随时人工介入操控。

(3)小型无人机。

空机质量不超过15 kg且最大起飞质量不超过25 kg。这类无人机同样具备符合空域管理要求的空域保持能力和可靠被监视能力,全程可以随时人工介入操控。

(4)中型无人机

空机质量超过15 kg且最大起飞质量超过25 kg但不超过150 kg。这类无人机在军事、影视航拍等领域有广泛应用。

(5)大型无人机。

空机质量及最大起飞质量均超过150 kg。这类无人机通常用于军事、警用安防等领域,具有侦察、打击、通信中继等重要功能。

4. 按活动半径分类

不同型号的无人机,活动范围不一。按活动半径分类,无人机可分为超近程无人机、近程无人机、短程无人机、中程无人机和远程无人机。

(1)超近程无人机。

超近程无人机的活动半径在15 km以内。

(2)近程无人机。

近程无人机的活动半径为15~50 km。

(3)短程无人机。

短程无人机的活动半径为 50~200 km。

(4)中程无人机。

中程无人机的活动半径为 200~800 km。

(5)远程无人机。

远程无人机的活动半径大于 800 km。

5. 按任务高度分类

无人机驾驶员使用无人机承担的任务不同，它的飞行高度也就不完全一样。按任务高度分类，无人机可以分为超低空无人机、低空无人机、中空无人机、高空无人机和超高空无人机。

(1)超低空无人机。

超低空无人机的任务高度一般为 100 m 以下。

(2)低空无人机。

低空无人机的任务高度一般为 100~1 000 m。

(3)中空无人机。

中空无人机的任务高度一般为 1 000~7 000 m。

(4)高空无人机。

高空无人机的任务高度一般为 7 000~18 000 m。

(5)超高空无人机。

超高空无人机的任务高度一般大于 18 000 m。

任务 1.2　无人机的结构

1.2.1　固定翼无人机结构

一般来说，一架典型的常规构型固定翼无人机在结构上包含机翼、机身、尾翼、起落装置、动力装置等部分。无人机头部通常布置动力装置，有一些尾推动力的无人机也会在头部布置侦查或巡检载荷，其原因是头部视野遮挡干扰少。无人机的中段通常布置机翼、油箱和任务载荷，其原因是避免燃油、任务载荷在消耗或投放过程中使无人机质心发生明显的改变。无人机尾部通常布置动力系统及尾翼。下面介绍固定翼无人机结构组成的主要功能(图 1-6)。

固定翼无人机和无人直升机结构

1. 机翼

机翼是飞机产生升力的部件，以支持飞机在空中飞行，同时也起到一定的稳定和操作作用。机翼后缘一般有可操纵的活动面，靠外侧的称为副翼，用于控制飞机的滚转运动；靠内侧的称为襟翼，放下襟翼可使升力增大，用于增加起飞、着陆阶段的升力。机翼内部可以安装油箱，机翼下面则可供挂载副油箱和任务载荷等附加设备。有些飞机的

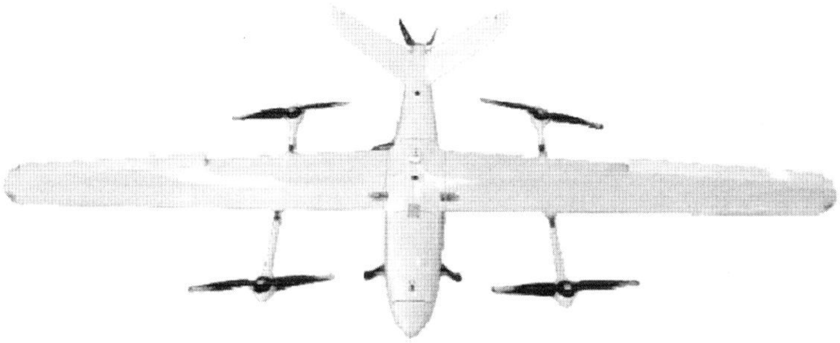

图 1-6　固定翼无人机

发动机和起落架也被安装在机翼下方。不同用途的飞机，其机翼形状、大小也各有不同。

机翼由一根或更多沿机翼展向（根部到翼尖）的翼梁及几个沿弦向（前缘到后缘）的翼肋或肋组成。翼梁有上、下缘条，由坚固的腹板或撑杆连接起来。翼肋形成机翼的空气动力学外形或翼型，并且作为一个刚性的结构或构架来构造。翼梁和翼肋之上的机翼蒙皮提供飞机的主要升力平面。

2. 机身

机身的主要功用是装载乘员、旅客、货物、各种设备、燃料和武器等，也是飞机其他结构部件的安装基础，将飞机的其他部件（如尾翼、机翼及发动机等）连接成一个整体。但飞翼机是个例外，它的机身被隐藏在其机翼的内部。

机身从结构受力形式上分为框架式机身、半硬壳机身及硬壳式机身，其主要区别是蒙皮的受力程度。框架式机身的受力主要由隔框、大梁及行条承受，帆布或热缩膜蒙皮主要用来密封机身、维持形状，几乎不受力。半硬壳机身的受力要由蒙皮、隔框和长桁共同承受。硬壳式机身的受力主要由金属或复合材料蒙皮形成的整体结构来承受，内部少量隔框的用处是局部加强以及方便布置内部空间和设备。现代中小型无人机多采用硬壳式机身，中大型无人机仍多采用半硬壳式机身。

3. 尾翼

尾翼是用来平衡、稳定和操纵飞机飞行姿态的部件，通常包括垂直尾翼（垂尾）和水平尾翼（平尾）两部分。垂直尾翼由固定的垂直安定面和安装在其后部的方向舵组成。水平尾翼由固定的水平安定面和安装在其后部的升降舵组成，一些型号的高速飞机升降舵由全动式水平尾翼（将水平安定面和升降舵合为一体）代替。方向舵用于控制飞机的航向运动，升降舵用于控制飞机的俯仰运动。尾翼的作用是操纵飞机俯仰和偏转，保证飞机能平稳飞行。

4. 起落装置

起落架是用来支撑飞机停放、滑行、起飞和着陆滑跑的部件，由支柱、缓冲器、刹车装置、机轮和收放机构组成。陆上飞机的起落装置一般由减震支柱和机轮组成。此外，还有专供水上飞机起降的带有浮筒装置的起落架和雪地起飞用的滑橇式起落架等。

5. 动力装置

动力装置既属于动力系统的一部分，同时也属于无人机结构的一部分。由于动力装置一般是无人机上重量最大的部件之一，还要用来产生较大的拉力或推力，因此动力装置的安装、承载与传力在无人机结构设计时是非常重要的部分。军用无人机大多使用航空燃气涡轮发动机或航空活塞式发动机，民用无人机大多使用电动机或航空活塞式发动机。

1.2.2 无人直升机结构

由于无人直升机升力产生原理及控制方式与固定翼无人机有很大不同，因此其结构也与固定翼无人机有较大区别。比较典型的常规无人直升机在结构上包含机身、旋翼系统、尾桨及其传动部件、起落装置、动力装置。

1 旋翼系统

旋翼无人机是利用旋翼转动产生升力的飞行器，旋翼系统是旋翼无人机能够升空飞行最重要的系统。旋翼由桨毂和数片桨叶构成。桨毂安装在旋翼轴上，形如细长机翼的桨叶则连在桨毂上。一副旋翼最少有 2 片桨叶，最多可达 8 片。桨叶旋转时与周围空气相互作用，产生沿旋翼轴向上的拉力（升力）。如果相对气流的方向或各片桨叶的桨距不对称于旋翼轴，还将产生垂直于旋翼轴的分力。因此，旋翼具有产生升力的功能，以及具有类似于旋翼无人机推进装置的功能，产生向前的力，同时还具有类似于无人机操纵面的功能，产生改变机体姿态的俯仰力矩或滚转力矩。

2. 机体结构

机体结构的主要功用是将旋翼无人机的其他部件（如旋翼、尾桨、起落装置及发动机等）连接成一个整体，并承受来自于无人直升机外部环境及内部设备等作用下的所有载荷，同时有效保护内部的仪器设备。

无人直升机的机体结构形式有桁架式、硬壳式等多种。早期的无人直升机较多采用的是桁架结构形式，由金属管材焊接成形基本结构，外表面铺设承力蒙皮。随着材料技术的进步，复合材料在无人直升机上的应用也越来越多，复合材料具有比金属更轻的质量，同时自身具有一定的结构阻尼，有助于降低机体的振动和提高结构的疲劳寿命。

3. 尾桨

尾桨是用来平衡反扭矩和对直升机进行航向操纵的部件。虽然尾桨的功用与旋翼不同，但是它们都是由桨叶旋转而产生空气动力，在前飞时处于不对称气流中工作的状态，因此尾桨结构与旋翼结构有很多相似之处。无人直升机的尾桨桨叶多为 2～3 片。尾桨的结构形式有跷跷板式、万向接头式、铰接式、无轴承式和“涵道尾桨”式等。

4. 起落装置

起落装置是指旋翼无人机在地面停放时用于支撑旋翼无人机重力，承受相应载荷，以及着陆时吸收撞击能量的部件，一般有轮式起落架和滑橇式起落架两种。无人机直升机轮式起落架由油气式减震器和橡胶充气机轮组成。其优点是可以收放，有利于减小飞行阻力，地面滑行、移动方便，对起降地点有很好的适应性；缺点是结构较复杂，质量较大，容易损坏，不适合小型直升机使用。滑橇式起落架的优点是结构简单，质量轻，可靠性高，不易损坏；缺点是无法收放，容易增大阻力，地面滑行、移动不便，且对起降地点适应性差，不适合大中型无人直升机。

5. 动力装置

动力装置主要用来驱动旋翼系统旋转，从而使旋翼系统产生向上的升力和向前的推力，以确保旋翼无人机升空飞行，还可为旋翼无人机上的其他用电设备提供电源等。旋翼无人机动力装置应用较广泛的有无刷直流电动机、航空活塞式发动机和涡轮轴发动机。除发动机本身外，动力装置还包括一系列保证发动机正常工作的附件系统。

1.2.3　多旋翼无人机结构

多旋翼无人机出现在21世纪初，不同于无人直升机通过总距及周期变距对姿态位置进行控制，多旋翼无人机依靠对若干个固定螺距的旋翼进行转速调整实现无人机的悬停、前后左右及转向运动控制（图1-7）。在技术进步和市场需求的催生下，采用多个活塞发动机作为动力驱动可变距旋翼的油动多旋翼也出现在人们的目光里，不过电动定距多旋翼无人机仍是主流。多旋翼无人机结构组成一般包括机架、起落架、动力系统及旋翼。

图1-7　多旋翼无人机

多旋翼飞行器的组成与构造

1. 机架

机架是大多数设备的安装位置，也是多旋翼无人机的主体，又称机身。电机、电调和飞控板（飞行控制器）等设备都要安装在机架上面。根据机臂个数不同分为3旋翼、4旋翼、6旋翼、8旋翼、16旋翼、18旋翼，也有4轴8旋翼等。机架按材质一般分为塑胶、玻纤、碳纤、金属机架四类。塑胶机架的主要特点是具有一定的刚度、强度和可弯曲度，价格比较低廉。玻纤机架的主要特点是强度较高，而且需要的材料很少，可以减轻整体机架的质量。碳纤维机架的主要特点是强度超高、质量很轻，但价格较贵。铝合金机架也具有较高的比强度，同时价格比碳纤维低，一般在大型植保机等任务载荷重的多旋翼无人机上使用。

机架的主要作用如下。

(1)提供安装接口。这些接口包括安装和固定电机、电调、飞控板的螺丝孔。

(2)提供整体的稳定和坚固的平台。飞行器飞行过程中需要一个稳定坚固的平台,这样可以使得在电机转动过程中不会毁坏其他设备,并为传感器提供一个稳定的平台。

(3)起落架等缓冲设备。这些可以为飞行器提供安全的起飞和降落条件,避免损坏其他仪器。

(4)保证足够低的质量。这样就可以给其他设备提供更多的余量。

(5)提供相应的保护装置。保护装置用于保护飞行器本身和可能接触到的操作人员。

2. 起落架

起落架是多旋翼无人机唯一与地面接触的部位。作为整个机身在起飞和降落时的缓冲,也是为了保护机载设备,要求其强度高,结构牢固,与机身保持相当可靠的连接,能够承受一定的冲力。一般在起落架前后安装或涂装上不同的颜色,以便在多旋翼无人机远距离飞行时能够区分多旋翼无人机的前后。

3. 动力系统

动力系统既是多旋翼无人机中一个单独的子系统,但是其涉及传力与承载,也属于结构的一部分。动力系统包含电机、电调及电池。电机是多旋翼无人机的动力机构,提供升力、推力等。电机的转速快慢决定了飞行器可以承载的质量。同时,其转速改变的快慢可以影响飞行姿态的变换。电调又称电子调速器,其作用将飞控的控制信号转变为电流信号,用于控制电机转速。电池是电动多旋翼无人机的供电装置,给电机和机载电子设备供电。多旋翼无人机基本都采用锂电池作为能源供给。其优点是能量密度高、冲放电倍率大;缺点是不稳定、不抗物理冲击、不耐高低温。

4. 旋翼

多旋翼无人机的旋翼为固定螺距,一般比固定翼无人机的螺旋桨螺距小。多旋翼无人机旋翼从材质上一般分为木质旋翼、尼龙旋翼、复材旋翼。其中,尼龙旋翼韧性好、小直径质量轻、价格便宜,多用于微轻型无人机上;木质旋翼硬度高、易于加工但不抗冲击,使用不多;复材旋翼有玻碳、木碳和纯碳三种,小直径旋翼一般采用纯碳工艺,中等直径旋翼一般采用玻碳工艺,大直径旋翼一般采用木碳夹芯工艺。

1.2.4 非常规布局无人机

1. 飞翼式飞机

飞翼式飞机是一种没有尾翼和机身,只有巨大机翼的飞机。飞翼式飞机由无尾飞机发展而来,当巨型无尾飞机的机翼大到足以容纳人员和货物时,机身与机翼融为一体,成为飞翼式飞机。飞翼式飞机具有结构质量轻和飞行阻力小的特点,而且隐身性好。

采用飞翼式布局的飞机没有尾翼,机身与机翼融为一体,飞行时的升力大,阻力小,升阻比高。此外，飞翼式飞机所承受的全部重力基本上是沿展向分布的，与机翼的气动载荷分布情况基本一致，而不像普通飞机那样，重力主要集中在飞机中部，机翼要承受很大的弯曲载荷，因此结构质量也较轻。此外，由于没有垂尾，因此飞翼式飞机有利于提高飞机的隐身性。

2. 翼身融合布局

翼身融合（BWB）是一种飞机设计概念，是指从机翼到机身的外形是平滑过渡的，将传统的机身与机翼结构融合，可提升飞机的升力和燃油效率。采用翼身融合技术的飞机具有耗油率低、航程远、承载能力强、噪声小和起降距离短等突出优势。翼身融合，装载区完全浸没在庞大的机翼中，整个机体皆成为升力面。同时，去除平尾、垂尾等外形突起部件，可有效减小浸润面积，有助于阻力的减少。翼身融合具体有以下优点。

（1）结构质量轻，刚性好，明显减少飞机质量。整个飞机的质量更加合理地转向沿机翼翼展分布，降低了机翼的弯曲及扭转载荷，使得结构质量进一步减轻。翼身融合的超宽短机身设计使得其结构强度更高。

（2）空气动力效率高，明显减少阻力，提高升力，气动载荷的分布可达到最佳。翼身融合大大减小了传统布局翼身间的干扰阻力和诱导阻力。

（3）低雷达反射面特性，战场生存能力强。翼身融合是无尾布局，外形上无明显的横向操纵面。全向（0°～360°）雷达反射面减少很多。机载设备埋装于机体内，利于隐身。

（4）减少使用成本，经济性好。在翼身融合布局时，因为机体应力减小，所以降低了使用周期的维修保养费用，且无尾部的操纵面及其操纵系统，具有更低的寿命周期成本，经济性显著提高。

（5）最大限度地利用了机内的空间。随着传统飞机的发展已经达到饱和，需要新颖的配置来应对日益增加的飞机运营需求和对未来的严格环境要求。在寻找这样的配置时，诸如翼身融合这样的旧想法似乎很容易提供有吸引力的解决方案。

【项目评价】

项目学习完成后，进行项目检查与评价，检查评价单见表1-1。

表1-1　检查评价单

序号	评价内容	评价标准	分值	得分
1	知识运用（20%）	掌握相关理论知识，理解本次任务要求，制订了详细计划，且计划条理清晰、逻辑正确（20分）	20分	
		理解相关理论知识，能根据本次任务要求制订合理计划（15分）		
		了解相关理论知识，制订了计划（10分）		
		没有制订计划（0分）		

续表1-1

序号	评价内容	评价标准	分值	得分
2	专业技能（40%）	能够掌握无人机与航模的差别(40分)	40分	
		能够了解无人机在不同方面的各种分类(30分)		
		没有完成任务(0分)		
3	核心素养（20%）	具有良好的自主学习能力、分析并解决问题的能力，整个任务过程中有指导他人(20分)	20分	
		具有较好的学习能力、分析并解决问题的能力，整个任务过程中没有指导他人(15分)		
		能够主动学习并收集信息，具有请教他人以解决问题的能力(10分)		
		不主动学习(0分)		
4	课堂纪律（20%）	设备无损坏、设备摆放整齐、工位保持整洁、没有干扰课堂秩序(20分)	20分	
		设备无损坏、没有干扰课堂秩序(20分)		
		没有干扰课堂秩序(10分)		
		干扰课堂秩序(0分)		

【项目小结】

通过本项目的学习了解和认识无人机的基本概念和结构，掌握无人机与航模的差别，并熟悉无人机的各种用途，了解无人机在不同方面的各种分类，最后学习多旋翼无人机的结构，认识非常规布局无人机。

【能力提高】

一、填空题

1. 无人机是利用________设备和________控制装置操纵的不载人飞机。

2. 无人机与航模的主要区别是能否进行________的自主飞行。

3. 无人机系统由飞行平台、________、飞控导航系统、________、任务系统、地面控制站等组成，主要是为了完成特定飞行任务，追求的是系统的任务完成能力，科技含量高。

4. 无人飞艇有不少种类。按结构来分类，飞艇可分为三种：一是________；二是硬式飞艇；三是________。

5. 民用无人机按照其具体用途，又可分为________、________、________及测绘无人机等。

二、选择题

1. 微型无人机是指空机质量小于或等于________ kg 的无人机。

A. 5　　B. 6　　C. 7　　D. 8

2. 远程无人机的活动半径大于________ km。

A. 500　　B. 600　　C. 700　　D. 800

3. 常见多旋翼无人机有 4 旋翼、6 旋翼、________等。

A. 7 旋翼　　B. 8 旋翼　　C. 9 旋翼　　D. 10 旋翼

4. 旋翼无人机是利用旋翼转动产生升力的飞行器,旋翼系统是旋翼无人机能够升空飞行最重要的系统。旋翼由桨毂和数片桨叶构成。桨毂安装在旋翼轴上,形如细长机翼的桨叶则连在桨毂上。一副旋翼最少有 2 片桨叶,最多可达________片。

A. 5　　B. 6　　C. 7　　D. 8

5. 无人直升机的尾桨桨叶多为________片,有人直升机的尾桨比无人直升机更为复杂。

A. 2　　B. 3　　C. 4　　D. 5

三、思考题

1. 无人机与航模的区别是什么?

2. 无人机的类别有哪些?

3. 无人机按飞行平台构型分类,常用的有哪三大类?

4. 简述常规布局固定翼无人机在结构上的五个主要组成部分及其作用。

5. 简述无人直升机结构组成及其作用。

6. 简述多旋翼无人机结构组成及其作用。

项目 1 测试

项目 2　无人机系统

【情景导入】

无人机类别形形色色,功能多种多样,无论是翼展几十米的大型无人机还是比昆虫还小的微型无人机,都要由完整的无人机系统来构成。一般来说,无人机系统包含载机平台、动力系统、导航控制系统、通信系统、任务载荷、发射回收与辅助系统。载机平台是搭载相关无人机设备的空中平台,其主要使用重于空气的动力驱动航空器,也有少数无人飞行器采用比空气轻的飞行器,如无人飞艇。常用的载机平台包括直升机、固定翼机、多旋翼、伞翼机、扑翼机、飞艇及近年来兴起并流行使用的复合翼垂直起降飞行器等。在载机平台之上搭载的其他分系统各司其职,共同实现无人机的复杂功能。

【知识目标】

1. 学习无人机的动力系统。
2. 掌握飞控系统与舵机。

【能力目标】

1. 掌握传感器与遥控器。
2. 了解数据链系统与地面站系统。

【思政及素质目标】

1. 培养学生的社会实践能力。
2. 培养学生有耐心、有爱心及有判断力,学会包容他人。

【学习路径】

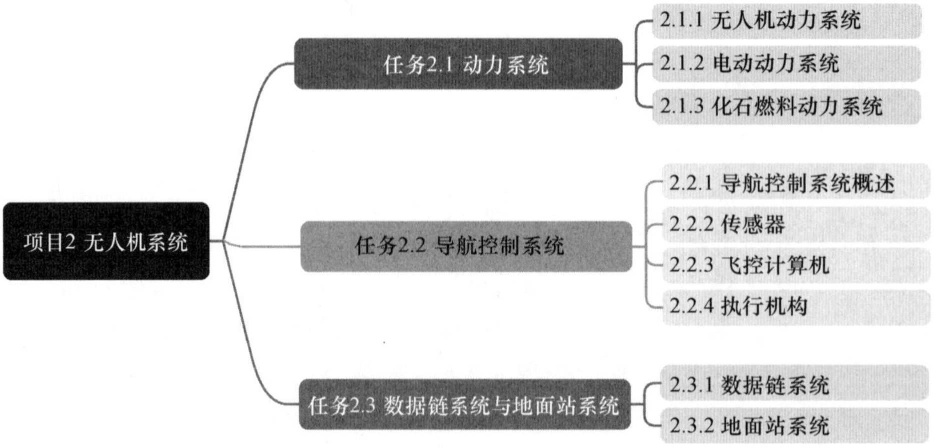

任务2.1　动力系统

2.1.1　无人机动力系统

无人机动力系统

无人机动力系统是为无人机提供工作动力的分系统，根据无人机飞行原理的不同，动力系统提供动力的形式也有所不同，固定翼无人机动力系统提供的是向前的拉力或向后的推力，多旋翼无人机和无人直升机动力系统提供的是向上的升举力。

1. 无人机动力系统的组成

无人机动力系统通常包含能量转换装置、储能单元、控制单元、输出部件、安装部件及其他附件。

(1)能量转换装置。

能量转换装置是将一种能量转换为另一种能量的装置，在动力系统中即将其他形式的能量转换为动能。常见无人机动力系统的能量转换装置有电动机、活塞发动机和喷气发动机。现在无人机用等离子推进发动机也已经在实验室问世，未来有可能成为一种常用的无人机动力装置。

(2)储能单元。

储能单元的作用是在无人机有限的空间内储存能源并向能量转换装置精确地供给能源，分为固体储能单元、半固态储能单元、液体储能单元和气体储能单元。典型的固体储能单元和半固态储能单元为各种动力电池，典型的液体储能单元为汽油或煤油油箱，典型的气体储能单元为储气瓶。

(3)控制单元。

控制单元的作用是按照操纵员或飞控的要求，控制能量转换装置及输出部件精准地输出动力，同时协调储能单元、传感器、执行结构及附件等分工协作。

(4)输出部件。

输出部件是将能量转换装置提供的动能按照无人机需要的形式进行转换并输出。例如，电动机、活塞发动机、涡桨、桨扇发动机的输出部件是螺旋桨；涡喷、涡扇发动机的输出部件是尾喷管或风扇；涡轴发动机的输出部件是传动轴及旋翼。

(5)安装部件。

安装部件的作用是将无人机动力系统与无人机结构进行连接与固定，承受动力系统的自重并将输出的力有效地传递给无人机机体，同时提供良好的减震与隔离。

(6)附件。

动力系统附件是一些列装置的总称，通常包含启动装置、发电装置、冷却装置、引气装置、旁路输出装置、监测装置等。这些装置是保障无人机动力系统及其他系统正常工作不可或缺的部分。

2. 无人机动力系统的类型

无人机的动力系统的分类有很多种，常见的分类有以下三种。

(1)按照能源类型分。

按照能源类型的不同可以分为电动动力系统和化石燃料动力系统。

(2)按照输出形式分。

按照输出形式的不同可以分为螺旋桨/旋翼动力系统和喷气动力系统。

(3)按照能源种数分。

按照能源种数的不同可以分为单一能源动力系统和混合能源动力系统。

3. 对无人机动力系统的要求

动力系统性能的好坏和工作稳定性直接影响飞行安全、飞机性能和经济效益，因此对动力系统有一些基本的要求，主要指标包括动力性能、可靠性、维修性和寿命等。

(1)动力性能。

动力性能一般包括转速、扭矩、功率、推/拉力、推重比、功重比、耗油率、力效等。

(2)可靠性。

可靠性指标一般包括故障率、平均故障间隔时间、平均修复时间、可靠性指数等。

(3)维修性。

维修性指标一般包括更换动力时间、外场可更换组件(LRU)更换时间、每飞行小时维修工时等。

(4)寿命。

寿命指标一般指飞行小时数及飞行循环数。

2.1.2 电动动力系统

无人机电源动力

电动动力系统是将化学能转换为电能，再将电能转换为动能的一种动力系统，主要由电机、电调、电池和螺旋桨四部分组成。

无人机使用电动动力系统具有其他动力系统无法比拟的优点，如结构简单、质量轻、使用方便，可使无人机的噪声和红外特性很小，同时又能提供与内燃机不相上下的比功率。它尤其适合在低空、低速和微型无人机上使用。

1. 电机

民用无人机使用的动力电机按照换向原理可分为有刷电机和无刷电机，其中有刷电机在无人机领域已经很少使用。按照电磁线圈的磁极方向，可分为径向磁通电机及轴向磁通电机。常见的无刷电机多为径向磁通电机，即电磁线圈的磁极方向为电机的直径方向；轴向磁通电机即电磁线圈的磁极方向为电机的转轴方向，这类电机近几年开始兴起，并逐渐开始使用在 eVTOL 和 eSTOL 等大型电动无人机上。

2. 电调

动力电机的调速系统统称为电调，全称为电子调速器(ESC)，针对动力电机不同，可分为有刷电调和无刷电调。电调的作用就是将飞控板的控制信号转变为电流的大小,以控制电机的转速。一般情况下,电调的输入线与电池连接;电调的输出线与电机连接;电调的信号线与接收机或飞控连接。

有的电调一般有稳压电源输出功能(BEC),即在信号线的正负极之间有5 V左右的电压输出,通过信号线为接收机及舵机供电。

电调都会标上电流数,如20 A、40 A,这个数字就是电调能够提供的电流。大电流的电调可以兼容用在小电流的地方,而小电流的电调不能超标使用。

3. 螺旋桨

螺旋桨安装在电机上,小型固定翼和多旋翼无人机安装的都是不可变螺距的螺旋桨,中大型固定翼和无人直升机一般安装有可变螺距的桨叶或旋翼。

螺旋桨的主要指标有螺距和尺寸。一般的定距螺旋桨的指标是4位数字,如1045,其前面2位代表桨的直径为10 in(1 in=25.4 mm),后面2位代表桨的螺距为4.5 in。

电机与螺旋桨的搭配:螺旋桨直径和螺距越大,升力就越大,但对应需要电动机更大的力量来驱动。

4. 电池

无人机上使用的电池的按功能不同种类有很多,有的是为动力系统供电的,有的是为其他系统供电的。一般的现代无人机上常见的电池有锂电池、氢燃料电池、太阳能电池三大类,其中锂电池又分聚合物锂电池、半固态锂电池、固态锂电池几类。

电池的主要性能参数如下。

(1)电压。

电池电压是指正负极之间电动势之差。对于无人机电池来说,还有标称电压、满电电压、安全电压、截止电压之分。

(2)内阻。

电池自身内部的阻抗称为内阻,内阻越小的电池在工作时效率越高,发热越小,性能越好。

(3)容量。

电池的容量单位一般为毫安时(mA·h)或安时(A·h)。尽管不太准确,但是可以简单将电池容量想象成一个水池里装的水的多少,以一定的流量(电流A)在一个小时内将这一池水(电)放完所流出的水量即水池(电池)的容量。

(4)能量。

由于电池的电压会随着容量的变化而变化,因此实际在使用时仅用容量来描述电池的做工能力不太准确,用能量来表示会更有工程意义。电池的能量是指在一定的放电条件下,电池所能做的电功,它等于电池的放电容量与电池标称电压的乘积,其单位常用瓦时(W·h)表示。

(5)能量密度。

能量密度又称比能量,是单位质量的电池所含有能量多少的表征,其单位为瓦时/千克(W·h/kg),它是比较电池性能优劣的重要指标。需要说明的是,单体电池和电池组的比能量是不一样的。由于电池组合时总要有连接条外部容器和内包装层等,因此电池组的能量密度总是小于单体电池的能量密度。

(6)充/放电倍率。

充/放电倍率是指电池能够进行充电或放电的最大电流，其单位为 C，充/放电倍率在数值上等于其数值乘容量。例如，某电池容量为 2 A·h，放电倍率为 50 C，那么其最大放电倍率为

$$50\ \mathrm{C}\times 2\ \mathrm{A\cdot h}=100\ \mathrm{A}$$

(7)寿命。

电池的寿命分充放电循环寿命和湿搁置使用寿命两种。

充放电循环寿命是衡量可重复使用电池性能的一个重要参数。经受一次充电和放电为一次循环(或一个周期)。在一定的充放电制度下，电池容量降至某一规定值之前，电池能耐受的充放电次数称为电池的充放电循环寿命。充放电循环寿命越长，电池的性能越好。一般锂电池的循环寿命为 600~1 000 次。

湿搁置使用寿命是指电池加入电解液后开始进行充放电循环直至充放电循环寿命终止的时间(包括充放电循环过程中电池处于放电态湿搁置的时间)。湿搁置使用寿命越长，电池性能越好。一般锂电池的湿搁置使用寿命为 5~8 年。

2.1.3 化石燃料动力系统

化石燃料动力系统区别于电动动力系统，虽然也是将化学能转化为动能，但化石燃料动力系统主要是将化石燃料进行燃烧产生热能，进而再将热能转换为动能。化石燃料动力系统中同样包含能量转换装置、储能单元、控制单元、输出部件、安装部件及其他附件，其能量转换装置基本分为活塞式发动机、燃气涡轮发动机和火箭发动机三种。下面主要介绍前两类。

航空活塞式发动机

1. 活塞式发动机

由于活塞式发动机具有燃油消耗率低、运行成本低和工作可靠等特点，因此在喷气式发动机发明之前的近半个世纪内，它是唯一可用的航空动力装置。它目前仍广泛应用于飞行训练用的教练机、施肥与灭虫用的农业机、灭火救生用的直升机、旅游用的轻型客机、特技飞行用的飞机等各种飞机。

航空活塞式发动机类型众多，常见的划分方式如下。

(1)按油气混合物配制方式分为化油器式(汽化器式)和喷油式。

(2)按冷却方式分为液冷式和气冷式。

(3)按是否带增压分为自然吸气式和增压式。

(4)按曲轴与螺旋桨之间有无减速器分为直接驱动式和非直接驱动式。

(5)按气缸排列形式分为直列式和星形，星形发动机如图 2-1 所示。

图 2-1 星形发动机

活塞式发动机的主要组件包括气缸、活塞、连杆、曲

轴、火花塞、气门机构和辅助系统等。

(1)气缸。

气缸是发动机的工作腔,油气混合气体在气缸内燃烧,产生高温高压燃气推动活塞做直线运动,并带动曲轴旋转。气缸头部装有保证油气混合气体进入气缸的进气活门和将燃烧后的废气排出缸体的排气活门。气缸呈圆筒形,固定在机匣上,其内壁是燃烧室的组成部分。

航空活塞式发动机工作原理

(2)活塞。

活塞用于承受油气混合气体在燃烧时所产生的燃气压力,并将燃料燃烧后的内能转变为活塞运动的机械能。活塞在气缸中处于的最上位置称为上死点,活塞在气缸中处于的最下位置称为下死点。活塞在气缸中做往复运动。

(3)连杆和曲轴。

连杆将活塞与曲轴连接在一起,用来传递活塞与曲轴之间的运动。曲轴将活塞的往复直线运动转变为曲轴的旋转运动,并将从每个气缸中获得的功传输到螺旋桨,带动螺旋桨转动,使发动机产生推力。连杆和曲轴又称曲拐机构。

(4)火花塞。

火花塞又称电嘴,它的功能是适时高压放电,点燃气缸中新鲜的油气混合物。

(5)气门机构。

气门机构由进气活门,排气活门,进、排气凸轮轴,推杆,以及摇臂等组成。

(6)辅助系统。

航空活塞式发动机在正常工作过程中,除需要上述基本组件外,还需要辅助系统配合才能持续运转。这些辅助系统主要包括点火系统、启动系统、燃油系统、润滑系统、冷却系统、进气系统和定时系统等。

2. 燃气涡轮发动机

燃气涡轮发动机通常在高速固定翼无人机及无人直升机上使用,按发动机出口燃气可用能量的利用方式不同,燃气涡轮发动机主要分为涡轮喷气发动机、涡轮风扇发动机、涡轮螺桨发动机、涡轮轴发动机等。与航空活塞式发动机相比,燃气涡轮发动机具有推重比高、速度性能好等显著优点。

(1)涡轮喷气发动机。

涡轮喷气发动机与活塞式发动机一样属于内燃机,但涡轮喷气发动机利用空气中的氧气,并燃烧化学燃料产生热能,该热能加热压缩空气膨胀,带动涡轮做功,并向后高速喷出,从而产生巨大的反作用力推动无人机前进。涡轮喷气发动机包含进气道、压气机、燃烧室、涡轮及尾喷管等部件(图 2-2)。

涡轮喷气发动机工作原理

①进气道。进气道是发动机的进气通道,它的主要作用是整理进入发动机的气流,把足够的外界空气以较小的流动损失供给发动机。

②压气机。在常压下,燃油与空气混合燃烧后,释放出的热能转化成机械能的效率

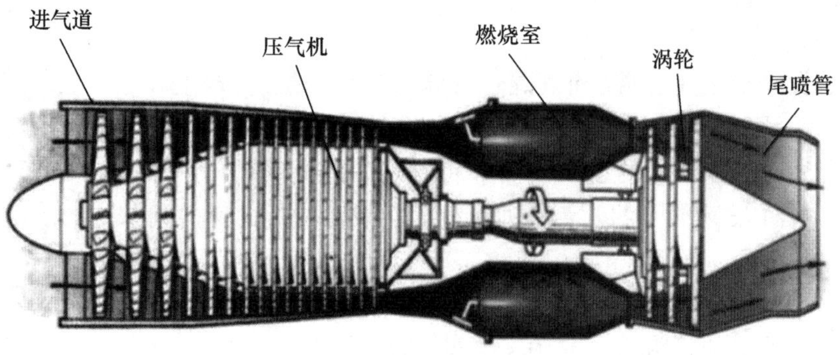

图 2-2　涡轮喷气发动机

很低。因此,在航空燃气涡轮发动机中通过压气机增压来提高能量的转换效率。

③燃烧室。燃烧室的功用是将空气与燃油混合并燃烧释放热量,便于燃气在涡轮中膨胀做功。燃烧室常用的有三种类型:单管燃烧室、环管燃烧室和环形燃烧室。

④涡轮。涡轮的功用是将燃烧室出口的高温、高压气体的能量转化为机械能,带动压气机和发动机附件,在涡桨和涡轴发动机中还用来带动螺旋桨或旋翼。

⑤尾喷管。尾喷管是发动机的排气系统,将涡轮排出的燃气以一定的速度和方向排入大气。

(2)涡轮螺旋桨发动机。

涡轮螺旋桨发动机是一种主要由螺旋桨提供拉力和燃气提供少量推力的燃气涡轮发动机。燃气的大部分能量都转变成轴功率带动螺旋桨和压气机转动,所以螺旋桨产生的拉力占飞机总推力的主要部分,约为 90%,而只有很小一部分燃气能量在尾喷管中膨胀加速,并产生推力,排气推力一般不超过 10%。涡轮喷气发动机的速度高、推力大,适用于以较高速度飞行的飞机,但在中低速度下其耗油率大经济性不好。活塞式发动机虽然比较适合在低速下飞行,但由于其具有功率小、质量大和振动大等缺点,因此其使用范围也越来越受到限制,目前一般只用于飞行速度较低的小型飞机上。

由于涡轮螺旋桨发动机具有较高的工作速度和很好的燃油经济性,因此对于飞行速度在 300~500 km/h 的中大型无人机,现在普遍采用涡轮螺旋桨发动机。

(3)涡轮轴发动机。

涡轮轴发动机是中大型无人直升机的主要动力,它的组成部分和工作过程与涡轮螺旋桨发动机很类似,所不同的是燃气的可用能量几乎全部转变为涡轮的轴功率,用于通过减速器带动直升机的旋翼和尾桨旋转,因此燃气不提供推力。涡轮的输出轴可以由发动机的前部伸出,也可以由发动机的后部伸出。由于直升机的旋翼和尾桨转速不能太大,因此涡轮轴与旋翼之间有必要加装减速装置进行减速后再输出功率,也可以由后面的自由涡轮直接带动旋翼转动。

涡轮轴发动机采用两套涡轮:一套带动压气机;另一套则是专门输出功率的自由涡轮,又称动力涡轮。

与活塞式发动机相比,涡轮轴发动机的主要优点是功率大、质量轻和体积小,且由于没有活塞式发动机的往复运动，因此振动小、噪声低。涡轮轴直升机无论从航程、速度、升限还是装载量上都比活塞式直升机要大，经济性也更好，但耗油量要比活塞式发动机大，随着功率的增加，此差距将会缩小。

任务 2.2　导航控制系统

2.2.1　导航控制系统概述

无人机的导航控制系统是无人机的关键核心系统之一，也是无人机完成起飞、空中飞行、执行任务和返场回收等整个飞行过程的核心系统。

飞控系统

1. 导航控制系统的子系统

导航控制系统按具体功能可划分为导航子系统和飞控子系统两部分。

(1) 导航子系统。

导航子系统的功能是向无人机提供相对于所选定的参考坐标系的位置、速度、飞行姿态，引导无人机沿指定航线安全、准时、准确地飞行。完善的无人机导航子系统具有如下功能。

①获得必要的导航要素，包括高度、速度、姿态、航向。

②给出满足精度要求的定位信息，包括经度、纬度。

③引导飞机按规定计划飞行。

④接收预定任务航线计划的装定，并对任务航线的执行进行动态管理。

⑤接收控制站的导航模式控制指令并执行，具有指令导航模式与预定航线飞行模式相互切换的功能。

⑥具有接收并融合无人机其他设备的辅助导航定位信息的能力。

⑦配合其他系统完成各种任务。

(2) 飞控子系统。

飞控子系统是无人机完成起飞、空中飞行、执行任务、返场回收等整个飞行过程的核心系统，对无人机实现全权控制与管理，因此飞控子系统之于无人机相当于驾驶员之于有人机，是无人机执行任务的关键。飞控子系统主要具有如下功能。

①无人机姿态稳定与控制。

②与导航子系统协调完成航迹控制。

③无人机起飞(发射)与着陆(回收)控制。

④无人机飞行管理。

⑤无人机任务设备管理与控制。

⑥应急控制。

⑦信息收集与传递。

2. 导航控制系统的硬件组成

从硬件上来说，导航控制系统包括传感器、机载计算机和伺服作动设备三大部分。

(1)传感器。

传感器完成多路模拟信号的高精度采集，包括陀螺信号、航向信号、舵偏角信号、发动机转速、缸温信号、动静压传感器信号和电源电压信号等。

(2)机载计算机。

机载计算机是导航控制系统的核心部件，应具有姿态稳定与控制、导航与制导控制、自主飞行控制、自动起飞及着陆控制的功能。

(3)执行机构。

执行机构的主要作用是根据飞控计算机的指令，按规定的静态和动态要求，通过对无人机各控制舵面和发动机节风门等的控制，实现对无人机的飞行控制。

2.2.2 传感器

无人机导航飞控系统常用的传感器包括角速率传感器、姿态传感器、位置传感器、迎角侧滑角传感器、加速度传感器、高度传感器及空速传感器等，这些传感器构成无人机导航飞控系统设计的基础。

传感器

1. 角速率传感器

角速率传感器即陀螺仪(图 2-3)，是导航控制系统的基本传感器之一，用于感受无人机绕机体轴的转动角速率，以构成角速率反馈，改善系统的阻尼特性，提高稳定性。

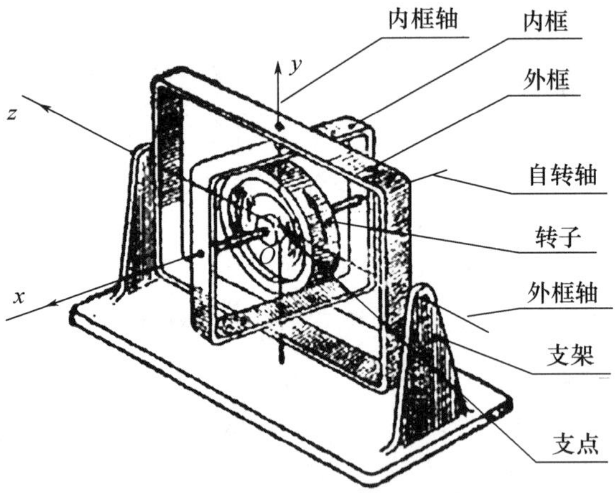

图 2-3　陀螺仪

机械式陀螺仪把外环固定在无人机上并令内环轴垂直于要测量角速率的轴。当无人机连同外环以角速度绕测量轴旋进时，陀螺力矩将迫使内环连同转子一起相对无人机旋进。陀螺仪中有弹簧限制这个相对旋进，而内环的旋进角正比于弹簧的变形量。由平衡时的内环旋进角即可求得陀螺力矩和无人机的角速率。

2. 姿态传感器

姿态传感器即加速度计，用于感受无人机的俯仰、滚转和航向角度，用于实现姿态稳定与航向控制功能。独立式姿态传感器如图 2-4 所示。

一个三轴加速度计可以测得一个固定平台相对地球表面的运动方向（图 2-5），但是一旦平台运动起来，情况就会变得复杂得多。如果平台做自由落体，加速度计测得的加速度值为零。如果平台朝某个方向做加速度运动，各个轴向加速度值会含有重力产生的加速度值，使得无法获得真正的加速度值。例如，安装在 60°横滚角飞机上的三轴加速度计会测得 $2g$ 的垂直加速度值，而事实上飞机相对地区表面是 60°的倾角。因此，单独使用加速度计无法使飞机保持一个固定的航向。

加速度计在较长时间的测量值（确定飞机航向）是正确的，而在较短时间内会因信号噪声的存在而存在误差。陀螺仪在较短时间内则比较准确，而较长时间则会因漂移而存在误差。因此，需要二者相互调整来确保航向的正确。

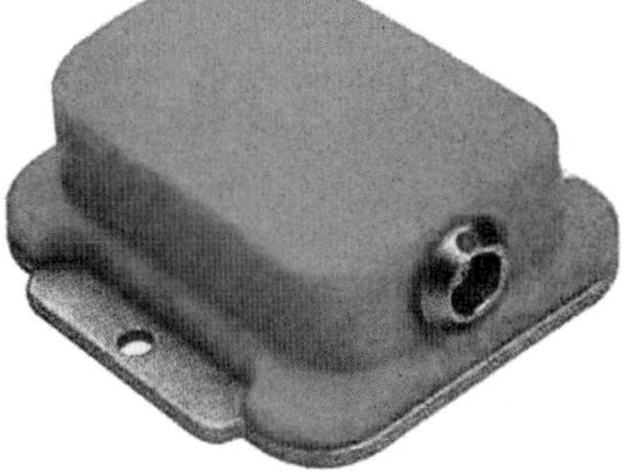

图 2-4　独立式姿态传感器

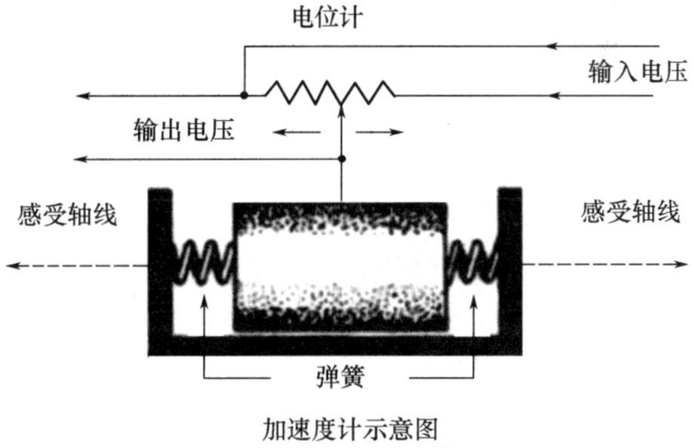

图 2-5　加速度计示意图

3. 高度、空速传感器（大气机）

高度、空速传感器（大气机）用于感受无人机的飞行高度和空速，是高度保持和空速保持的必备传感器，一般与空速管、通气管路构成大气数据系统。

高度、空速传感器（大气机）的选择主要考虑测量范围和测量精度。一般要求其安装在空速管附近，尽量缩短管路。

4. 位置传感器

位置传感器用于感受无人机的位置，是飞行轨迹控制的必要前提。惯性导航设备、GPS 卫星导航接收机、磁罗盘是典型的位置传感器。

由于陀螺仪和加速度计只能提供姿态参考，并不能解算出正确的航向，因此需要磁力计用于感受地磁向量以解算出模块与北的夹角。磁力计的这个功能类似于指南针，所以又称电子指南针，或称电子磁罗盘。

磁航向传感器要安装在受铁磁性物质影响最小且相对固定的地方，安装件应采用非磁性材料制造。但是实际使用过程中，受环境因素和电子磁罗盘自身因素的影响，磁罗盘常存在较大的航向角误差,因此经常需要在使用前校正,磁罗盘校正的一般方法是使安装有磁罗盘的载体做特定的运动,或者将载体转动到某些特定的角度,得到磁罗盘在不同姿态下的磁场强度测量值,通过对测量值分析,进行磁罗盘的校正。

2.2.3 飞控计算机

导航飞控计算机简称飞控计算机,是导航飞控系统的核心部件,从无人机飞行控制的角度来看,飞控计算机应具备如下功能。

(1)姿态稳定与控制。

(2)导航与制导控制。

(3)自主飞行控制。

(4)自动起飞、着陆控制。

1. 飞控计算机类型

飞控计算机按照对信号的处理方式,主要分为模拟式、数模混合式和数字式飞控计算机三种类型。

如今,随着数字电路技术的发展,模拟式飞控计算机已基本被数字式飞控计算机取代,新研制的无人机飞控系统几乎都采用数字式飞控计算机。

2. 飞控计算机余度

无人机没有人身安全问题,因此会综合考虑功能、任务可靠性要求和性能价格比来进行余度配置设计。就飞控计算机而言,一般大、小型无人机都有多余度设计,一些简单的微、轻型无人机为单余度设计。

3. 飞控计算机主要硬件构成

(1)主处理控制器。

主要有通用型处理器(MPU)、微处理器(MCU)、数字信号处理器(DSP)。随着FPGA技术的发展,相当多的主处理器将FPGA和处理器组合成功能强大的主处理控制器。

(2)二次电源。

二次电源是飞控计算机的一个关键部件。飞控计算机的二次电源一般为5 V、±15 V等直流电源电压,而无人机的一次电源根据型号不同区别较大,要对一次电源进行变换。现在普遍使用集成开关电源模块。

(3)模拟量输入/输出接口。

模拟量输入接口电路将各传感器输入的模拟量进行信号调理、增益变换、模/数(A/D)转换后,提供给微处理器进行相应处理。模拟信号一般可分为直流模拟信号和交流调制信号两类。模拟量输出接口电路用于将数字控制信号转换为伺服机构能识别的模拟控制信号,包括A/D转换、幅值变换和驱动电路。

(4)离散量接口。

离散量输入电路用于将飞控计算机内部及外部的开关量信号变换为与微处理器工作电平兼容的信号。

(5)通信接口。

用于将接收的串行数据转换为可以让主处理器读取的数据或将主处理器要发送的数据转换为相应的数据。飞控计算机和传感器之间可以通过 RS232/RS422/RS485 或 ARINC429 等总线方式通信,随着技术的不断发展,1553B 总线等其他总线通信方式也将应用到无人机系统中。

(6)余度管理。

无人机余度类型飞控计算机多为双余度配置。余度支持电路用于支持多余度机载计算机协调运行,包括通道计算机间的信息交换电路、同步指示电路及通道故障逻辑综合电路。通道计算机间的信息交换电路是两个通道飞控计算机之间进行共享信息传递的信息通路。同步指示电路是同步运行的余度计算机之间相互同步的支持电路。通道故障逻辑综合电路将软件监控和硬件监控电路的监控结果进行综合,它的输出用于故障切换和故障指示。

(7)加温电路。

常用于工作环境超出工业品级温度范围的飞控计算机中,以满足加温电路所需功率和加温方式的需求。

(8)检测接口。

飞控计算机应留有合适的接口,方便与一线检测设备、二线检测设备连接。

(9)飞控计算机机箱。

它直接影响计算机抗恶劣环境的能力及可靠性、可维护性、使用寿命。

微型无人机使用的集成飞控硬件系统如图 2-6 所示。

图 2-6　微型无人机使用的集成飞控硬件系统

2.2.4　执行机构

无人机执行机构都是伺服作动设备,是导航飞控系统的重要组成部分。其主要功能是根据飞控计算机的指令,按规定的静态和动态要求,通过对无人机各控制舵面和发动机节风门等的控制,实现对无人机的飞行控制。

1. 伺服执行机构的类型

伺服执行机构的类型主要分为电动伺服执行机构、电液伺服执行机构和气动伺服执行机构。

通常意义上的舵机是一种电动伺服执行机构，由电动机、测速装置、位置传感器、齿轮传动装置驱动电路等组成。

电液伺服执行机构通常由电液伺服阀、作动筒和位置传感器等组成气动伺服执行机构通常由电磁控制活门、作动筒和位置传感器等组成。

与其他伺服作动设备相比，电动伺服作动设备的制造和维修比较方便，与飞行控制系统采用同一能源，信号的传输与控制也比较容易，其系统组成简单，线路的敷设较装用方便。因此，在无人机上主要使用电动伺服作动设备。随着稀土永磁材料的发展开电机制造技术的进步，执行电动机性能的不断提高、PWM 技术和大规发集成电路以及潜波减速器的使用，电动伺服作动设备在体积和静动特性指标上有很大的进步。

电动伺服作动设备如图 2-7 所示。

图 2-7　电动伺服作动设备

2. 伺服执行机构的主要参数

(1) 额定输出力矩。

额定输出力矩是指在额定工作状态下，伺服作动设备输出的最大力矩。伺服作动设备的负载一般包括铰链力矩、惯性力矩、摩擦力矩和阻尼力矩。其中，铰链力矩是伺服作动设备的最主要力矩。作用在伺服作动设备上的铰链力矩，主要是由舵面偏转，作用在舵面上的气动力产生的，其大小取决于操纵面的类型及几何形状、空数、迎角或侧滑角以及舵面的偏转角。

(2) 额定输出速度。

额定输出速度由舵机无负载的情况下按照输入指令转过 60°所需时间来衡量，常见舵机的转速一般在 0.03 s/60°~0.21 s/60°。

(3) 输出行程。

输出行程是指输入信号从最大到最小变化时，伺服作动设备在正反两个方向运动的位移量的总和。最大行程是对控制权限的一种限制。

(4)输入输出传递系数。

输入输出传递系数是指输出角度与输入电信号的比例系数。

(5)线性度。

线性度是输出与输入关系曲线对直线的偏差。

(6)非线性。

伺服作动设备的死区、滞环、饱和等都会引起设备的非线性。

(7)频率响应。

频率响应通常是在总输入值 5%~10%的输入信号下,改变测试输入频率直到输出幅值衰减 3 dBh 时的频率定义为伺服作动设备的频宽。对于快速响应系统,频宽是很重要的指标,频宽越宽系统响应越快,抗干扰能力也就越差。一般要求伺服作动设备的频宽是无人机频宽的 3~5 倍。

(8)瞬态响应。

瞬态响应是指输入加阶跃信号时,伺服作动设备输出的时间响应。

(9)分辨率。

分辨率是指从零位到引起可测出输出变化的最小输入值。通常分辨率要求为输入值的 1%左右。

(10)连续工作电流及制动电流。

连续工作电流是指在额定状态下输入指令时,伺服作动设备连续工作所消耗的电流。制动电流是伺服作动设备制动状态下所消耗的电流。

3. 舵机的构造

舵机是集成了直流电机、电机控制器和减速器等一系列元器件的机电一体化产品,是封装在一个便于安装的外壳里的伺服单元,是能够利用简单的输入信号比较精确地控制转动角度的机电系统。

舵机内部有一个电位器(或其他角度传感器)用于检测出齿轮箱输出轴转动角度,控制板根据电位器的信息能比较精确地判断、控制和保持输出轴的角度。这样的直流电机控制方式称为闭环控制,因此舵机更准确地说是伺服马达。舵机的主体结构主要有外壳、变速齿轮组、小型直流电机、可调电位器和控制电路板。

舵机的外壳一般具有较为标准化的尺寸(根据厂家不同而略有差异)以便于使用设备模块化的设计和安装。大部分舵机采用塑胶制造的外壳,特殊的舵机可能会有铝合金外壳。金属外壳能够提供更好的散热,可以让舵机内的电机运行在更高功率下,以提供更高的扭矩输出。金属外壳也可以提供更牢固的固定位置。

舵机的齿轮箱如图 2-8 所示。齿轮箱有塑料齿轮、混合齿轮和金属齿轮的差别。塑料齿轮成本低,噪声小,但强度较低。金属齿轮强度高,但成本高,在装配精度一般的情况下会有较大的噪声。小扭矩舵机、微舵、扭矩大但功率密度小的舵机一般都用塑料齿轮,如 Futaba3003、辉盛的 9G 微舵等。金属齿轮一般用于功率要求较高的舵机上,如辉盛 995 舵机。995 舵机在与 Futaba3003 体积一样的情况下却能提供 13 kg 的扭力。

Hitec 甚至使用钛合金作为齿轮材料,其高强度能保证 Futaba3003 大小的舵机提供大于 20 kg 的扭力。混合齿轮在金属齿轮与塑料齿轮之间做了折中。在电机输出轴上的齿轮扭矩一般不大,可以用塑料齿轮。

图 2-8 舵机的齿轮箱

4. 数字舵机与模拟舵机的区别

数字舵机与模拟舵机在基本的机械结构方面是完全一样的,主要由马达、减速齿轮和控制电路等组成。数字舵机与模拟舵机的最大区别体现在控制电路上,数字舵机的控制电路比模拟舵机多了微处理器和晶振。

(1)数字舵机与模拟舵机的区别。

①处理接收机的输入信号的方式不同。

②控制舵机马达初始电流的方式不同。数字舵机可以减少无反应区(对小量信号无反应的控制区域),增加分辨率,产生更大的固定力量。模拟舵机的缺点是有"无反应区"存在,舵机对于发射机的细小动作反应非常迟钝或者根本就没有反应。

(2)相对于传统模拟舵机,数字舵机有以下优势。

①因为微处理器的关系,所以数字舵机可以在将动力脉冲发送到舵机马达之前,对输入的信号根据设定的参数进行处理。这意味着动力脉冲的宽度即激励马达的动力可以根据微处理器的程序运算而调整,以适应不同的功能要求,并优化舵机的性能。

②数字舵机以高得多的频率向马达发送动力脉冲。这意味着不仅舵机马达以更高的频率响应发射机的信号,而且"无反应区"变小,反应变得更快,加速和减速时也更迅速、柔和,数字舵机能提供更高的精度和更好的固定力量。

任务 2.3 数据链系统与地面站系统

2.3.1 数据链系统

1. 概述

数据链系统由机载设备和地面设备组成。机载设备又称机载数据终端,包括机载天线、遥控接收机、遥测发射机、视频发射机和终端

数据链系统

处理机等。地面设备包括由天线、遥控发射机、遥测接收机、视频接收机和终端处理机构成的测控站数据终端,以及操纵和监视设备。

机载设备一方面接收处理各个传感器的飞行参数,并将这些数据发送给地面站;另一方面接收来自地面站的遥控指令,以调整无人机飞行参数。地面设备对来自无人机的数据进行接收处理,也发送指令调整飞行状态。

无人机通信链路主要是指用于无人机系统传输控制、无载荷通信、载荷通信三部分信息的无线电链路。

根据 ITU-RM. 2171 报告给出的定义,无人机系统通信链路是指控制和无载荷链路,主要包括指挥与控制(C&C)、空中交通管制(ATC)、感知和规避(S&A)三种链路。

通信网络中两个结点之间的物理通道称为通信链路。

根据通信链路的连接方法,可把通信链路分为以下两种。

(1)点对点连接通信链路,这时的链路只连接两个结点。

(2)多点连接链路,是指用一条链路连接多少个(n>2)结点。

根据通信方式不同,可把链路分为以下两种。

(1)单向通信链路。

(2)双向通信链路。

控制站与无人机之间进行的实时信息交换需要通过通信链路来实现。地面控制站需要将指挥、控制及任务指令及时地传输到无人机上。同样,无人机也需要将自身状态(速度、高度、位置、设备状态等)及相关任务数据发回地面控制站。无人机系统中的通信链路也常称为数据链。民用无人机系统一般使用点对点的双向通信链路,也有部分无人机系统使用单向下传链路。

2. 数据链功能

无人机数据链路主要分为以下几部分。

(1)一条带宽频率为数千赫兹的上行链路(又称指挥链路)使得地面站能对飞行器及其载荷进行有效控制。无论地面站何时需要发送指令,都必须保证上行链路能够随时启用。但在飞行器执行一个新指令之前,链路可以处于不工作状态(如飞行器在自动驾驶仪控制下从一点飞到另外一点的状态下,链路可以不工作)。

(2)一条可提供两个信息通道的下行链路(可以合并为单一的数据流),一条状态信息通道(又称遥测通道)用于向地面控制站传递飞行器当前的空速、发动机转速及载荷状态(如指向角)等信息,该信息通道只需较小带宽,类似于指令链路。第二条信息通道用于向地面控制站传递传感器数据。它需要足够的带宽以传送大量的传感器数据,一般要求其带宽范围为 300 kHz~10 MHz。下行链路一般都是连续传送数据的,但也可能因临时存储机载数据而中断传输。

(3)数据链路也可用于测量地面天线与飞行器之间的距离和方位角。这些数据可用于飞行器的导航,提高机载传感器对目标位置测量的整体精度。

数据链路的机载部分包括机载数据终端(ADT)和天线。机载数据终端包括 RF 接收机、发射机,以及连接接收机、发射机和系统其余部分的调制解调器,有时也包括数据处理器,用于压缩数据以符合下行链路的带宽限制。天线可能是全向的,也可能有增益且需要指向。

数据链路的地面设备又称地面数据终端(GDT),该终端包括一副或几副天线、一台射频接收机和发射机、调制解调器。若传感器数据在传送前经过压缩,则地面数据终端还需采用处理器对数据进行解压(数据压缩和解压应该设计在数据链路内部还是外部,对这个问题将在后面的内容中予以讨论)。地面数据终端可以分装成几部分,一般包括一辆天线车(可以放置在距无人机地面控制站一定距离处)、一条连接地面天线与地面控制站的数据链路,以及若干用于地面控制站的处理器和接口。

地面数据终端与机载数据终端之间发送和接收的数据流,无论是通过高带宽的线路或光缆传输,还是由上行链路连接到一颗卫星,由该卫星再连接到第二、三颗中继卫星后最终抵达机载数据终端,数据链路的各功能部件在基本构成方式上都不会有太大变化。而从无人机系统角度看,还是存在上行链路信息通道和下行链路信息通道,信息通道的传输能力由整个链路中数据量最小的环节决定。

3. 数据链频段

(1)2.4 GHz。

无人机的遥控器信号大多数采用的无线通信芯片用的是 2.4 GHz 无线技术,也有图传使用 2.4 GHz 无线技术的(图 2-9)。

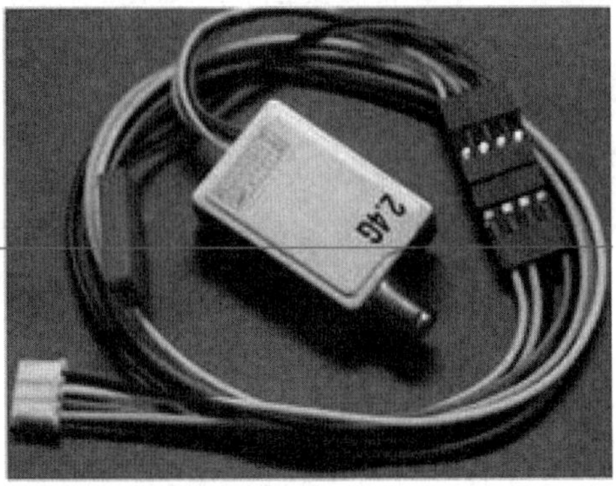

图 2-9　2.4 GHz 无线技术

(2)5.8 GHz

5.8 GHz 频段包含了三个 100 MHz 频段,分别如下。

①5.15~5.25 GHz,适用于室内无线通信。

②5.25~5.35 GHz,适用于中等距离通信。

③5.725~5.825 GHz,目前用于社区的宽带无线接入。

④5.8 GHz 相比较 2.4 GHz 而言优势是比较明显的,容易实现,频谱利用率高,业务种类多,接口简单统一,升级容易,特别适合于非连接的数据传输业务,基于电路的技术时延小,适合于进行传统的语音传送和基于连接的传输业务。但是 5.8 GHz 也有缺点,即波长较短,绕射能力较差,传输带宽也比 2.4 GHz 要小些。

(3)1.2 GHz。

1.2 GHz 频率最低，穿透力最强，所以直线传输距离也最远，但是这是军方和政府常用的频段，民用是禁止的。

4. 数据链传输技术

(1)Wi-Fi 传输。

Wi-Fi 全称 Wireless Fidelity，是基于 IEEE 802.11b 标准的无线局域网技术，通常使用 2.4 GHz 特高频无线电波或 5 GHz 超高频无线电波。与蓝牙技术类似，通过该技术，相关电子设备可以接入无线局域网以实现在小范围内高速传输信号。

不少微小型消费级无人机都采用 Wi-Fi 传输方式。手机端通过 Wi-Fi 沟通地面中继端的的 Wi-Fi 模块，地面中继端的 Wi-Fi 模块再沟通无人机端的 Wi-Fi 模块，既可以发送来自地面手机端的控制信号，也可以通过 Wi-Fi 传输无人机航拍的视频数据到手机端。

(2)4G 网络。

在航模领域，控制飞行器常用的是遥控器。信号较好的 2.4 GHz、5.8 GHz 遥控器往往能高质量地传输控制信号，但这是在视线以内可直线传输信号的情况下。如果在非视距内的情况下，如被建筑物遮挡等，就会出现失控。但如果有了 4G 网络，假设网络信号稳定且时延小到忽略不计，那么 4G 网络无论是作为遥控器信号的辅助，还是完全作为控制信号，无人机的可控范围都会大很多。这就相当于让可以控制的范围扩大到整个 4G 网络信号覆盖区域。

4G 网络的优点是通信传输距离可以很远，缺点是限于低空 200 m，所以只能用于低空民用无人机。

(3)数据卫星。

4G 通信的最大缺陷是低空控制，高空控制就需要卫星来实现。通过发射卫星提供中继服务，可以使无人机控制范围更广，但是成本高，所以这种方式只作为辅助通信使用。传统无人机和卫星无人机通信功能的比较见表 2-1。

表 2-1　传统无人机和卫星无人机通信功能的比较

	传统无人机	卫星无人机
飞行控制	无线电遥控设备，最远传输距离约 100 km 以内	卫星数据控制，最远传输距离在 5 000 km 以上
定位回中	定向天线或无线电回传，当飞出可控范围时，只能进行预设定位飞行	可实时回传定位信息，运动轨迹可完全在平台显示
图传	受通信方式限制，一般最远 5 km	在 5 000 km 范围内，可将无人机所拍摄的实时影相传回地面站显示屏
安装	由于定向天线、无线电远程控制需要调试、架高等，安装麻烦	直接集成在无人机内部，无须调试，直接控制

(4)COFDM。

在无人机的视频传输方面,一般的做法是采用模拟图传或 Wi-Fi 图传,但是模拟图传画面质量不够好,Wi-Fi 图传会有马赛克,容易停顿或卡死。COFDM 技术刚好解决了两个方面的问题。

COFDM 高清图传是指前端摄像机或播放设备通过数字高清接口(HDMI/SDI 数字信号)传送 1 920×1 080 像素逐行扫描画质的视频给到 COFDM 调制方式的发射机,发射机编码后通过天线用无线微波方式向外传送信号,另外一端接收机通过天线隔空接收信号,解码还原为全高清数字信号(HDMI)输出。

通过 COFDM 技术,传输数据量大,距离远,是民用无人机通信的首选。

5. 理想数据链特性

无人机数据链路必须保证足够稳定,满足用户在任何地方进行测试、训练时正常工作,或者在不存在蓄意干扰的情况下正常工作。这就要求数据链路能够在所有上述地点使用当地可分配的频点工作,同时还能抵御可能存在的外来射频发射机的无意干扰。

一般来说,无人机数据链路有以下七个理想特性。

(1)全球可用的频率分配。无论是和平时期还是战争期间,在用户感兴趣的所有地方,数据链路都能在当地可用的测试和训练操作频点正常工作。

(2)抗无意干扰。尽管会有来自其他射频系统的间歇性带内信号干扰,数据链路仍能正常工作。

(3)低截获概率。当处在敌方测向系统的覆盖范围和有效距离之内时,数据链路难以被截获和测得方位。

(4)安全性。由于信号加密,所以即使被截获,也无法被破译。

(5)抗欺骗。在敌方意图向飞行器发送指令或向地面数据终端发送欺骗信号时,数据链路能进行抵制。

(6)抗反辐射武器。难以被 ARM 锁定,即使被锁定,也能使对地面站的毁伤降到最低。

(7)抗干扰。即使遇到外界对上行链路或下行链路的蓄意干扰,也能正常工作。

2.3.2 地面站系统

1. 无人机地面控制站

无人机地面控制站是指具有对无人机飞行平台和任务载荷进行监控和操纵的能力,包含对无人机发射和回收控制的一组设备。

任务规划和控制是无人机系统成功完成各种任务的关键要素,下面主要讨论无人机控制站及其操纵特性。

地面站系统

任务规划和控制站又称地面控制站,是整个无人机系统的“神经中枢”。它控制飞行器的发射、飞行和回收;接收和处理来自飞行系统内部传感器和外部有效载荷传感器的数据控制有效载荷的运行;提供无人机系统与外部环境的接口。

规划功能也可与控制功能在不同地点执行,因此无人机系统在执行任务期间实时更改规划的功能是必不可少的。

地面控制站若要实现其系统功能,需要包含以下子系统:飞行器状态的读取和控制系统;有效载荷数据的显示和控制系统;用于任务规划和飞行器位置及飞行路径监控的地图显示系统;数据链路地面终端系统,用于发送命令给飞行器和有效载荷,接收来自飞行器的状态信息及有效载荷数据;一台或多台计算机,在最简化的情况下,提供操作员与飞行器之间的界面,并控制飞行器与任务规划和控制站之间的数据链和数据流,计算机还可执行系统导航功能,以及执行某些与自动驾驶仪和有效载荷控制功能相关的"外回路"计算;与其他组织的通信链路,用于指挥、控制及分发无人机收集到的信息。

2. 无人机地面控制站的功能

地面控制站的功能主要包括任务规划和操作两部分。任务规划包含处理任务信息、分析任务区域地图、指明飞行路径(航路点、速度、高度)和向操作员提供任务规划信息等;操作包含加载任务规划数据、发射无人机、监视无人机位置、控制无人机、控制和监视任务载荷、建议修改飞行计划、向指挥官提供相关信息、在需要时保存传感器信息、回收无人机和传感器数据备份等。

地面站系统应具有以下几项典型的功能。

(1)飞行监控功能。

无人机通过无线数据传输链路,下传飞机当前各状态信息。地面站将所有的飞行数据保存,并将主要的信息用虚拟仪表或其他控件显示,供地面操纵人员参考。同时,根据飞机的状态,实时地发送控制命令,操纵无人机飞行。

(2)地图导航功能。

根据无人机下传的经纬度信息,将无人机的飞行轨迹标注在电子地图上。同时,可以规划航点航线,观察无人机任务执行情况。

(3)任务回放功能。

根据保存在数据库中的飞行数据,在任务结束后,使用回放功能可以详细地观察飞行过程的每一个细节,检查任务执行效果。

(4)天线控制功能。

地面控制站实时监控天线的轴角,根据天线返回的信息对天线校零,使之能始终对准飞机,跟踪无人机飞行。

3. 无人机地面控制站的系统结构

无人机地面控制站软件的功能包括飞行监控、航线规划、任务回放和地图导航等,并且支持多架无人机的控制与管理。无人机与地面控制站通过无线数传电台通信,按照通信协议将收到的数据解析并显示,同时将数据实时存储到数据库中,在任务结束后读取数据库进行任务回放。

各模块功能说明如下。

(1)导航数据库。

导航数据库是无人机地面站系统中极其重要的一部分。航点及航线信息、任务记录信息、系统配置信息、历次飞行数据等都保存在数据库中,用户在界面上操作,频繁读写数据库。

(2)用户界面。

用户界面模块是地面控制人员与无人机交互的窗口。用户界面是基于微软基础类库(MFC)框架的对话框,基于该对话框,添加了地图操控的 ActiveX 控件、虚拟航空仪表控件、菜单和 MFC 基本控件等,力求界面友好、操纵方便。

(3)地图导航。

地图导航模块是根据飞机下传的经纬度和高程信息,将飞机的当前位置标注在地图上,同时标注飞机的飞行轨迹。地图导航功能还支持飞机居中,在地图上摄取航点,地图的放大、缩小、漫游等功能。

(4)串口通信。

串口通信模块采用第三方串口通信类。地面站中实现了多线程、多串口的全双工通信,实时发送或接收数据。

4. 无人机地面控制站的关键技术

地面站的关键技术包括友好的人机界面,能够更好地帮助操作人员完成监视无人机、任务载荷及通信设备的工作,方便操作员规划任务航路并控制无人机、任务载荷及通信设备。

(1)操作员的培训。

为更好地执行任务,还需具备完善的人机交互系统,而无人机操控员通常通过一些仿真模拟技术进行培训。

(2)一站多机的控制。

未来无人机地面站将会向着高性能、低成本和通用性方向发展,实现一个地面站控制多架甚至多种无人机。

(3)对总线的要求。

随着无人机技术的发展,地面站与无人机之间的数据传输量越来越大,除地面站系统的无线通信、任务处理和图像处理能力要不断提高外,其总线网络也要向着高带宽、低延迟的方向发展。

(4)可靠的数据链。

安全、可跨地平线和抗干扰的宽带数据链也是无人机的一项关键技术。

地面站还要满足无人机系统设计中的三项基本要求,即开放性、互操作性和通用性。开放性是指在地面站中增加新的功能模块时不需要对现有模块重新设计;互操作性是指地面站能控制几种不同无人机中的任何一架或其任务载荷,并能通过与多个不同的通信网络中的任何一个进行交互来实现与外部连接;通用性是指各地面站使用的硬件及软件模块基本相同。

无人机地面站技术未来将会在以下几方面有所发展。

①通用地面站。

②一站多机地面站。

③无人作战飞机地面站。

④可靠的、干扰小的、宽带的数据链路。

⑤人工智能决策技术。

⑥无人机操控的安全、告警及放错技术。

⑦无人机通信中继。

5. 遥控器

遥控器是一种最简单的地面站系统，它是无人飞行器收发控制指令的重要设备，用于远程控制无人机。遥控器硬件上包括三个部分：发射机、接收机和传感器。

(1)遥控器类型。

常见应用于无人机的遥控器有两种：红外遥控器和无线电遥控器。由于红外遥控器具有较强的方向性，并且控制距离较短，可靠性较差，因此其应用较少。

无线电遥控器中，根据无线电的调制方式可以分为调频(FM)和调幅(AM)两种。调频即载波信号的幅度不变，通过改变载波信号的频率来选频；调幅即载波信号的频率不变，通过改变信号的幅度来选频。调频信号的带宽比调幅信号的宽，抗噪声(干扰信号)能力更强，因此相对而言比调幅信号质量更好。

(2)遥控器信号编码。

无线电遥控器根据信号编码方式分为脉冲编码(pulse code modulation，PCM)和脉宽编码(pulse position modulation，PPM)两种类型。

PCM 编码又称脉码调制，PPM 编码又称脉位调制。有许多人误将 PPM 编码说成 FM，其实这是两个不同的概念。前者是指信号脉冲的编码方式，后者是指高频电路的调制方式。操作者通过操纵发射机上的手柄，将电位器阻值的变化信息送入编码电路。编码电路将其转换成一组脉冲编码信号(PCM 或 PPM)。这组脉冲编码信号经过高频调制电路(FM 或 AM)调制后，再经高放电电路发送出去。

PPM 的编解码一般是用积分电路来实现的，而 PCM 的编解码则是用 A/D 和数/模(D/A)转换技术实现的。首先，编码电路中 A/D 转换部分将电位器产生的模拟信息转换成一组数字脉冲信号。由于每个通道都由 8 个脉冲组成，再加上同步脉冲和校核脉冲，因此每个脉冲包含了数十个脉冲信号。这里，每一个通道都是由 8 个信号脉冲组成的。其脉冲个数永远不变，只是脉冲的宽度不同。宽脉冲代表“1”，窄脉冲代表“0”。这样每个通道的脉冲就可用 8 位二进制数据来表示，共有 256 种变化。接收机解码电路中的单片计算机(以下简称为“单片机”)收到这种数字编码信号后，再经过 D/A 转换，将数字信号还原成模拟信号。由于在空中传播的是数字信号，其中包含的信号只代表两种宽度，因此如果在此种编码脉冲传送过程中产生了干扰脉冲，解码电路中的单片机就会将与“0”或“1”脉冲宽度不相同的干扰脉冲自动清除。如果干扰脉冲与“0”或“1”脉冲的宽度相似或干脆将“0”脉冲干扰加宽成“1”脉冲，解码电路的单片机也可以通过计数功能或检验校核码的方式，将其滤除或不予输出，而因电位器接触不良对编码电路造成的影响，也已由编码电路中的单片机剔除，这样就消除了各种干扰造成误动作的可能。

PCM 编码的优点不仅在于其很强的抗干扰性，而且可以很方便地利用计算机编程，不增加或少增加成本，实现各种智能化设计。例如，高级的比例遥控设备可以采用个性化设计，在编解码电路中加上地址码，实现真正意义上的一对一控制（即 2.4 GHz 跳频技术）。另外，在发射机上加装开关，通过计算机编程，将每个通道的 256 种变化分别发送出来；接收机接收后，再经计算机解码后变成 256 路开关输出。这样，一路 PCM 编码信号就可变成 256 路开关信号。而且，这种开关电路的抗干扰能力相当强，控制精度相当高。综上可以看出，PCM 编码与 PPM 编码方式相比具有很大的优越性。虽然以往将这两种编码方式都说成数字比例遥控设备，但从严格意义上说，只有 PCM 编码才称得上真正的数字比例遥控。

随着数字无线通信技术的不断发展，越来越多的航模厂商把目光投向 ISM 频段尤其是全球免费频段 2.4 GHz 的数字无线传输模块上。而传统的模拟低频无线航模遥控系统日益受到信号干扰严重、通信距离有限和同场信道少等缺点的制约。

（3）遥控器通道。

一个通道（channel，CH）即一个控制回路。遥控器中常说几个通道，即表示可同时实现控制几个回路。例如，14 通道的遥控器即表示该遥控器可实现控制 14 个通信回路。通道数越多，则表示该遥控器功能越强大。又如，在遥控飞机中，控制升降舵需要一个通道，控制副翼需要一个通道，控制方向舵需要一个通道，控制动力也需要一个通道，因此在遥控飞机中通常都需要很多个通道的遥控设备，以便实现更多的功能。遥控器间各个通道的发射和接收端分别是一一对应的。

通常，Futaba 系列的遥控器通道的定义见表 2-2。

表 2-2　Futaba 系列的遥控器通道的定义

通道	控制舵面	备注
第一通道（CH1）	副翼	用于控制飞行器的滚转运动
第二通道（CH2）	升降舵	用于控制飞行器的俯仰运动
第三通道（CH3）	油门	用于控制飞行器的油门
第四通道（CH4）	方向舵	用于控制飞行器的航向
第五通道（CH5）	陀螺仪感度	用于控制陀螺仪的感度
第六通道（CH6）	螺距	用于控制直升机的螺距（总距）
第七通道（CH7）	辅助通道一	备用通道一
第八通道（CH8）	辅助通道二	备用通道二
…	…	…

Futaba R7008SB 接收机的各个插槽接口功能定义如下。

①1~6。输出 1~6 通道的控制信号。

②7/B。输出 7 通道信号和输入电源。

③8/SB。输出 8 通道或者 S. BUS 输出端口。

④S. BUS2。S. BUS2 双向通信传感器等。

另外,当需要使用 9 个或更多通道时,使用 S. BUS 功能,或使用双接收机功能,在机体上再多装载一个 R7008SB 遥控器(需另购)。

(4)遥控器的动作形式

根据目前国内外遥控器的使用特点,以及摇杆通道定义的不同,把操作形式分为以下几种类型。

①MODE1 是流行于亚洲地区的主流操作方式,主要是指使用右手控制油门/螺距、副翼通道,而用左手控制升降、航向通道的操作手法。这类型手法把控制飞行器的两个主要动作方向即滚转和俯仰分别用两个分开的摇杆来控制,更有利于控制飞行器运动轨迹的精准度。

②MODE2 主要流行于欧美国家和地区,故这种类型手法俗称美国手。它把控制飞行器俯仰和滚转的两个通道同时放在右手,而把航向和油门/螺距放在左手控制。这样的布局符合一般人的行为习惯需要,也是参照载人航空器的座舱布局设计的。

③MODE3 俗称反美国手,其在布局上与 MODE2 的形式刚好相反,应用者较少。

【项目评价】

项目学习完成后,进行项目检查与评价,检查评价单见表 2-3。

表 2-3　检查评价单

序号	评价内容	评价标准	分值	得分
1	知识运用(20%)	掌握相关理论知识,理解本次任务要求,制订了详细计划,且计划条理清晰、逻辑正确(20 分)	20 分	
		理解相关理论知识,能根据本次任务要求制订合理计划(15 分)		
		了解相关理论知识,制订了计划(10 分)		
		没有制订计划(0 分)		
2	专业技能(40%)	能够掌握了解无人机的基本概念(40 分)	40 分	
		能够掌握数据链系统与地面站系统(30 分)		
		没有完成任务(0 分)		
		具有良好的自主学习能力、分析并解决问题的能力,整个任务过程中有指导他人(20 分)		

续表2-3

序号	评价内容	评价标准	分值	得分
3	核心素养（20%）	具有较好的学习能力、分析并解决问题的能力，整个任务过程中没有指导他人（20 分）	20 分	
		能够主动学习并收集信息，具有请教他人以解决问题的能力（10 分）		
		不主动学习（0 分）		
		设备无损坏、设备摆放整齐、工位保持整洁、没有干扰课堂秩序（20 分）		
4	课堂纪律（20%）	设备无损坏、没有干扰课堂秩序（20 分）	20 分	
		没有干扰课堂秩序（10 分）		
		干扰课堂秩序（0 分）		

【项目小结】

通过本项目的学习，可以更加深入地了解无人机，包括无人机的动力系统、无人机的飞控系统与舵机，以及传感器与遥控机的基本知识，并进一步的学习到数据链系统与地面站系统。

【能力提高】

一、填空题

1. 发动机是一种将某种能量转换成机械功的动力装置。根据能量来源的不同，可分为________、水力发动机、电力发动机和________等。

2. 航空发动机性能的好坏和________直接影响飞行安全、飞机的性能和航空公司营运经济效益，因此对发动机有一些基本的要求。

3. 锂离子电池的正极材料通常由________组成，负极则是特殊分子结构的碳。

4. 火花塞又称电嘴，主要由中央极、旁极、外壳、________和________等组成，用来产生电火花。影响其工作的因素主要包括火花塞间隙、火花塞挂油积碳受潮和火花塞温度。

5. 由于直升机的旋翼和尾桨转速不能太大，因此________与________之间有必要加装减速装置进行减速后再输出功率，也可以由后面的自由涡轮直接带动旋翼转动。

二、选择题

1. 转速由舵机无负载的情况下转过________所需时间来衡量，常见舵机的转速一般在 0. 11 s/60°~0. 21 s/60°。

A. 50°　　　B. 60°　　　C. 70°　　　D. 80°

2. 霍尼韦尔的磁传感器位于行业内灵敏度最高和可靠性最好的低强度磁场传感器之列，其具有精度高的特点：内置________位 A/D、OFFSET、SET/RESET 电路，不会出现磁饱和现象，不会有累加误差。

A. 8　　B. 10　　C. 12　　D. 14

3. MODE1 是流行于________地区的主流操作方式，主要是指使用右手控制油门/螺距、副翼通道，而用左手控制升降、航向通道的操作手法，是目前国内使用最多的遥控器操作形式。

A. 亚洲　　B. 欧洲　　C. 美洲　　D. 非洲

三、思考题

1. 简述无人机动力系统的分类和工作原理。

2. 简述无人机飞控系统的组成和工作原理。

3. 简述舵机、传感器和遥控器的具体功能。

4. 简述无人机理想数据链特性。

5. 简述无人机地面站系统的功能。

项目 2 测试

项目3　无人机系统的工作原理

【情景导入】

一个典型的无人机系统主要包括飞行器、地面控制设备、任务载荷、通信链路发射与回收装置、地面支援和维护设备等六部分。本章将介绍空气动力学和空气静力学的基本原理,然后分别介绍飞行器的各个组成部分(包括飞行平台、动力系统、导航控制系统),以及发射与回收系统的工作原理,最后介绍无人机系统数据链路的组成及工作原理。

【知识目标】

1. 学习无人机系统工作原理中的空气动力学与飞艇空气静力学。
2. 掌握无人机发射与回收的工作原理。

【能力目标】

1. 了解无人飞行器构造及无人机动力系统。
2. 掌握无人机数据链路的工作原理。

【思政及素质目标】

1. 培养学生的自信心,鼓励学生自觉服从规章制度。
2. 引导学生发挥自己积极的态度,促进科学技术发展。

【学习路径】

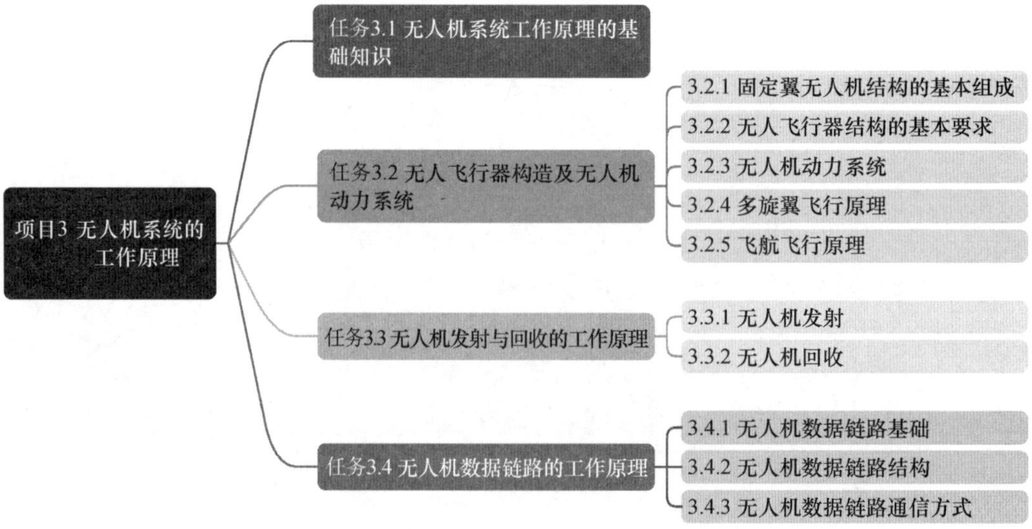

任务3.1　无人机系统工作原理的基础知识

重于空气的无人机平台依靠与空气相对运动所产生的空气动力完成在空中飞行。本任务简要讨论气体的运动及其与机体相互作用的基本规律,即无人机升力和阻力的产生及变化规律。

无人机系统工作原理的空气动力学

1. 飞行环境

飞行环境对飞行器的结构、材料、性能等都有十分明显的影响。只有熟悉飞行环境并设法克服或减少飞行环境的影响,才能保证飞行器飞行的准确性和可靠性。这里的飞行环境包括从地球表面到大气层边界。

航空器的飞行活动环境是大气层(空气层)。大气层包围着地球,其厚度在2 000~3 000 km。由于大气的成分和物理性质在垂直方向上有显著的差异,因此可按大气在各个高度的特征分成以下若干层。

(1)对流层。

对流层是大气圈的最底层,其下界是地面,上界因纬度和季节而异。对流层的平均厚度在低纬度地区为17~18 km,中纬度地区为10~12 km,高纬度地区为8~9 km。对流层是大气圈中与一切生物关系最为密切的一个空间,其对人类生产、生活的影响也最大。

(2)平流层。

从对流层顶至55 km左右为平流层。

(3)中间层。

从平流层顶至85 km高空是中间层。

(4)电离层(暖层)。

从中间层顶到800 km高空属于暖层。

(5)散逸层。

电离层顶之上即800 km高度以上的大气层称为散逸层。

大气层的各种特性沿铅垂方向上的差异非常明显,空气密度和压强都随高度增加而减小。在10 km高空,空气密度只相当于海平面空气密度的1/3,压强约为海平面压强的1/4;在100 km高空,空气密度只是地面密度的0. 000 04%,压强只是地面的0. 000 03%。

2. 关于流体的重要定律

可流动的介质称为流体,流体是液体和气体的总称。在物理学中,流体是由大量分子组成的,每个分子都在不停地做无规则的热运动,彼此不时碰撞,交换着动量和能量。分子之间距离很大,分子的平均自由程(指一个分子经一次碰撞后到下一次碰撞前平均走过的距离)比分子本身的尺寸大得多。以空气为例,在标准状况下,每立方厘米的空间内约有2.7×10^{19}个空气分子,空气分子的平均自由程约为6×10^{-6} cm,而空气分子的平均直径约为 3.7×10^{-8} cm，二者之比约为 170:1。液体虽然比气体稠密得多，但分子之间仍然有相当的距离。因此，从微观上说，流体是一种有间隙的不连续介质。无人机飞行时引起的流体运动一般是大量流体分子一起运动的，因此不需要详细地研究流体分子的个别运动，而是研究流体的宏观运动。采用连续介质假设，即把流体看成连绵一片、没有间隙、充满了其所占据空间的连续介质。流体绕流物体时，各物理量如速度、压力和温度等都会发生变化，这些变化必须遵循的基本物理定律，包括质量守恒定律、牛顿运动第三定律、热力学第一定律（能量守恒与转换定律）和热力学第二定律等。用流体流动过程中的各个物理量描述的基本物理定律，就组成了空气动力学的基本方程组，这是理论分析和计算的出发点，也是用试验方法获得无人机空气动力特性与规律的基础。

（1）稳定气流。

要研究空气动力，首先要了解气流的特性。气流特性是指空气在流动中各点的流速、压力和密度等参数的变化规律。气流可分为稳定气流和不稳定气流。稳定气流是指空气在流动时，空间各点上的参数不随时间而变化。如果空气流动时，空间各点上的参数随时间而改变，这样的气流就称为不稳定气流。

在稳定气流中，空气微团流动的路线称为流线。一般来说，在流体流动的流场中，在某一瞬时可以绘制出许多被称为流线的空间曲线，在每条流线上的各点的流体微团的流动速度方向与流线在该点的切线方向重合。流体流过物体时，由许多流线组成的图形称为流线谱（图 3-1），流线谱真实地反映了空气流动的全貌，可以看出空间各点空气流动的方向，也可以比较出空间各点空气流动速度的快慢。

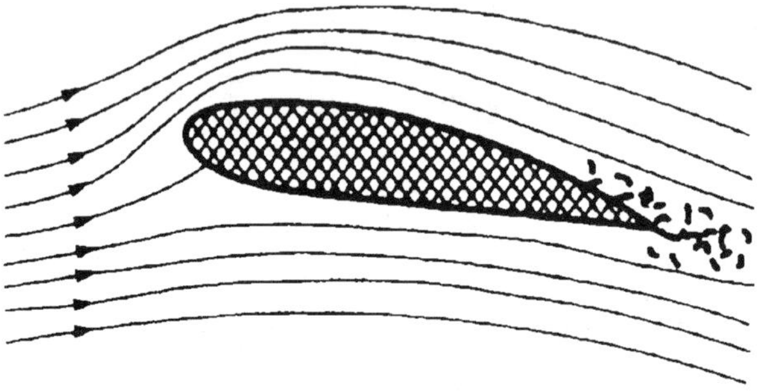

图 3-1　翼剖面的流线谱

在流场中取一条不为流线的封闭曲线 OS，经过曲线 OS 上每一点做流线，由这些流线集合构成的管状曲面称为流管，如图 3-2 所示。

流管由流线构成，因此流体不能穿出或穿入流管表面。在任意瞬时，流场中的流管类似于真实的固体管壁。流线越稠密，流线之间的距离越小，流管越细；相反，流线越稀疏，流线之间的距离越大，流管越粗。

如果流动是稳定的，则由于同一流线上的空气微团都以同样的轨道流动，因此流管的形状不随时间而变化。这样，在稳定流动中，整个气流可认为是由许多单独的流管组

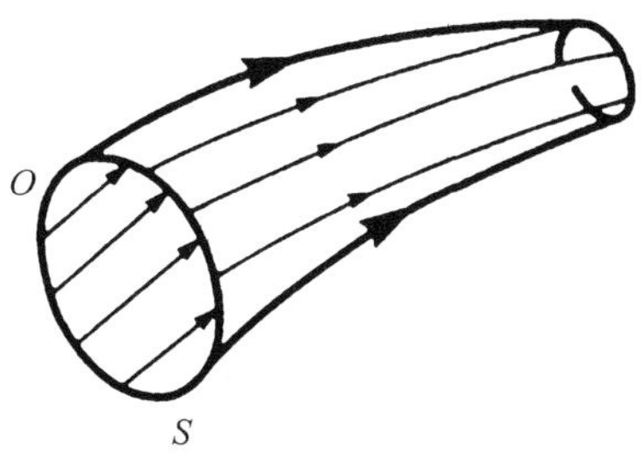

图 3-2　流管

成的。

(2)连续性定理。

当流体连续不断而稳定地流过一个粗细不等的流管时,在管道粗的地方流速较慢,在管道细的地方流速较快(图 3-3),这是因为管中任一部分的流体既不能中断也不能堆积。因此,在同一时间,流进任一截面的流体质量与从另一截面流出的流体质量应该相等,这就是流体的质量守恒定律。

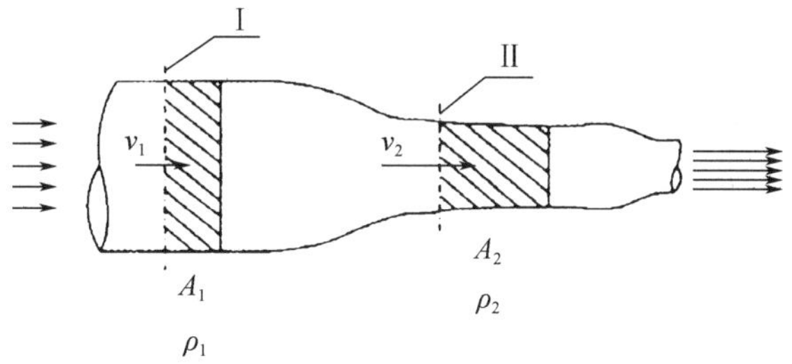

图 3-3　气流在不同管径中流速的变化

在单位时间内,流过任一截面的流体体积等于流体流过该截面的速度乘该截面的面积;体积与流体密度相乘为单位时间内流过该截面的流体质量,即质量流量 q_m。故有

$$q_m = \rho v A \tag{3-1}$$

式中　q_m——单位时间内流过任一截面的流体质量,kg/s;

ρ——流体密度,kg/m^3;

v——流体速度,m/s;

A——取截面面积,m^2。

在单位时间内通过截面Ⅰ和截面Ⅱ的流体的质量流量应该相等,即

$$\begin{cases} q_{m1} = q_{m2} = 常数 \\ \rho_1 v_1 A_1 = \rho_2 v_2 A_2 = 常数 \end{cases} \tag{3-2}$$

这就是质量方程,又称连续方程,说明通过流管各横截面的质量流量必须相等。

对于不可压缩的流体,$\rho_1 = \rho_2 =$ 常数,则式(3-2)变为

$$v_1 A_1 = v_2 A_2 \tag{3-3}$$

由式(3-3)可知,对于不可压缩流体,通过流管各横截面的体积流量必须相等。因此,流管横截面变小,平均流速必然增大;流管横截面变大,平均流速必然减小。否则,将违背质量守恒定律。也就是说,流体流速的快慢与管道截面的大小成反比,这就是连续性定理。

日常生活中,常常可以发现连续性定理的例子:河床浅而窄的地段河水流得较快,河床深而宽的地段河水流得较慢;山谷里的风通常比开阔平原的风大;等等。

(3)伯努利定理。

1738 年,瑞士物理学家丹尼尔·伯努利(Daniel Bernoulli)阐明了流体在流动中的压力与流速之间的关系,后来科学界称之为伯努利定理。该定理是研究气流特性和在飞行器上的空气动力产生和变化的基本定理之一。

日常生活中常常可以观察到空气流速或液体流速发生变化时,空气或液体压力也发生相应变化的例子。例如,向两张纸片中间吹气,两张纸片不是彼此分开,而是互相靠拢。这说明两张纸片中间的空气压力小于纸片外的大气压力,于是两张纸片在压力差的作用下靠拢。又如,河中并排行驶的两条船会互相靠拢,这是因为河水流经两船中间因水道变窄会加快流速而降低压力,但流过两船外侧的河水流速和压力变化不大,这样两船中间同外边形成水的压力差,从而使两船靠拢。

从上述现象中可以看出流速与压力之间的关系。概括地讲,流体在流管中流动,流速快的地方压力小,流速慢的地方压力大,这就是伯努利定理的基本内容。

下面从能量的角度来讨论上述现象。根据能量守恒定律,能量既不会消失,也不会无中生有,只能从一种形式转化为另一种形式。在低速流动的空气中,参与转换的能量有两种:压力能和动能。一定质量的空气具有一定的压力,能推动物体做功。压力越大,压力能也越大。

此外,流动的空气还具有动能,流速越大,动能也越大。

在稳定气流中,对于一定质量的空气,如果没有能量消耗,也没有能量加入,则其动能和压力能的总和是不变的。因此,流速加快,动能增大,压力能减小,则压力降低;流速减慢,则压力能升高。它们之间的关系可用静压、动压和全压的关系说明。

静压是静止空气作用于物体表面的静压力,如大气压力就是静压。动压则蕴藏于流动的空气中,没有作用于物体表面,只有当气流流经物体,流速发生变化时,动压才能转换为静压,从而施加于物体表面。人们在逆风前进时感到迎面有压力,就是这个原因。空气的动压大小与其密度成正比,与气流速度的平方成正比。也就是说,动压等于单位体积空气的动能。

全压是空气流过任何一点时所具有的静压和动压之和。根据能量守恒定律,无人机飞行时,相对气流中的空气全压等于当时飞行高度上的大气压加上相对气流中无人机前方的空气所具有的动压,用数学表达式表示为

$$p_i + \frac{1}{2}\rho v^2 = p_q \qquad (3-4)$$

式中 p_i——静压;

p_q(常量)——动压;

p_q——全压。

应当注意，以上定理在下述条件下才成立。

(1)气流是连续的、稳定的。

(2)流动中的空气与外界没有能量交换。

(3)气流中没有摩擦，或摩擦很小，可以忽略不计。

(4)空气的密度没有变化，或变化很小，可认为不变。

由式(3-4)可以看出，当全压一定时，静压和动压可以互相转化。当气流的流速加快时，动压增大，静压必然减小；当流速减慢时，动压减小，静压必然增大。

综合连续性定理和伯努利定理，可总结出如下结论：流管变细的地方，流速加大，压力变小；反之，流管变粗的地方，流速减小，压力变大。

3. 升力和阻力的产生

作用在飞行器上的基本力包括推力、升力、阻力和地心引力。

其中，推力由飞行器的动力系统产生；地心引力由地球的引力产生，即为重力。飞行器的升力、阻力等统称飞行器的空气动力。飞行器的升力、阻力主要由机翼产生，机翼升力、阻力的产生和变化与机翼的外形有关。下面将具体介绍升力、阻力的产生。

(1)升力的产生。

①机翼升力的产生。空气流过机翼的流线谱如图 3-4 所示。从图中可以看出，空气流到机翼前缘，被分成两股，分别沿机翼上、下表面流过，在机翼后缘重新汇合向后流去。

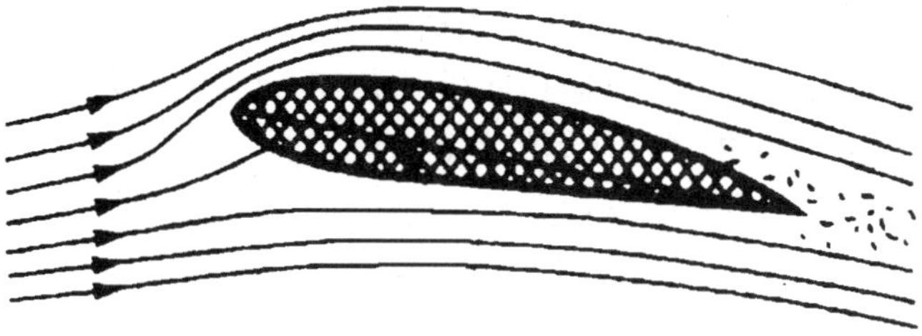

图 3-4　空气流过机翼的流线谱

受机翼上表面凸起的影响，流管变细，根据连续性定理和伯努利定理，流管细处流速快，压力低。在机翼下表面，流管相对比上表面粗，流速较慢，压力也较大，这样机翼上、下表面产生压力差。垂直于相对气流方向的压力差的总和就是升力。机翼升力的作用线与翼弦的交点标为压力中心。

②机翼表面的压力分布。机翼表面上各点的压力大小可以用箭头长短来表示(图 3-5)。

箭头方向朝外，表示比大气压力低的吸力，或称负压力；箭头指向机翼表面，表示比大气压力高的正压力，简称压力。把各个箭头的外端用平滑的曲线连接起来，就是用向量表示的机翼压力分布图。B 点的压强最小，吸力最大，称为最低压力点；A 点的压强最大，吸力最小，位于前缘，这里的流速为零，动压全部变成静压，这一点称为驻点。

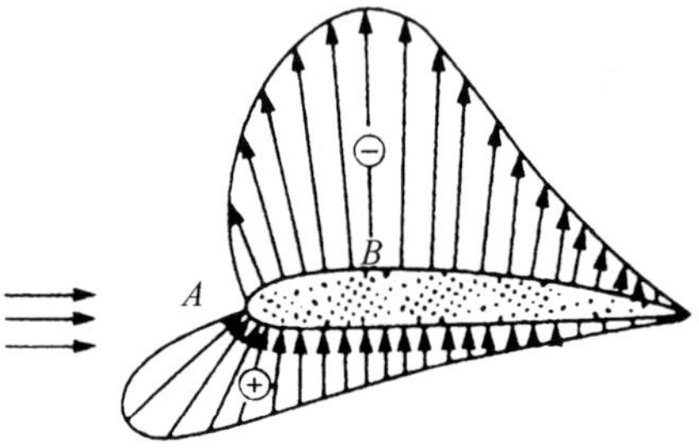

图 3-5 用向量法表示机翼压力分布

从压力分布图中可以看出，由于机翼上表面吸力形成的升力在总升力中占主要部分，为 60%～80%，而下表面的压力所形成的升力，只占总升力的 20%～40%，因此不能简单地认为无人机主要是由空气从下面冲击机翼而被支托在空中的。

③机翼的迎角。相对气流与机翼之间的相对位置可用迎角表示（图 3-6）。

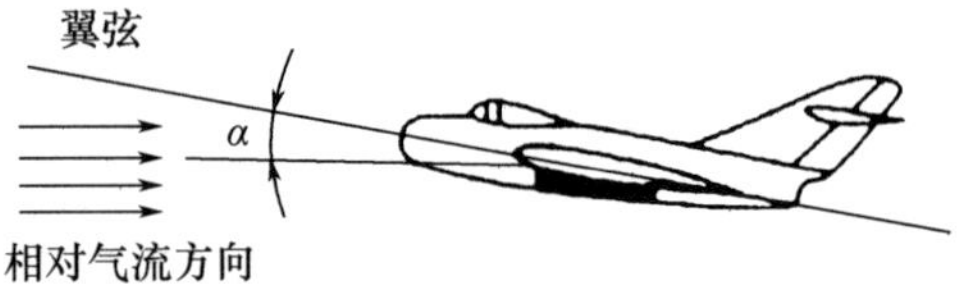

图 3-6 机翼的迎角

迎角 α 是指翼弦与相对气流方向（无人机运动方向）所夹的角。相对气流方向指向机翼下表面，为正迎角；相对气流方向指向机翼上表面，为负迎角；相对气流方向与翼弦重合，迎角为零。正常飞行中经常使用的是正迎角。

无人机在飞行中会有不同的飞行姿态变化。飞行姿态不同，迎角的正负、大小一般也不同。机翼的迎角改变后，流线谱会改变，压力分布也随之改变，压力中心发生前后移动。

（2）阻力的产生。

阻力是与无人机运动方向相反的空气动力，起阻碍无人机前进的作用。阻力的方向与升力的方向垂直，与相对气流方向一致。阻力对无人机增速是不利的，但减速时，又需增大阻力。因此，学习阻力的产生和变化对分析飞行速度的变化具有重要意义。

无人机的阻力按其产生的不同原因主要可分为摩擦阻力、压差阻力和诱导阻力等。

①摩擦阻力。空气是有黏性的，当其流过无人机表面时，产生摩擦阻力。空气流过无人机时，在贴近表面的地方，由于空气黏性的影响，因此有一层气流速度逐渐降低的空气流动层，称为附面层。附面层的厚度随着气流在机翼上流动距离的加大而增厚，在机翼前缘驻点，附面层厚度为零，离前缘越远，附面层越厚。附面层内压力沿法线方向是不变的，且等于法向的主流压力。

摩擦阻力的大小应与空气的黏性、无人机表面的粗糙程度和无人机表面与空气的接触面积有关。为减小摩擦阻力，应尽量减小无人机的表面积，并把无人机的表面做得平整光滑。例如,机体表面采用埋头铆钉或整体壁板等。

②压差阻力。运动的物体因前后压力差而形成的阻力称为压差阻力。飞行中,空气流过机翼时,在机翼前缘受到阻挡,流速减慢,压力增大;在机翼后缘,由于气流分离形成涡流区,流速加快,压力减小,因此形成压差阻力。压差阻力示意图如图 3-7 所示。

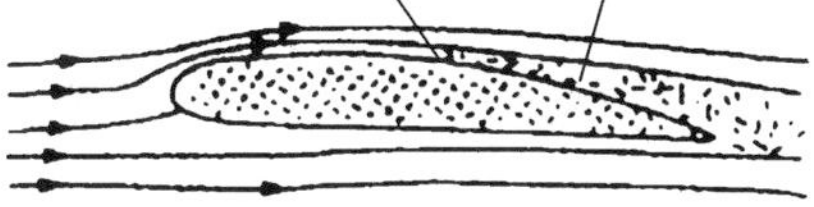

图 3-7　压差阻力示意图

下面分析机翼后缘出现气流分离的原因。在黏性摩擦的作用下,附面层气流的速度总比主流的速度小得多;而在机翼上表面最低压力点以后,直到后缘,主流速度逐渐减小,而压力逐渐增大,这对附面层气流也起阻滞作用,使其速度进一步减小,以致停滞下来而无力继续向后缘流去。这种沿途递增的压力甚至会迫使机翼后部的附面层中出现逆流。于是,附面层中逆流而上的空气与顺流而下的空气顶碰,使附面层气流脱离机翼表面而卷进主流,形成旋涡的气流分离现象,气流脱离机翼表面的位置称为分离点。

机翼表面的气流分离形成涡流区以后,压力会减小。一方面,旋涡区速度大,所以压力小;另一方面,空气迅速旋转,发生摩擦,气流中部分能量变成热能而散失,所以涡流区的全压比机翼前部的全压小,这也是产生压差阻力的原因。高速行驶的汽车后面会扬起尘土,就是车后涡流区的空气压力小,吸起灰尘的缘故。

压差阻力与物体的形状有很大关系。物体的形状流线程度越高,对气流的阻挡作用越小,后部的涡流区越小,所产生的压差阻力也越小。现代无人机采用了很多措施,保持无人机机体各部分的流线型。

③诱导阻力。伴随升力的产生而产生的阻力称为诱导阻力,诱导阻力主要来自机翼。当机翼产生升力时,下表面的压力比上表面的压力大,下表面的空气会绕过翼尖向上表面流去,使翼尖气流发生扭转而形成翼尖涡流。日常生活中,人们有时可以看到,飞行中的飞机翼尖处拖着两条白雾状的涡流索,这是因为旋转着的翼尖涡流内压力很低,空气中的水蒸气因膨胀冷却而凝结成水珠,显示出翼尖涡流的轨迹。

任务 3. 2　无人飞行器构造及无人机动力系统

3. 2. 1　固定翼无人机结构的基本组成

由于无人驾驶,因此无人机上省去了驾驶员座舱、生命保障系统等大量的设备和空间,在机体结构上与有人机相比有重大变化和调整。无人机平台的结构形式虽然在不断变化,但大多数无人机平台结构通常仍由机身、机翼和尾翼组成(图 3-8)。

无人机平台结构的基本组成

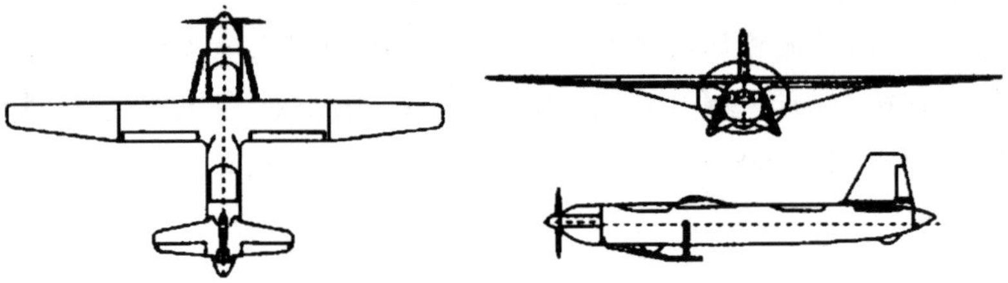

图 3-8　某固定翼无人机三视图

1. 机身

机身是无人机主体结构，包括任务舱、油舱（电池舱）、控制舱、发动机舱等，部分机型还有伞舱。机身主要用来装载任务设备、燃油、电源、控制和操纵系统（包括导航设备）、发动机、数据链路设备及武器系统等，并通过其将机翼、尾翼、起落架等部件连成一个整体。

飞行中，机身的阻力占整个飞行器阻力的绝大部分，因此要求机身具有良好的流线型、光滑的表面、合理的截面形状及尽可能小的横截面积。在飞行和着陆过程中，机身不仅要承受作用于其表面的局部空气动力，还要承受起落架和机身上其他部件传来的作用力，所以机身结构必须具有足够的强度和刚度。

2. 机翼

机翼是无人机飞行时产生升力的主要部件，固定翼无人机的机翼一般分为左右两个翼面，无人直升机使用旋翼，扑翼无人机使用像鸟或昆虫翅膀一样的扑翼。机翼是无人机的主要气动面，是主要的承受气动载荷的部件，起着重要的稳定和操纵作用。当无人机在空中飞行时，作用在无人机上的升力主要由机翼产生；同时机翼上也会产生阻力。机翼上的空气动力的大小和方向，在很大程度上又取决于机翼的外形，即机翼翼型（或翼剖面）几何形状、机翼平面几何形状等。

机翼的平面几何形状指机翼在水平面内投影的形状，常见的机翼形状有矩形、梯形、椭圆、后掠、前掠、三角、边条等，如图 3-9 所示。

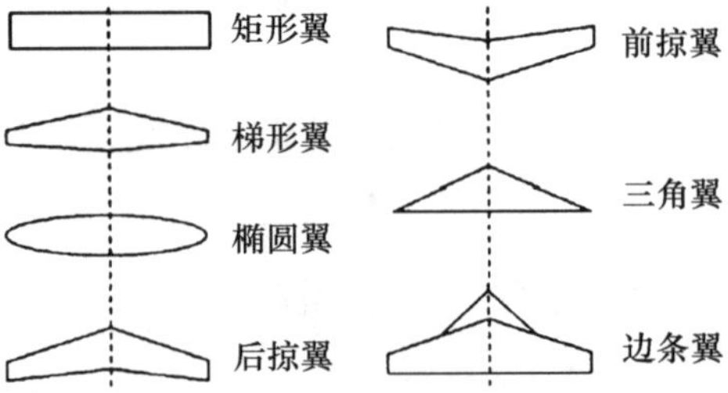

图 3-9　几种机翼的平面形状

几种典型机翼的特性如下。

(1)大展弦比直机翼。

空气动力学理论及风洞试验说明,低速情况下,大展弦比平直翼的升力系数大,诱导阻力小。流体力学计算结果显示,在亚声速($Ma\leqslant 0.8$)时,机翼阻力(零升阻力和诱导阻力)中的诱导阻力占80%,大展弦比机翼是无人机获取特大升阻比的最直接而有效的措施。最大升阻比近似随着展弦比的平方根增加而增加,在合适翼型组合配合下,特大展弦比机翼飞机的升阻比可达20以上,所以在长航时无人机中多采用大展弦比机翼。“全球鹰”“捕食者”等中、高空长航时无人机的机翼都有着较大的展弦比,多采用平直型机翼。另外,寻求稳定飞行姿态的无人机也大多采用大展弦比的机翼设计。

(2)后掠翼。

机翼后掠的程度用后掠角的大小表示,机翼后掠角在25°以上称为后掠翼,后掠角较小的机翼仍称为平直机翼。当飞机飞行速度接近声速时,机翼上表面局部气流速度超过声速,这将出现激波并引起激波后面的气流分离,使阻力急剧增加。对于后掠翼,垂直机翼前缘的气流速度分量低于飞行速度,从而可以在飞行速度已达到或超过声速时,垂直机翼前缘的气流速度分量却还未达到声速。与平直机翼相比,后掠翼只有在更高的飞行速度下才会出现激波,从而推迟了激波的产生。即使产生激波,后掠翼也能减弱激波强度,减小飞行阻力。因此,后掠翼一般用于超声速无人机中。

(3)三角翼。

当后掠翼的后掠角大到一定程度后又会出现一些新的问题,如机翼翼尖部分容易失速的问题变得更加突出,机翼的空气动力弹性变形更加严重,将大大增加机翼的结构质量。另外,如果后掠翼的后掠角不够大,飞机的阻力系数在$Ma>1.3$以后反而有可能增大。研究表明,飞机的超声速阻力问题可以通过采用小展弦比和相对厚度很薄的机翼来解决。与一般的后掠翼相比,在机翼面积相同的情况下,三角翼的相对厚度较小,机翼前缘后掠角大(一般为50°~60°),可以降低超声速阻力。因此,采用三角翼可以满足速度和机动性两方面的综合要求,一般用于无人战斗机或快速灵活的小型无人机中。

(4)新概念的无人机机翼。

随着技术的发展,一些新概念的无人机机翼技术已被提出,并且进入试验验证阶段。预计不久的将来,可以在正式装备的无人机上见到这些新概念的机翼。这里简单介绍可变形机翼和充气机翼。

①变形机翼。变形机翼是指在飞行中利用控制等技术,自动改变机翼的面积、弦长、后掠角和展弦比。变形机翼技术与折叠机翼技术的不同之处在于,前者的机翼面积可通过弦长的增减独立于后掠角改变,而后者是通过改变后掠角,使一部分翼面收入或移出机翼固定部分或机身来实现机翼面积的改变。

②充气机翼。充气机翼是指无人机的机翼在平时处于非展开状态,需要飞行时,通过给其充气使其展开并保持外形。飞行中,由一个气象气球携带该无人机原型机上升到空中,上升期间对机翼充气,到目标高度后进行脱离,并展开降落伞,随后丢弃降落伞开始自由飞行。充气机翼技术可用作士兵和突发事件工作者使用的背包携带式无人机,机翼可以放气储存,充气使用。

3. 尾翼

无人机尾翼的主要功用是保证无人机的纵向(俯仰)和方向(偏航)的平衡,使无人机在纵向和横向两方面具有必要的稳定和操纵作用。

(1)尾翼结构形式。

尾翼分为垂直尾翼和水平尾翼两部分。垂直尾翼垂直安装在机身尾部,主要功能是保持机体的方向平衡和方向操纵,通常垂直尾翼后缘设有用于操纵方向的方向舵,主要用于转弯。水平尾翼水平安装在机身尾部,主要功能是保持俯仰平衡和俯仰操纵,用于上升和下降。对于一些特殊结构的无人机,会不设计垂直尾翼或水平尾翼。通常低速无人机的尾翼分成可动的舵面和固定的安定面两部分(图 3-10)。

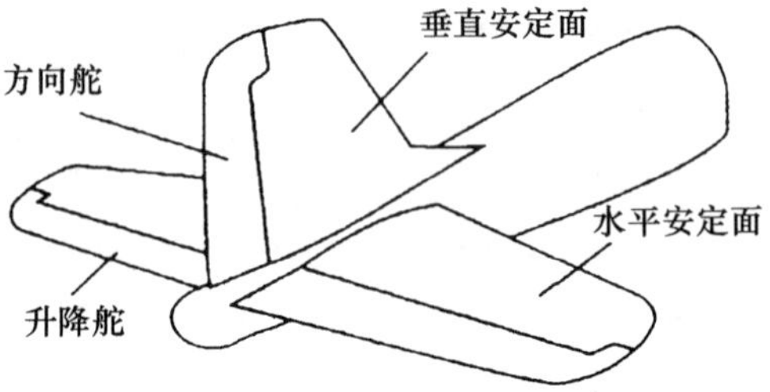

图 3-10 尾翼的组成

但是在超音速无人机飞行时,舵面的操纵效能大大降低,有时甚至降低一半。要恢复尾翼的操纵能力,必须使整个尾翼都偏转,于是在高速无人机上就出现了全动尾翼。

(2)唯一布置形式。

由于无人机的功用、空气动力性能和受力情况不同,因此尾翼有不同的布置型式(图 3-11)。

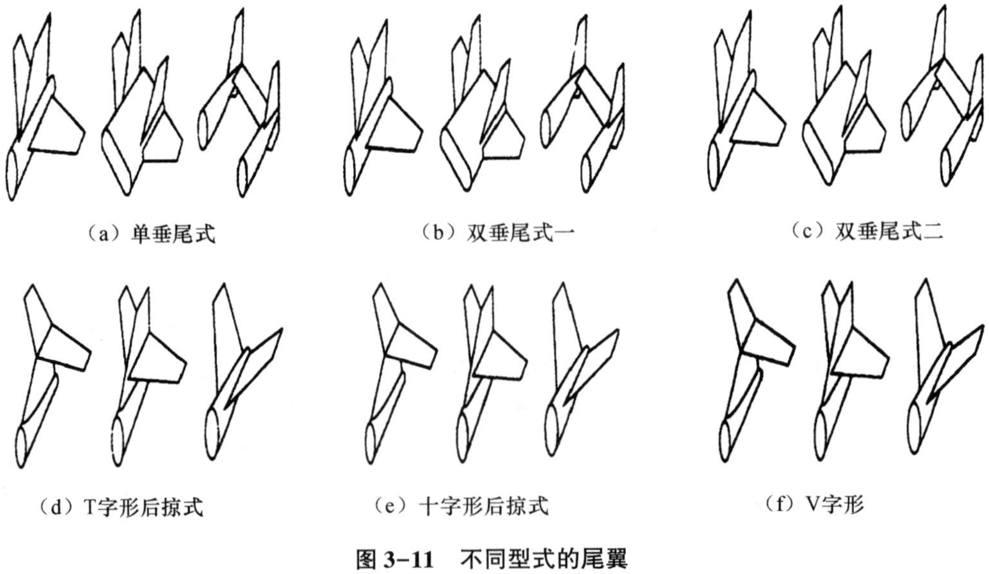

(a) 单垂尾式　(b) 双垂尾式一　(c) 双垂尾式二

(d) T字形后掠式　(e) 十字形后掠式　(f) V字形

图 3-11 不同型式的尾翼

多数无人机采用图3-11(a)的单垂尾式,这种型式的垂直安定面可与机身做成一个整体,因此刚度大,质量轻,对单台发动机的螺旋桨式无人机,还便于利用螺旋桨的滑流提高尾翼的工作效率。其主要缺点是垂直尾翼上的空气动力使机身受到扭矩影响。在某些跨音速或超音速的三角翼无人机上,只装有一个垂直尾翼,而将水平尾翼取消,以减少阻力和结构质量。另外,在三角翼上常使用升降副翼,以代替一般的副翼,升降副翼既可起副翼的作用,又可起升降舵的作用。

图3-11(b)为双垂尾式的一种,用于双发动机或多发动机的螺旋桨无人机,可使垂尾尽可能处于螺旋桨滑流之中,提高其工作效率。另一种装在双机身(或双尾撑)上的双垂尾如图3-11(c)所示,由于垂尾直接连接在机身(或尾撑)上,因此平尾承受外力较小。

在跨音速或超音速无人机上,为延缓局部激波的产生或减弱波阻,一般都采用后掠式尾翼。同时,为避开随着机翼局部激波而产生的大量漩涡,往往将水平尾翼安置在垂直尾翼上,构成T字形或十字形,如图3-11(d)和图3-11(e)所示。这两种型式虽有以上好处,但平尾上所受的载荷必须通过垂尾传到机身,因此垂尾上的载荷加大,质量增加,而且垂尾受力时对机身产生的扭矩也较大。此外,在大迎角飞行状态下,平尾仍有可能受到机翼的下洗流和漩涡的影响,所以有些超音速无人机采用平尾低置布局,使平尾低于机翼。

在无人机上还有一种不常见的尾翼型式——V字形,如图3-11(f)所示。V字形尾翼的舵面如果同时向上或向下,就起升降舵的作用。例如,同时向上,两边舵面都产生向下的力,它们的合力对飞机重心产生一个抬头力矩,使飞机抬头,与升降舵向上偏转所起的作用一样。如果两个舵面一上一下,产生的侧向力使飞机向左或向右转弯,与方向舵所起的作用一样。这种尾翼易于避开机翼的下洗流和漩涡,而且它的面积和质量也比正常式尾翼小。但当它作为方向舵使用时,会对机身产生一个很大的扭矩,增加了机身的受力和质量。

4. 无人机翼型的确定

无论是无人机的机翼、尾翼还是旋翼,其剖面形状(即翼型)都关系到整架无人机的性能。翼型的确定主要应综合考虑无人机的类型、性能、功用及寿命周期费用比等众多因素。

(1)确定翼型主要有两种方法,即选择法和设计法。

①选择法是根据无人机的性能要求,从已有的成功翼型中选择一个合适的翼型,这一方法的优点是效率高。

②如果对无人机的性能有“非大众化”的特殊要求,则已有的翼型往往很难满足其性能要求。此时,可使用设计法重新设计一种合适的、专用的翼型。

(2)现代翼型的设计主要有两种思想。

现代翼型设计技术和计算流体力学(computational fluid dynamic,CFD)工具可以帮助设计任意形状的翼型。但为保证所设计的机翼符合要求,需要随后进行风洞验证。

①杂交设计的思想。跨声速的高巡航效率与亚音速的高升力性能始终是相互矛盾

的气动要求，在设计民航机时，由超临界翼型和低速的高升力增升装置实现折中。无人机受价格、质量和简易性等方面因素的影响，无法这样折中，所以一种合适的折中设计方法就是采用杂交设计的思想设计翼型。

②基于 CFD 技术的多目标多点优化设计思想。设计翼型在设计条件下有最优值，但对流动条件变化极为敏感，在非设计条件下性能大幅度下降，这是翼型设计中的难点，也使单设计点翼型不实用，应综合考虑设计和非设计状态的性能，即采用多设计点翼型设计的方法。

3.2.2　无人飞行器结构的基本要求

1. 空气动力要求和设计一体化要求

无人飞行器结构应具有良好的空气动力外形及表面质量。气动外形主要是根据无人飞行器性能要求和飞行品质(操纵性、稳定性等)要求决定的。如果无人飞行器结构达不到必要的气动要求，则会导致飞行阻力增加、升力降低及飞行性能下降。

为提高无人飞行器的生存力和战斗力，各无人飞行器大国正努力发展低可见度的隐身技术，提出无人飞行器设计向综合性和一体化发展，对无人飞行器结构提出隐身-结构一体化的要求。其中，飞翼型无人飞行器要求机翼、机身圆滑过渡融合为一体，并要求机身沿轴向的形状符合面积律规律，大大改善无人飞行器的气动性能，但增加了结构的复杂性。无人飞行器-发动机的一体化设计要求对既是机体结构一部分又是推进系统组成部分的进气道、喷管，强调其形状、结构与发动机的匹配设计，用以优化控制无人飞行器与发动机之间气动性能的相互影响。飞控-火控结构一体化设计等发展趋势使无人飞行器结构设计在满足气动和无人飞行器性能等方面增加了新的内容和难度。

2. 结构完整性要求

结构完整性是指关系到无人飞行器安全使用、使用费用和功能的机体结构强度、刚度、损伤容限及耐久性(或疲劳安全寿命)等结构特性的总称。

强度是指无人飞行器结构在承受外载荷时抵抗破坏的能力。刚度是指结构在外载荷作用下，抵抗变形的能力。强度不够，会引起结构破坏；刚度不足，不仅会产生过大变形，破坏气动外形，而且在一定的飞行速度下会发生很危险的振动现象。

3. 最小质量要求

现代无人飞行器在尺寸、质量上差别很大。

随着无人飞行器航程加大和电子设备的增多，无人飞行器的载油系数和设备系数是增加的，发动机质量系数在下降，对无人飞行器结构质量提出了更高的要求。

合理的结构布局是减轻结构质量最主要的环节。在保证无人飞行器性能的前提下，结构质量减轻 1%可以减轻无人飞行器总重的 3%~5%。在满足无人飞行器的空气动力要求和结构完整性的前提下，应尽量使用复合材料使结构的质量尽可能减轻，即达到最小质量要求。结构质量的增加，在总质量不变的情况下，就意味着有效载荷的减小或飞行性能的降低。

4. 使用维修要求

良好的维修性可以提高无人飞行器在使用中的安全可靠性和保障性，并可以有效地降低保障使用成本。无人飞行器的各部分（包括主要结构和无人飞行器内的电子设备、燃油系统等）须按规定周期检查、维护和修理。为使无人飞行器有良好的维修性，在结构上需要布置合理的分离面和各种舱口，在结构内部安排必要的检查、维修通道，增加结构的敞开性和可达性。

5. 工艺要求

无人飞行器结构要求有良好的工艺性，便于加工、装配。这些要求须结合产品的数量、机种、需要的迫切性和加工条件等综合考虑。对于复合材料等新材料，还应对材料、结构的制作和结构修理的工艺性予以重视。

6. 经济性要求

经济性要求过去主要是指制作生产和使用成本。近年来提出了全寿命周期费用概念（又称全寿命成本）。全寿命周期费用主要是指无人飞行器的概念设计、方案论证、全面研制、生产、使用与保障五个阶段直到退役或报废期间付出的一切费用之和。其中，生产费用与使用、保障费用约占全寿命周期费用的85%，而减少生产费用最根本的是结构设计的合理性。影响使用和保障费用的关键是可靠性和维护性，也与结构设计直接有关。

3.2.3 无人机动力系统

动力系统是为无人机提供推力的整套系统，由发动机、推进剂或燃料系统及保证发动机正常有效工作所需的附件和仪表等组成。动力系统的核心部件是发动机，通常用发动机指代动力系统。飞行器的飞行速度、高度、航程、机载质量和机动能力等在很大程度上取决于发动机的性能水平。

航空发动机主要包括活塞式发动机、喷气式发动机和特种发动机，下面主要介绍活塞式发动机和喷气式发动机。

1. 活塞式发动机

活塞式航空发动机是一种内燃机，是无人机使用最早、最广泛的动力装置，其技术目前已较为成熟。无人机用活塞式航空发动机单台功率小至几千瓦，大至几十千瓦。活塞式发动机的适用速度一般不超过300 km/h（用于靶机除外），高度一般不超过8 000 m，应用机型的续航时间从几小时（靶机除外）到几十小时不等。

活塞式发动机必须带动螺旋桨等推进器才能为飞行器提供动力。螺旋桨剖面与机翼剖面相似，从空气动力学原理看，螺旋桨拉力的产生与机翼上升力的产生在原理上是相同的。

（1）基本术语。

①上死点。

②下死点。

③活塞行程。
④全体积。
⑤工作体积。
⑥余隙体积。
⑦压缩比。
(2)工作原理。

航空活塞式发动机一般都用汽油作为燃料,航空活塞式发动机的四个冲程如图3-12所示,一个工作循环由进气、压缩、膨胀和排气四个冲程组成(即活塞在气缸中上下运动各两次)。

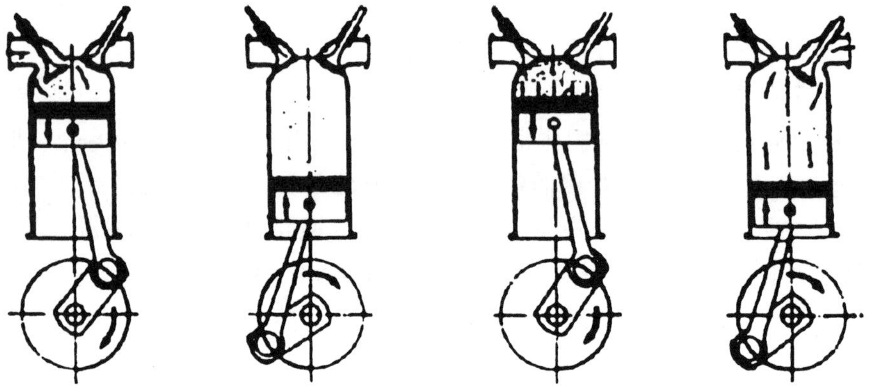

(a) 进气冲程　(b) 压缩冲程　(c) 膨胀冲程　(d) 排气冲程

图 3-12　航空活塞式发动机的四个冲程

在进气冲程,活塞从上死点运动到下死点,进气活门开放而排气活门关闭,雾化了的汽油和空气的混合气体被下行的活塞吸入气缸内。

在压缩冲程,活塞从下死点运动到上死点,进气活门和排气活门都关闭,混合气体在气缸内被压缩,在上死点附近,由装在气缸头部的火花塞点火。

在膨胀冲程,混合气体点燃后,具有高温高压的燃气开始膨胀,推动活塞从上死点向下死点运动。在此冲程,燃烧气体所蕴含的内能转变为活塞运动的机械能,并由连杆传给曲轴,成为带动螺旋桨转动的动力。因此,膨胀冲程又称做功冲程。

在排气冲程,活塞从下死点运动到上死点,排气活门开放,燃烧后的废气被活塞排出缸外。

当活塞到达上死点后,排气活门关闭,此时就完成了四个冲程的循环。

为满足功率的要求,航空发动机一般都是由多气缸组合构成的,多个缸体同时工作带动曲轴和螺旋桨转动以产生足够的动力。缸体的数量和布置形式多种多样,无论是哪种布置形式都必须保证活塞运动与曲轴运动的协调,不能在运动中相互牵制。

活塞式发动机的运转速度很高,气缸内每秒钟要点火燃烧数十次。高温高压的工作条件使得气缸壁温度很高,因此活塞发动机必须配备冷却系统。最早活塞发动机上采用的是液体冷却,液冷式发动机的气缸采用直线排列(小型发动机)或V形排列,在发动机机体外壳内有水箱、水泵、散热器和相应的管路系统等，结构复杂而笨重。

因此，后来采用气冷式冷却系统。气冷式发动机气缸以曲轴为中心，排成星形。气缸外面有很多散热片，飞行时产生的高速气流将气缸壁的热量散去，达到冷却的目的。

2. 转子活塞发动机。

转子活塞发动机（图 3-13）的活塞在汽缸内做旋转运动，不需要曲柄连杆机构，它通过 1:1 换气，不需要复杂的气阀配气机构，因此转子活塞发动机的结构大为简化，而且明显地具有质量轻、体积小、比功率高、零件少、制造成本低、运转平衡、高速性能良好等优点，在 20 世纪 80 年代后期发展迅速。在相同功率范围内，转子活塞发动机质量只是往复式活塞发动机的一半。转子活塞发动机若用于高空无人机，则需解决发动机高空补氧燃烧、冷却等技术问题。

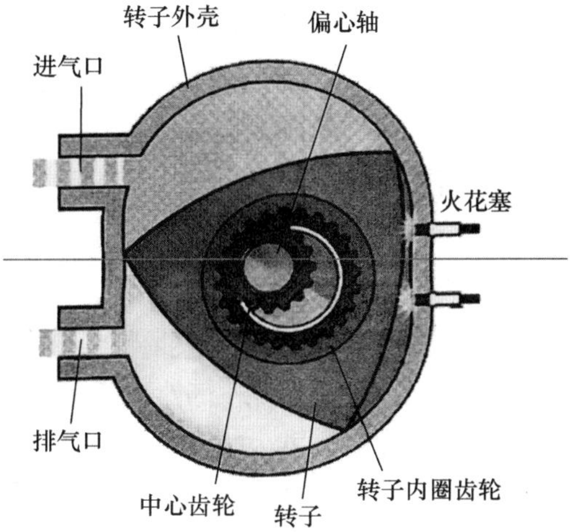

图 3-13　转子活塞发动机

3. 喷气式发动机

20 世纪 40 年代以前，航空动力由活塞式发动机一统天下。但当飞行速度提高到接近声速，需要突破声障时，活塞式发动机便显得无能为力了。喷气式发动机的出现使得飞行器的飞行性能有了质的飞跃，开创了一个新的飞行时代。喷气式发动机产生推力，是作用力和反作用力在喷气发动机工作时的一种表现。无人机用的喷气式发动机主要包括涡桨发动机、涡扇发动机、涡喷发动机和涡轴发动机。

（1）涡桨发动机。

涡桨发动机中，涡轮内燃气的大部分剩余势能转变为无人机螺旋桨的传动功率，继而转换成螺旋桨的拉力，剩余的则转换成喷气流的动能，即喷气推力。因此，涡桨发动机的推进力由两部分组成，其中以螺旋桨的拉力为主，拉力与排气推力之比一般为 9:1。涡桨发动机主要应用于高空长航时无人机。

（2）涡扇发动机。

涡扇发动机是在涡桨发动机基础上发展起来的，它将螺旋桨直径大大缩短，增加桨叶数目(增加到2~4排),取消减速器,同时把所有桨叶用一个大圆筒包起来,就成了一种新的发动机部件——风扇。这时,螺旋桨已起了质的变化,成了一个叶片较长的压气机,可以在超声速气流中很好地工作。涡扇发动机主要用于高空长航时无人机及未来的无人战斗机。

(3)涡喷发动机。

涡喷发动机工作时,燃气在喷管内膨胀,几乎全部剩余势能都转换成了动能,燃气流加速到很高的速度产生推力。涡喷发动机主要应用于高空、高速无人机。在涡喷发动机研制和生产方面,具有代表性的制造商有英国的NT公司(NT系列涡喷发动机)、法国的微型涡轮(Microturbo)公司和美国的特里达因公司(CAE系列)。

(4)涡轴发动机。

涡轴发动机主要应用于短距和垂直起降无人机,特别是无人直升机。

涡轴发动机的工作过程与涡桨发动机相似,但结构上差别较大。涡轴发动机利用一个不与压气机相连的自由涡轮带动无人直升机的旋翼从发动机尾部把功率传出去。

4. 无人机动力的选择

一种无人机选用何种动力装置由飞机的任务和各种动力装置的特点决定。罗罗·艾利逊公司在一份有关无人机动力技术的研究报告中对同一种无人机选用涡扇发动机、涡桨发动机和活塞发动机进行了对比研究。假设无人机的尺寸、推力要求和载油量一定,首先通过计算获得无人机选用活塞式发动机的性能指标,包括续航时间、航程、巡航速度和平均大修间隔时间,并以此作为基础进行性能比较。如果换装涡扇发动机,飞机的最佳巡航速度会提高70%左右,由此可大大改善飞机的响应时间和生存能力。与活塞式发动机相比,涡扇发动机的不足之处是航程和续航时间短,其主要原因是涡扇发动机的耗油率比活塞式发动机高。如果换装涡桨发动机,飞机的航程和续航时间会略微加长,续航速度提高(但不及涡扇发动机),大修间隔时间类似于涡扇发动机。

通过对已投入使用的各型无人机发动机适用情况进行统计分析,列出现有各型航空发动机的适用情况,见表3-1。

表3-1　各型航空发动机的适用情况

发动机的类型	速度/($km \cdot h^{-1}$)	使用高度/m	续航时间/h	适用无人机
往复式活塞发动机	130~260	3 000~8 000	1~60	靶机、侦察无人机、长航时无人机
转子活塞发动机	110~320	3 000~6 000	1.5~12	多用途小型无人机、长航时无人机
涡桨发动机	—	13 000~16 000	8~42	长航时无人机
涡扇发动机	550~640	14 000~20 500	8~42	长航时无人机
涡喷发动机	500~1 100	3 000~14 000	0.2~2.5	靶机、高空高速无人机
涡轴发动机	140~330	300~7 600	3~24	无人直升机

从目前国内外已经投入使用和正在发展的各种无人机来看，虽然其选用的动力装置类别不同，但都倾向于采用技术已经成熟的航空动力系统，并在已有发动机基础上针对无人机特性进行了相应改进。在无人机动力系统的选择上，是在已有发动机上改进还是发展一种全新的发动机，还取决于飞机对发动机性能的要求和用户经济可承受性。发动机性能和用户可承受性作为一个对立统一体，只有达到一种相对的平衡才是最佳解决方案。

3.2.4 多旋翼飞行原理

多轴飞行器优点的是结构简单、成本低廉。多旋翼飞行器是通过调节多个电机转速来改变螺旋桨转速，实现升力的变化，进而达到飞行姿态控制的目的。

多轴飞行器的反扭矩通过旋翼两两互相平衡。悬停状态下，多轴飞行器单个旋翼形成倒锥体。多轴飞行器前飞时，单个旋翼前行桨叶相对气流速度大于后行桨叶相对气流速度。

多旋翼无人机飞行原理

1. 四轴飞行器

四轴飞行器飞行运动中沿 3 轴移动，绕 3 轴转动。绕多轴飞行器横轴的是俯仰运动，绕多轴飞行器纵轴的是滚转运动，绕多轴飞行器立轴的是偏航运动。

四轴飞行器改变航向时，相对的 2 个桨加速，另 2 个桨减速。多轴飞行器无自转下滑能力。

悬停状态的四轴飞行器实现向左移动，纵轴右侧的螺旋桨加速，纵轴左侧的螺旋桨减速；实现向后移动，横轴前侧的螺旋桨加速，横轴后侧的螺旋桨减速。

2. 六轴飞行器

六轴飞行器安装有 3 个顺时针旋转螺旋桨，3 个逆时针旋转螺旋桨。X 模式六轴飞行器从悬停转换到向左平移，左侧纵轴需要减速。

悬停状态的六轴飞行器如何实现向前移动横轴前侧的螺旋桨减速，横轴后侧的螺旋桨加速。

X 模式 6 轴飞行器从悬停转换到向左平移，那两个轴需要减速左侧两轴。

轴飞行器某个电机发生故障时，对应做出类似停止工作的电机应是对角电机。

3. 飞行原理

以四旋翼飞行器为例，其飞行原理如图 3-14 所示，电机 1 和电机 3 逆时针旋转的同时，电机 2 和电机 4 顺时针旋转，因此飞行器平衡飞行时，陀螺效应和空气动力扭矩效应全被抵消。与传统的直升机相比，四旋翼飞行器的优势是各个旋翼对机身所产生的反扭矩与旋翼的旋转方向相反，因此当电机 1 和电机 3 逆时针旋转时，电机 2 和电机 4 顺时针旋转，可以平衡旋翼对机身的反扭矩。

多旋翼飞行原理

一般情况下，多旋翼飞行器可以通过调节不同电机的转速来实现四个方向上的运动，分别为垂直、俯仰、横滚和偏航。

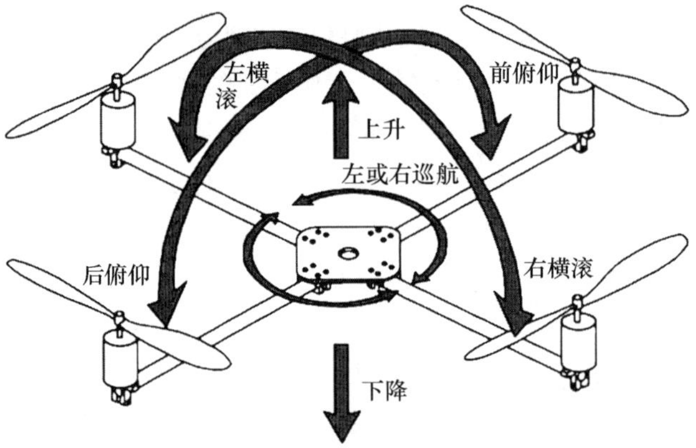

图 3-14　四旋翼飞行原理

(1)垂直运动,即升降控制。

在图 3-15(a)中,两对电机转向相反,可以平衡其对机身的反扭矩,当同时增加四个电机的输出功率时,旋翼转速增加使得总的拉力增大,当总拉力足以克服整机的质量时,四旋翼飞行器便离地垂直上升;反之,同时减小四个电机的输出功率,四旋翼飞行器则垂直下降,直至平衡落地,实现了沿 z 轴的垂直运动。当外界扰动量为零时,在旋翼产生的升力等于飞行器的自重时,飞行器便保持悬停状态。保证四个旋翼转速同步增加或减小是垂直运动的关键。

(2)俯仰运动,即前后控制。

在图 3-15(b)中,电机 1 的转速上升,电机 3 的转速下降,电机 2、电机 4 的转速保持不变。为不因旋翼转速的改变而引起四旋翼飞行器整体扭矩及总拉力改变,旋翼 1 与旋翼 3 转速的大小应相等。由于旋翼 1 的升力上升,旋翼 3 的升力下降,因此产生的不平衡力矩使机身绕 y 轴旋转(方向如图 3-15(b)所示)。同理,当电机 1 的转速下降,电机 3 的转速上升时,机身便绕 y 轴向另一个方向旋转,实现飞行器的俯仰运动。

(3)横滚运动,即左右控制。

与图 3-15(b)的原理相同,在图 3-15(c)中,改变电机 2 和电机 4 的转速,保持电机 1 和电机 3 的转速不变,便可以使机身绕 x 轴方向旋转,从而实现飞行器横滚运动。

(4)偏航运动,即旋转控制。

四旋翼飞行器偏航运动可以借助旋翼产生的反扭矩来实现。旋翼转动过程中空气阻力作用会形成与转动方向相反的反扭矩,为克服反扭矩影响,可使四个旋翼中的两个正转,两个反转,且对角线上的各个旋翼转动方向相同。反扭矩的大小与旋翼转速有关:当四个电机转速相同时,四个旋翼产生的反扭矩相互平衡,四旋翼飞行器不发生转动;当四个电机转速不完全相同时,不平衡的反扭矩会引起四旋翼飞行器转动。在图 3-15(d)中,当电机 1 和电机 3 的转速上升,电机 2 和电机 4 的转速下降时,旋翼 1 和旋翼 3 对机身的反扭矩大于旋翼 2 和旋翼 4 对机身的反扭矩,机身便在富余反扭矩的作用

下绕 z 轴转动,从而实现飞行器的偏航运动。

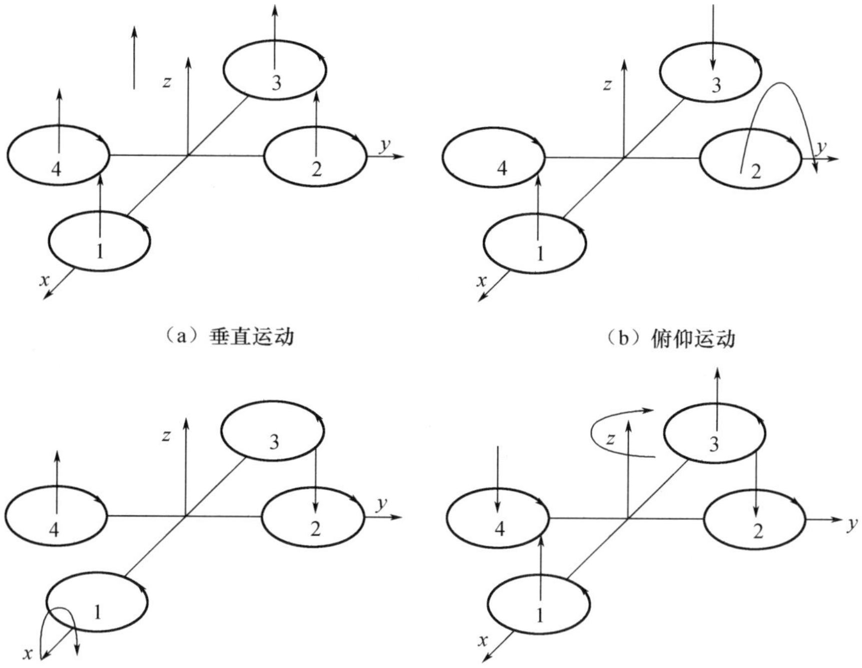

（a）垂直运动　（b）俯仰运动

（c）滚转运动　（d）偏航运动

图3-15　各运动图解

3.2.5　飞艇飞行原理

飞艇是一种轻于空气的航空器,其有别于其他飞行器的明显特征是依靠轻于空气的气体的静升力升起。热气球不属于飞艇范畴,飞艇与热气球最大的区别在于具有推进和控制飞行状态的装置。

1. 飞艇的结构

飞艇的主要结构包括艇囊、副气囊、吊舱(包括任务设备吊舱、动力吊舱等)、尾部等。

(1)艇囊。

飞艇的艇囊又称气囊,是飞艇进行浮空飞行的浮力源,也是最能反映飞艇特点的主体结构之一。飞艇艇囊的形状对于飞艇的整体性能有很大的影响,理想的形状是常规的椭圆形或橄榄形。多数软式充氦气飞艇的艇囊是用涂有涂料的织物或织物与薄膜夹层材料制成的。这些材料的性能设计应满足能容纳浮升气体和能适应飞艇工作区域极端的大气环境条件。制造艇囊所用基本材料经裁剪和胶接,制成用作容纳浮升气体的软气袋(艇囊),然后充以压缩的浮空气体(如氦气),可以稳定地保持飞艇艇囊“旋转体”的气动外形。

飞艇对艇囊的主要要求是流线型外形,以减小空气阻力和提高飞艇的操纵性能,能承受飞行中的空气静力、动力和推进装置产生的载荷。

(2)副气囊。

随着飞艇飞行高度的变化,艇囊承受的大气压力有较大的变化。为保持压力变化条件下飞艇的浮力平衡,主要通过与艇囊组合的副气囊控制。最典型的飞艇副气囊是一个充以空气的气袋,它被组合在飞艇艇囊之中或艇囊的外部。副气囊中的气体(空气)与艇囊中的浮升气体(氦气等)相隔绝,它们通过软管和阀门与外部空气连通。软管用来给副气囊充气或放气,副气囊可被完全充满或部分地充满空气,这要由飞艇艇囊所需的工作状态而定。副气囊底部的阀门是用来排气的,空气被排出后,副气囊就瘪了。

(3)吊舱。

飞艇吊舱又称吊篮,是飞艇载荷的主要承力结构,是飞艇的核心任务部件。吊舱是有空气动力外形的硬式容器结构,在原理上与重于空气的低速无人机机身相似,可以是一个整体,也可以是几个独立的部分。飞艇吊舱应包括飞行控制设备、燃料系统、任务载荷、动力装置和着陆装置等。

(4)尾部。

艇囊的尾部结构是实施飞艇气动操纵舵面的部分,即尾翼。飞艇尾翼一般由一组固定于艇囊上的操控翼面组成,每个翼面的后缘部分可在一定的角度范围内摆动,与无人机尾翼的构造形式类似。在飞艇飞行时,通过控制操控翼面后缘的摆动角度,实现对飞艇飞行的操纵。

2. 飞艇的分类

(1)按结构分类。

飞艇按其结构特点可分为软式、硬式和半硬式三类。

①软式飞艇又称轻型飞艇。软式飞艇艇囊由特殊材料热焊而成,艇囊内充满轻于空气的浮升气体,艇囊的外形由该浮升气体的压力保持。在艇囊的下面由绳索悬挂一个吊舱,吊舱内有动力装置及工作系统等。软式飞艇一般为小型飞艇。

②硬式飞艇又称重型飞艇。硬式飞艇外形由刚性骨架保持,外罩由特殊材料形成艇囊外蒙布或由薄铝皮包围保持飞艇的整个形状,在艇体骨架内再放置一系列密封的浮升气体小气囊。动力装置、操纵系统和机组的舱室设置在飞艇刚性骨架的主结构上。无论艇囊充气与否,飞艇的外部形状都保持不变。硬式飞艇结构适用于大型飞艇。

③半硬式飞艇。综合硬式飞艇和软式飞艇的优点,既在艇囊内增加刚性龙骨,又靠艇囊内充满浮升气体保持外形。艇囊直接附着在龙骨上,龙骨内可容纳动力装置。放气时,只需将艇囊折叠。半硬式飞艇艇囊的压力是软式飞艇艇囊压力的30%~50%。这类飞艇的框架或龙骨的内部或外部结构一般是沿飞艇底部从艇头延伸到尾部。在这些框架或龙骨上,安装头部框架、尾翼、吊舱、燃料箱、发动机和机械部件。半硬式飞艇的框架或龙骨加强了飞艇艇囊的薄弱点,有助于承受飞艇的静升力与气动力载荷。

(2)按浮升气体分类。

按飞艇所充浮升气体类型,可将飞艇分为冷式浮升气体飞艇和热式浮升气体飞艇两类。

①冷式浮升气体飞艇又称浮升气体飞艇。该型飞艇是指常温下向艇囊内充入轻于空气的浮升气体,如氢气、氦气等,产生飞艇上升的静升力。上述各种结构的飞艇实际上大多是冷式浮升气体飞艇。现代飞艇已基本采用安全的氦气作为冷式浮升气体,即所谓氦气飞艇。

②热式浮升气体飞艇又称热气飞艇。热式浮升气体飞艇具有热气球和冷式浮升气体飞艇的综合特性,它将取之不尽的空气加热后作为浮升气体。这样可以使艇囊内的气体轻于艇囊外的大气,进而产生浮力。一般的方法是由专门为热气飞艇设计的燃烧器向艇囊内不断地喷热气,由螺旋桨产生的气流将热流引入艇囊内。显然,热气飞艇留空时间也受到所载燃油的限制,且抗风性差,目前应用较少。

3. 飞艇静升力原理

飞艇靠装载轻于空气的浮升气体(氢气、氦气、热空气等)在空气中产生的静升力而升空;靠安装在飞艇上的动力装置推进飞行。同时,依靠副气囊,以及辅助的俯仰操纵控制上升和下降。在飞行中,通过尾部结构的水平、垂直动力翼面控制飞艇的飞行方向。

(1)飞艇在大气中的静升力。

在这里给出使用的符号及定义,主要如下。

①总静升力 L_g。

②净静升力 L_n。

③飞艇艇囊和其所有附件的质量 W_0。

④飞艇艇囊体积 V。

⑤飞艇的总质量 W。

⑥艇囊浮升气体体积 V_n,即

$$V_n = 飞艇艇囊总体积\ V_{艇} - 副气囊体积\ V_{副}$$

⑦压力 P,N/m^2。

⑧空气密度 ρ_a,kg/m^3。

⑨飞艇艇囊浮升气体密度 ρ_g,kg/m^3。

⑩净密度或升力密度 ρ_n,kg/m^3,$\rho_n=\rho_a-\rho_g$。

一般来说,物体在气体中的浮力等于部分或全部浸没物体排开同体积流体的质量,该浮力的方向与重力方向相反,即垂直向上。但是,术语“浮力”主要在流体静力学中使用,而在空气静力学中均使用“静升力”(static lift)这一术语。为保持一致性,在本项目阐述飞艇工作原理时,将统一使用静升力,而不使用浮力。

充以浮升气体的飞艇,在空气中产生的总静升力等于艇囊体积排开的空气质量,有

$$L_g = V\rho_a \tag{3-5}$$

在飞艇的实际飞行使用中,应该计算出整个飞艇获得的实际升力。因此,提出了净静升力这一概念,即

$$L_n = L_g - W = V_n\rho_n \tag{3-6}$$

艇囊本身质量一般很小,与大气中作用在飞艇艇囊上的静升力相比可以忽略不计。

飞艇飞行在大气中所处的高度范围内,其空气密度随高度升高呈非线性变化。在实际的飞艇飞行中,其静升力受到诸多因素的影响。这些因素分为两类:第一类是参数(艇囊体积、副气囊体积、内部静升气体的温度和压力等)测量不精确引起的变化;第二类是当地高度决定的大气参数变量引起的影响。

(2)飞艇的浮升气体。

飞艇艇囊中容纳的浮升气体可以是氦气、氢气等。以氦气为例,一般情况下,飞艇中的氦气不可能是完全纯净的,含有的杂质往往是空气。由于制造飞艇艇囊织物的多孔性,以及其部件连接点的某些泄露因素,因此氦气纯度的变化会直接引起浮升气体密度的变化。

在实际使用中,常遇到计算浮升气体氦气的密度问题。计算海平面标准大气压下氦气的密度 ρ_g,使用

$$\rho_g = K \times 0.179 + (1 - K) \times 1.225 \tag{3-7}$$

式中 1.225——海面标准大气压下的空气密度,kg/m^3;

K——氦气纯度百分数。

对于软式飞艇艇囊体积为 V 的密封柔性艇囊,飞艇的总质量 W 为

$$W = V\rho_g + W_0 \tag{3-8}$$

在实际情况中,W_0 中的结构部分体积与产生浮力的艇囊体积比较起来很小,所以结构本身产生的浮力可以忽略不计。将式(3-6)、式(3-7)和式(3-8)组合起来得到飞艇净静升力表达式为

$$L_n = V(\rho_n - \rho_g) - W_0 = L_g - W_0 \tag{3-9}$$

式中 ρ_n-ρ_g——艇囊浮升气体和艇囊外空气相互比较产生的单位体积静升力,又称单位静升力,在飞艇实际设计计算中是一个很实用的重要数据。

飞艇在飞行中,由于艇囊中的浮升气体能自由膨胀,并且浮升气体和空气温度保持相同,因此由式(3-9)给出的飞艇可用升力(净静升力)将不随高度的变化而变化。当飞艇升高时,浮升气体和空气密度随大气压力的下降而减小。与此同时,浮升气体的体积 V 却以相同的比例增加。相反,随飞艇升高,大气温度是下降的,这使气体密度增加,体积减小,于是这两种效应又可相互部分抵消。

在真实的大气中,随高度增加,压力的下降比温度的下降更明显,于是在飞艇上升的过程中,因大气密度下降而使艇囊中浮升气体不断膨胀。为保障艇囊不致破裂,需要降低浮升气体向外的内部压力,采用的方法一般是排出飞艇副气囊中的一部分空气,直到副气囊中空气排空,此刻的高度称为飞艇的压力高度,又称飞艇的限制高度。值得注意的是,一定要把飞艇的压力高度与大气的压力高度两个概念加以区别。飞艇的压力高度是指飞艇副气囊中空气完全释放变瘪时的高度,因此也是飞艇不使艇囊浮升气体超压(或放泄)时能爬升的最大高度。而大气的压力高度则是飞艇被包围于地球表面大气层中,随高度升高的自然大气的压力值。

(3)飞艇的静升力控制系统。

飞艇在飞行使用上,与其他飞行器一样都要有必要的操纵系统,飞艇的一个重要特点是其副气囊在飞艇飞行操纵上的作用。飞艇依靠艇囊排挤空气形成的空气浮力(静

升力）升起，也依靠其副气囊协助操纵人员实施对飞艇的升降操纵。因此，飞艇的副气囊是飞艇实施浮空飞行中极其重要的组成部分。

当飞艇上升时，副气囊的排气阀门是自动打开的。如果飞艇艇囊中的浮升气体体积膨胀，副气囊就被挤压，通过排气阀门排出空气来泄压，直至调节到浮升气体的压力变小，恢复原状态为止。飞艇下降时，借助发动机推进器（螺旋桨、风扇）的冲压空气或专门的电风扇供气，可经软管向副气囊充以新空气，副气囊空气量增加并膨胀，以使艇囊中浮升气体的压力保持一定值。其目的是使飞艇艇囊保持外形不被压扁，特别是艇首在迎面气流压力下，保持艇囊形状和一定的刚性尤为重要。阀门释放副气囊中空气，空气强迫充入副气囊。

飞艇副气囊的容积大小实际上决定了飞艇的压力高度，也就决定了飞艇的实用升限。当副气囊的空气完全排空时，就达到了飞艇的实用升限（即飞艇的压力高度）。因此飞艇的载重越大，需充的浮升气体越多，副气囊的充气容积越小，则允许浮升气体膨胀的体积越小，飞艇的升限就越低。一般情况下，副气囊的容积约为主气囊（艇囊）容积的 25%为宜。飞艇的副气囊数量一般为 1～4 个。对于小型飞艇，设计一个副气囊就足够。低空飞行的中型或大型飞艇一般采用两个副气囊，每个副气囊之间可以实施轮换（一个副气囊膨胀，另一个副气囊放气收缩）调节。对于在高空和热天飞行的飞艇，将需要更大的副气囊容量以适应飞艇的压力平衡调节。这种情况下，可采用在飞艇艇囊外面两侧增设吊挂的吊篮式副气囊增加副气囊容量。

4. 飞艇的空气动力控制

飞艇是一种低速飞行器，其飞行速度一般在 100～150 km/h，一般飞艇上限速度为 130～150 km/h。飞艇的飞行速度设计得过高，会导致飞艇结构质量和燃料消耗量的显著增加，而且要承担更高的空气动力载荷。飞艇飞行的需用功率大致与其空速的立方成正比，所以随着飞艇的加大，飞艇动力装置的质量也随其需求功率的增加而大大增加。飞艇虽然有精致的流线型外形并低速飞行，但由于其庞大的艇囊迎风截面，因此其气动阻力仍然还是很大的。

典型的流线型飞艇艇体和尾翼类型如图 3-16 所示。

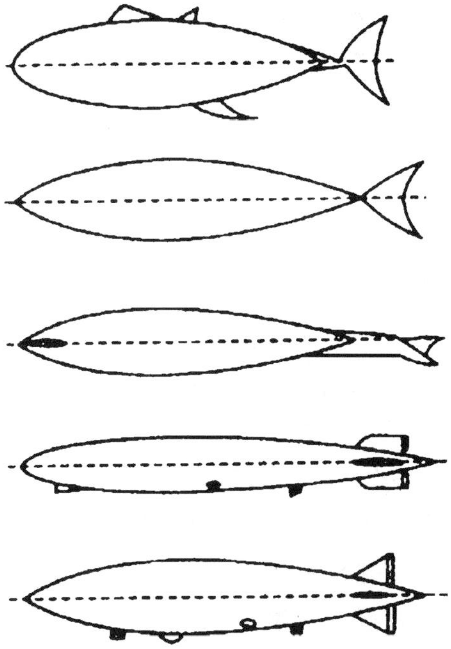

图 3-16　典型流线艇体和尾翼

经典流线型艇体在飞艇飞行方向上是不稳定的，总是趋向于转弯运动。在水平面内，这种偏离由艇囊垂直尾翼面调节；在垂直平面内还存在自由爬升或下降的俯仰趋势，这种趋势受吊舱等悬挂装置摆动效应的影响，可操作水平尾翼进行调节。

飞艇在进行机动飞行中,有时则要通过飞艇的动力升力补偿飞艇静升力的不平衡气动力操纵。常规设计的飞艇艇体,因飞艇的飞行速度很低,所以其气动效率较低。在飞艇飞行中,如果艇囊迎角(即艇形体轴线相对航线的抬头角)超过临界角,则可能使飞艇艇体“失速”,这时可用飞艇艇体的气动升力控制解决。飞艇飞行中形成的空气动力升力随飞艇迎角的大小和飞艇飞行速度的平方成比例地变化。因此,重型飞艇在这些情况下,起飞或降落期间的飞行速度不能太低,过低的飞行速度可能使飞艇接近危险的失速状态。为在飞艇起飞时获得必要的抬头离地高度,飞艇艇囊下部的垂直尾翼可做得比上部垂直尾翼小些,或者可以采用对角线为 X 形或倒 Y 形构型。这些飞艇的操纵翼面需要协调运动才能实行飞艇的转弯、爬升或下降操纵。

经典的流线型飞艇艇体形状(轴对称拉长橄榄形)对于飞艇飞行运动,应是其结构与空气动力要求之间较为理想的综合平衡方案。但这种相对庞大的艇体造型也给飞艇的地面操作带来相当多的问题,如飞艇艇首与系留装置的连接、飞艇吊舱及压舱物等的影响等。被系留的飞艇,当风向改变时,飞艇会像风标一样绕系留装置自动地转动。尤其是当飞艇系留出现阵风影响时,阵风的能量将通过系留装置传递给飞艇,给予飞艇严重的振荡危害。

任务 3.3　无人机发射与回收的工作原理

3.3.1　无人机发射

对于无人机的发射,通常要求发射设备具备简单、距离短、可靠性高等特点。无人机的发射方式多种多样,归纳起来主要有起落架滑跑起飞、母机投放、车载发射、火箭助推、滑轨式发射、垂直起飞、容器发射、手抛起飞等几种类型。

无人机发射

1. 起落架滑跑起飞

起落架滑跑起飞方式即通过一定长度的跑道助跑,实现滑跑起飞。大展弦比机翼的长航时无人机通常采用起落架滑跑起飞方式。

这种起飞方式与有人机相似,区别在于以下几点。

(1)起飞滑跑跑道短,对跑道的要求不如有人飞机苛刻。

(2)航程较远和飞行时间较长的大型无人机采用收缩型起落架,中、小型无人机采用非收缩型起落架。

(3)有些无人机采用可弃式起落架,在无人机滑跑起飞后起落架便被扔下,回收无人机时则采用别的方式,如伞降回收。

2. 母机投放

母机投放方式是指先由有人驾驶飞机(母机)把无人机带到空中,当飞到预定的高度和速度时,在指定空域启动无人机的发动机,然后投放,称为空中投放。

固定翼母机携带无人机,一般采用翼下悬挂或机腹半隐蔽携带方式。这种方法简单易行，只需要在母机下增加若干个挂架，机内增设测控操纵台和通往无人机的油路和电路即可把无人机带到任何需要的地方，提高了使用的灵活性。

母机投放发射方式的主要优点是机动性高，发射点活动范围大，在不增加无人机燃油载量要求的条件下，增大无人机的航程。大、中、小型无人机均有采用这种发射方式的情况。

3. 车载发射

车载发射就是将无人机安装在一部起飞发射车上，车在公路或较为平坦的路面上迅速滑行，当车速增大时，作用在无人机上的升力也增大，当升力达到足够大时，无人机便可脱离发射车腾空而起。

起飞发射车可分为无动力发射车、动力发射车和轨道式发射车三种。

无动力发射车就是车上无动力，靠无人机的发动机推动。动力发射车是在汽车上装有自动操纵系统，载着无人机自动地在跑道上滑跑，并掌握无人机离地时机，随时向发射操作人员显示工作情况，出现事故时自动采取应急措施。轨道式发射车是将起飞发射车设置在专用的环形跑道上滑跑，起飞前，用一条钢索将起飞发射车和位于环形跑道中央的地面固定桩子连接。起飞发射车在环形跑道上绕桩子旋转、加速，当速度达到足以使无人机升空时，无人机就断绳离地起飞。

在起飞发射车的滑跑过程中，如果偏离了跑道中心线，机上的航向控制系统会自动发出信号，操纵起飞发射车在跑道中心线上滑跑。当速度接近无人机离地速度时，机上的自动控制系统会发出信号，无人机做好离地准备，如解下扣环，抬起机头，一旦速度达到，无人机将抛弃起飞发射车，独立升空，起飞发射车惯性滑行一段后自行停止。

4. 火箭助推

将无人机装在发射架上，借助固体火箭助推器的动力和高压气体实现零长度发射起飞的方法称为火箭助推。

固体火箭助推器是一部固体燃料火箭发动机，这种起飞方法是现代战场上使用较多的机动式发射起飞方法，某些小型无人机也可不用火箭助推器，而靠火箭筒或压缩空气弹射器弹射起飞。

无人机的火箭助推发射装置由装有导轨的发射架、发射控制设备和车体组成，有些装置没有导轨，又称零长发射架。发射之前，无人机发动机点火并开足马力，当固体火箭助推器点火时，无人机从导轨后端沿导轨加速滑动至前端。无人机离开导轨时，速度可达 10~40 m/s。离轨后，有些固体火箭助推器短时间内可以继续帮助无人机加速，直至机上舵面产生的空气动力能够操纵并稳定住无人机的速度时，火箭助推器的任务就完成了，并自动脱离。以后，无人机便靠自己的发动机维持飞行速度，固体火箭助推器从点火到自行脱离的时间一般只有 1~3 s。

火箭助推发射起飞装置可以在车、船上装载，其展开和撤收迅速简便，所需的发射场地很小，适合在冲突前沿地区、山区或舰上使用。

5. 滑轨式发射

无人机安装在轨道式发射装置上，依靠自身助飞发动机或发射装置上的动力装置

(如液压和橡皮筋等)作用起飞。

发射装置上的动力装置有弹力式、液压式和气动式。发射之前,无人机发动机已点火开足马力。无人机飞离发射装置后,在主发动机的作用下完成飞行任务。这种发射方式主要适用于小型无人机。

6. 垂直起飞

无人机垂直起飞方式有两种类型:一是旋翼无人机垂直起飞;二是固定翼无人机垂直起飞。

旋翼无人机垂直起飞方式是以旋翼作为无人机的升力工具,旋转旋翼使无人机垂直起飞。主要有四种类型的旋翼式无人机:主旋翼与尾旋翼式、共轴反旋双旋翼式、单旋翼式、倾斜旋翼式。这种起飞方式不受场地面积和地理条件的限制,适用范围十分广泛。

固定翼无人机垂直起飞方式分为两种情况:一种情况是无人机在起飞时,以垂直姿态安置在发射场上,由无人机尾支座支撑无人机,在机上发动机的作用下起飞;另一种情况是在无人机上配备垂直起飞用的发动机,在发动机推力的作用下,无人机实施垂直起飞。

7. 容器发射

容器发射式装置是一种封闭式发射装置,分单室式和多室式两种类型,兼有发射和储存无人机的功能。发射时,将无人机安放在容器内发射轨道上,靠容器内动力设备开启室门,将无人机推出轨道,也可同时齐发无人机。容器发射装置常用于发射小型无人机,或用于在舰船和潜艇的狭小区域内发射无人机。例如,德国 KDAR 无人机采用单室式容器装置发射;美国“勇士”200 无人机采用多室式容器发射装置,此装置可同时发射 15 架无人机。

8. 手抛起飞

手抛起飞的发射方式源于航模的手抛发射。这种方式仅适用于质量相对较轻、对起飞初速度要求不高的无人机,这类飞行器载质量低、动力小。这种起飞方式不受场地面积和地理条件的限制,适用范围比较广泛,实用性很强。

3.3.2 无人机回收

大多数无人机可以重复使用,称为可回收式无人机;也有些无人机只能使用一次,称为不可回收式无人机。无人机的回收方式多种多样,回收过程非常重要且容易出现事故,因此无人机回收技术已经成为影响无人机发展的关键技术之一。常见的回收方式主要有以下六种。

1. 舱式回收

舱式回收是只回收无人机上高价值的部分,如任务舱等。GTD-30 型高空超音速无人机就是采用这种回收方法,当完成侦察任务,返回到预定地点上空时,便弹出照相舱,照相舱自动打开降落伞,徐徐下降回收,机体部分自行坠毁。由于回收舱与无人机分离难度较大，而被抛弃的无人机造价较高，因此这种回收方式已不使用。

2. 起落架滑轮着陆

起落架滑轮着陆方式即通过一定长度的跑道滑跑，依托起落架滑轮实现着陆，主要用于大型无人机的回收。这种回收方式与有人飞机相似，不同之处如下。

（1）滑跑跑道短，对跑道道面质量要求也不如有人飞机苛刻。

（2）为进一步缩短着陆滑跑距离，有些无人机（如以色列的“先锋”“猛犬”“侦察兵”等）在机尾装尾钩，在着陆滑跑时，尾钩钩住地面拦截绳，这样大大缩短了着陆滑跑距离。

3. 网式回收

网式回收即当无人机返航时，地面指挥站用无线电遥控引导无人机降低高度，以小角度下滑，使其最大速度不超过 120 km/h，操作人员通过电视监视器监视其飞行，并根据地面接收机接收到的无人机信号确定返航路线偏差，半自动地控制无人机机动并不断修正飞行路线，使其对准地面摄像机的瞄准线，撞向回收网。该回收方式主要应用于回收场地十分有限的条件，如舰船用板上。

网式回收系统一般由回收网、能量吸收装置和自动引导设备组成。回收网由弹性材料编织而成，分横网和竖网两种架设形式；能量吸收装置与回收网相连，其作用是吸收无人机撞网的能量，使无人机速度迅速减为零，以免无人机触网后在网中继续运行而损坏；自动引导设备通常为一部置于网后的电视摄像机，或装于回收网架上的红外线接收机，由它及时向指挥站报告无人机返航路线的偏差。

无人机触网时的过载一般不能大于 $6g$（过载表述物体受力的大小，它等于物体在某个方向受到的力与它自身质量之比，用重力加速度 g 表示），以免回收网遭到较大损坏。一般性损坏的回收网可稍加修补后再次使用。

4. 伞降回收

伞降回收也是目前比较普遍采用的回收方法。无人机用的回收伞与空降用伞几乎一样，开伞程序也大致相同。伞降回收方式可分为地面着陆、空中回收（图 3-17）和水上溅落三种。其主要流程是无人机按照预定程序或在遥控指挥下到达回收区上空，根据风力和地面情况关闭发动机，同时自动开伞或根据遥控指令开伞，降落在陆地上或水面上。

（1）地面着陆。

无人机在触地前的一瞬间，其垂直下降速度仍达 5～8 m/s，由于冲击过载较大，因此无人机触地时常常会损坏。为此，无人机要加装减震装置，如液压减震杆、充气垫（囊）等。无人机可在触地前放出充气垫装置，并由发动机供气，起到缓冲作用。

有些无人机在起落架上设计出较脆弱的局部，允许着陆时撞地损坏以吸收能量。

（2）空中回收。

采用空中回收方式时，母机上必须配备中空回收系统。无人机上除有阻力伞和主伞外，还需有钩挂伞、吊索和可旋转的脱落机构。其回收过程是地面站发出遥控指令，阻力伞开伞，同时关闭发动机，阻力伞引开主伞，此时钩挂伞高于主伞，使母机便于辨认

（a）地面着陆　　（b）空中回收

图 3-17　两种伞降回收方式

和钩住钩挂伞。当钩住时，主伞自动脱离无人机，母机用绞盘绞起无人机，空中悬挂运走。这种回收方式不会对无人机造成损伤，可避免因无人机落在树上或屋顶而难以回收的弊病。但是在回收时必须要求出动大型有人机，费用较高，同时对有人机驾驶员驾驶操纵技术要求较高。

(3)水上溅落。

水上溅落时无人机受到的撞击比地面着陆要小，但是必须迅速打捞和烘干，以免无人机沉入水中，使机体及内部设备受侵蚀。采用这种回收方式的无人机必须具有良好的密封防水性，一般海军无人机采用这种回收方式较多。

5. 垂直降落

旋翼无人机、无人飞艇一般都采用垂直着陆的方式，其工作原理与垂直起飞的工作原理类同。这种回收方式特别适合于回收场地小的场合，如舰艇。

6. 解体式降落

有些体积小的便携式无人机采用解体式降落着陆的方式，其工作原理是着陆时通过机身解体为多个部件来缓冲撞击力，避免机体受损。

任务 3.4　无人机数据链路的工作原理

3.4.1　无人机数据链路基础

无人机的数据链路用于无人机整个飞行过程，是连接无人机平台和地面操控指挥人员与设备的信息桥梁，以实现地面控制站与无人机之间的数据收发，能够根据要求间断或持续地提供双向通信。数据链路的基本功能是向无人机传递地面遥控指令，遥测接收无人机的飞行状态信息和传感器获取的各类数据。

数据链包括安装在无人机上的机载数据终端和设置在地面的地面数据终端。无人机数据链可分为上行和下行两路信道(链路)(图 3-18)。

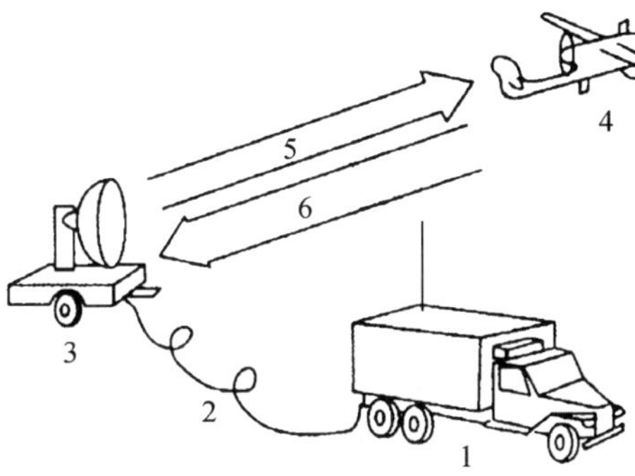

1—位于天线子系统和(或)地面控制站中的地面处理和接口单元;
2—天线到地面控制站的连接,有线、无线、光纤;3—地面收发天线和 RF 子系统;
4—带有天线和调制解调器的机载数据终端;5—上行链路指令;6—下行链路状态及机载传感器数据

图 3-18 数据链路的基本组成

1. 上行链路

上行链路提供对无人机飞行路线的控制及对其有效任务载荷下达指令,又称遥控链路,频率带宽为几千赫兹。地面站请求发送命令时,上行链路必须保证能随时启用。但在无人机执行前一个命令期间(如在自动驾驶仪的控制下从一点飞到另外一点期间)可以保持静默。

2. 下行链路

下行链路用于接收传感数据及传输无人机的飞行状态信息。下行链路提供两个通道(可以合并为单一的数据流):一条为状态通道,又称遥测通道,用于向地面站传递当前的飞行速度、发动机转速及机上设备状态(如指向角)等信息,该通道需要较小的带宽,类似于指挥链路;另一条通道用于向地面站传递传感器数据,它需要足够的带宽以传送大量的传感器数据,其频率带宽范围为 300 kHz~10 MHz,一般下行数据链路都是连续传送的。

可以看出,无人机数据链的上下行信道数据传输能力明显不对称,传输任务传感器信息和遥测数据的下行信道的数据速率远高于传输遥控指令的上行信道。作用距离、数据传输速率和抗干扰能力是数据链最主要的技术指标。

作用距离决定了无人机的活动半径,也是影响无人机系统规模的最主要因素。按照作用距离,分别有近程、短程、中程和远程无人机数据链。机载数据终端与地面数据终端之间必须满足无线电通视条件,不具备无线电通视条件时则要采用中继方式,因此根据中继方式,无人机数据链路可分为视距数据链、地面中继数据链、空中中继数据链、卫星中继数据链及一站多机数据链。数据链路根据传输信号方式不同可分为模拟数据链和数字数据链。

在战场上,无人机系统可能面临各种电磁威胁,如锁定地面数据终端辐射源的反辐射武器,下传信息的电子欺骗、电子截获和情报利用,对数据链的无意干扰和蓄意干扰。因此,数据链需要有良好的电磁兼容性、低截获概率、高安全性和抗击电磁干扰的能力。

3.4.2 无人机数据链路结构

1. 无人机数据链机载部分

数据链的机载部分包括机载数据终端(aerial data terminal,ADT)和天线。机载数据终端包括 RF 接收机、发射机,以及用于连接接收机和发射机到系统其余部分的调制解调器。

有些机载数据终端为满足下行链路的带宽限制,还提供用于压缩数据的处理器。天线一般采用全向天线,有时也要求采用具有增益的有向天线。

2. 无人机数据链地面部分

数据链的地面部分又称地面数据终端(ground data terminal,GDT),主要包括测控车辆(可以放在离无人机地面控制站有一定距离的地方)、操纵设备、遥控发射机、遥控编码电路、遥测解码电路、遥测和任务信息接收机、上行功放单元、收发天线、连接地面天线和地面控制站的数据线、供电电源等。

若传感器数据在传送前经过压缩,则地面数据终端还需采用处理器对数据进行重建。若无人机作用距离较远,则地面部分还包括天线伺服和跟踪设备。

以"全球鹰"为例,地面数据终端具备强大的收发、指挥控制能力,既可进行宽带卫星通信,又可进行视距数据传输通信,能与现有的联合部署智能支援系统(joint deployable intelligence support system,JDISS)和全球指挥控制系统(global command and control system,GCCS)连接,图像能实时地传给各级指挥官使用,用于指示目标、预警、快速攻击与再攻击、战斗评估等。

3.4.3 无人机数据链路通信方式

无人机数据链路用于完成对无人机的遥控、遥测、跟踪定位和视频图像信息传输,其性能和规模在很大程度上决定了整个无人机系统的性能和规模。无人机数据链路按通信方式可以分为地空视距链路、空中中继链路和卫星中继链路。

1. 地空视距链路

为克服地形起伏的影响,地空视距链路通信采用地面中继方式,一般用来实现近程和短程无人机的遥控、遥测、跟踪定位和任务信息传输。近程无人机系统的地面控制站除主站外,一般还有一个小型机动地面控制站。

美国的"影子"200、400 和 600,以色列的"侦察兵"(Scout),南非的"探索者"(Seeker),意大利的"米拉奇"(Mirach-150c)无人机,都属于近短程无人机,国内外大部分固定翼无人机和无人直升机都采用了近短程的数据链路。

2. 空中中继链路

为实现更远距离的信号传输,空中中继设备可以放置于某种航空器上。由于空中平台高度远超过地面中继,因此能够明显地延伸作用距离,但要求安装定向天线并彼此对准,如图 3-19 所示。

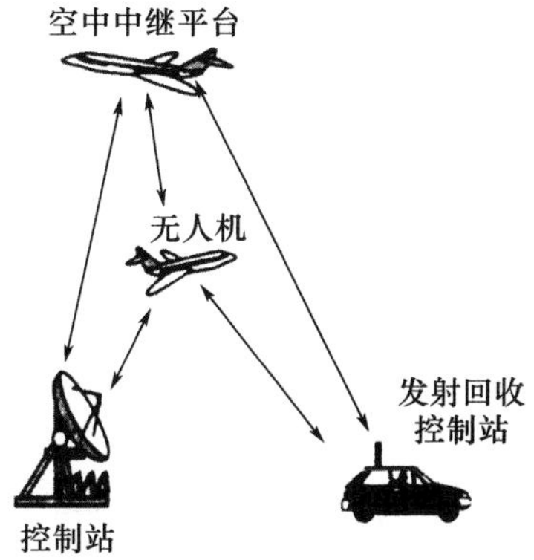

图 3-19　中程无人机空中中继链路

采用空中中继链路可使作用距离显著增大，如“猎人”无人机采用空中中继机通信方式使通信距离达到几百千米以上。

3. 卫星中继链路

为实现超远距离乃至全球范围内的信号传输，可采用卫星中继链路，其作用距离可达几千米至上万千米，作用距离主要依据通信卫星的数量和分布情况。

数据链路作用距离越大，要求装备该数据链路的无人机的续航能力越强。例如，“全球鹰”RQ-4A 的最大续航时间为 36 h 以上，最大航程可达 22 224 km。

【项目评价】

项目学习完成后，进行项目检查与评价，检查评价单见表 3-2。

表 3-2　检查评价单

序号	评价内容	评价标准	分值	得分
1	知识运用（20%）	掌握相关理论知识，理解本次任务要求，制订了详细计划，且计划条理清晰、逻辑正确（20 分）	20 分	
		理解相关理论知识，能根据本次任务要求制订合理计划（15 分）		
		了解相关理论知识，制订了计划（10 分）		
		没有制订计划（0 分）		
2	专业技能（40%）	能够掌握无人机系统的工作原理及其空气动力学基础（40 分）	40 分	
		能够掌握无人机数据链路的结构（30 分）		
		没有完成任务（0 分）		
		具有良好的自主学习能力、分析并解决问题的能力，整个任务过程中有指导他人（20 分）		

续表 3-2

序号	评价内容	评价标准	分值	得分
3	核心素养（20%）	具有较好的学习能力、分析并解决问题的能力，整个任务过程中没有指导他人（20 分）	20 分	
		能够主动学习并收集信息，具有请教他人以解决问题的能力（10 分）		
		不主动学习（0 分）		
		设备无损坏、设备摆放整齐、工位保持整洁、没有干扰课堂秩序（20 分）		
4	课堂纪律（20%）	设备无损坏、没有干扰课堂秩序（20 分）	20 分	
		没有干扰课堂秩序（10 分）		
		干扰课堂秩序（0 分）		

【项目小结】

通过学习本项目，可以了解无人机系统的工作原理及其空气动力学基础，进一步学习无人机平台机构的基本组成，了解飞艇静升力的原理与飞艇平台机构基本组成，掌握无人机数据链路的结构。

【能力提高】

一、填空题

1. 飞行中，机身的阻力占整个飞行器阻力的绝大部分，因此要求机身具有良好的________、光滑的表面、合理的________及尽可能小的横截面积。

2. 无人机的阻力按其产生的不同原因主要可分为________、________和________等。

3. 1738 年，瑞士物理学家丹尼尔·伯努利阐明了流体在流动中的压力与流速之间的关系，后来科学界称之为伯努利定理。该定理是研究________和在飞行器上的空气动力产生和变化的基本定理之一。

4. 可流动的介质称为流体，流体是液体和气体的总称。在物理学中，流体是由大量分子组成的，每个分子都在不停地做无规则的________，彼此不时碰撞，交换着动量和能量。

5. 电离层顶之上即________ km 高度以上的大气层称为散逸层。

二、选择题

1. 从对流层顶至（　　）km 左右为平流层。

A. 55　　B. 65　　C. 75　　D. 85

2. 活塞式发动机是一种以汽油为燃料的内燃机，是无人机使用最早、最广泛的动力装置，其技术目前已较为成熟。无人机用活塞式发动机单台功率小至几千瓦，大至几十千瓦。活塞式发动机的适用速度一般不超过（　　）km/h（用于靶机除外），高度一般不超过 8 000 m，应用机型的续航时间从几小时（靶机除外）到几十小时不等。

A. 100　　B. 200　　C. 300　　D. 400

3. 飞艇是一种低速飞行器，其飞行速度一般在(　　)~150 km/h，一般飞艇上限速度为 130~150 km/h。

A. 80　　B. 90　　C. 100　　D. 110

4. 当后掠翼的后掠角大到一定程度后又会出现一些新的问题，如机翼翼尖部分容易失速的问题变得更加突出，机翼的空气动力弹性变形更加严重，将大大增加机翼的结构质量。另外，如果后掠翼的后掠角不够大，飞机的阻力系数在 $Ma>$________以后反而有可能增大。

A. 1.2　　B. 1.3　　C. 1.4　　D. 1.5

三、思考题

1. 简述无人机系统工作原理中的空气动力学基础。

2. 简述飞艇静升力的原理及控制。

3. 简述无人机平台结构的基本组成。

4. 简述飞艇平台结构的基本组成。

5. 起飞发射车分为哪三种？

6. 简述无人机数据链路的结构。

项目 3 测试

项目4　无人机植保技术

【情景导入】

无人机植保技术是指利用无人机进行农田植保作业的一种现代化农业生产方式。它通过载荷喷洒农药或施肥，为农作物提供精确的、个性化的植保服务，以提高农作物的产量和质量。无人机植保的原理是通过无人机的导航控制系统、动力系统与喷洒设备等配合，实现对农田的精确喷洒作业。

【知识目标】

1. 了解植保无人机的构造及原理。
2. 学习常见病虫草害识别与化学防治。

【能力目标】

1. 掌握植保无人直升机。
2. 掌握多旋翼植保无人机。

【思政及素质目标】

1. 培养学生具备批判性思维的能力，包括分析、评估和判断的能力。
2. 培养学生对信息和观点进行批判性思考的能力。

【学习路径】

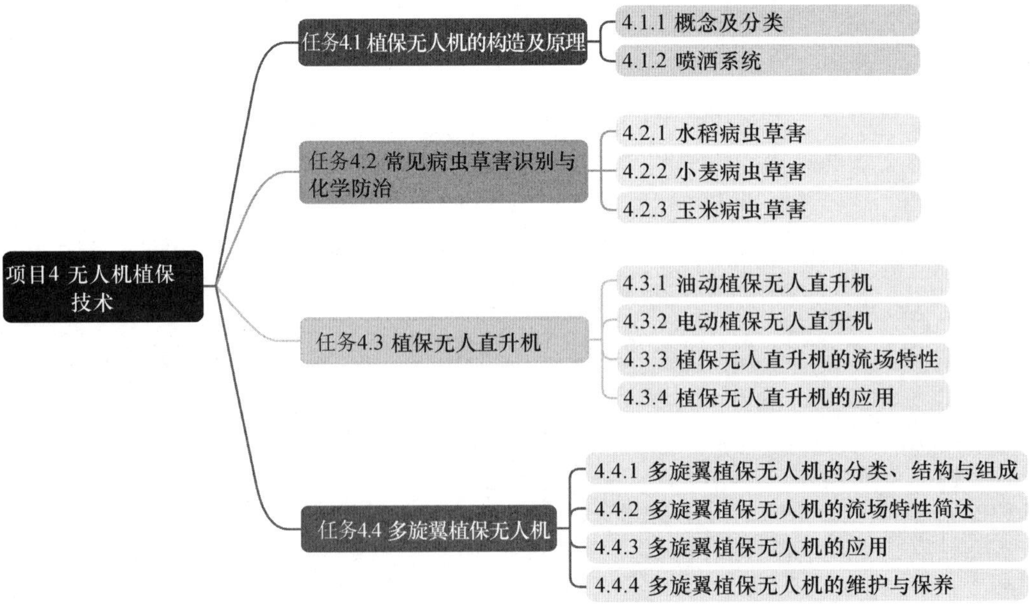

任务 4.1　植保无人机的构造及原理

4.1.1　概念及分类

无人机植保技术
概念及分类

1. 植保无人机的概念

植保无人机是无人机家族中一个重要的分支，是专门应用于农林植物保护作业的无人驾驶飞机，主要由飞行平台和喷洒系统两部分组成，通过地面人员遥控或飞控系统自主作业来实现植保作业。它可以进行农药喷雾作业、叶面喷雾作业、促进授粉作业等，具有效率高、环保、作业效果显著、智能化等特点。

目前植保无人机多采用多旋翼或直升机构型，在其上面外挂药箱与喷洒系统，通过地面遥控或地面站导航控制来实现植保作业。四轴植保无人机如图 4-1 所示。

图 4-1　四轴植保无人机

囊喷药系统包括高压喷头/离心喷头、药泵、流量计等，具有喷洒系统是植保无人机与其他用途无人机的本质区别。喷洒系统由药箱、水泵、软管、喷头等组成。在无人机飞行过程中，将农药从药箱中吸出并通过喷头喷出，再利用螺旋桨旋转产生的向下的风场实现穿透性的喷施效果。

植保无人机的最高飞行速度不宜超过 7 m/s，超过这个速度，植保无人机的风场就会与喷洒的药液产生脱节，无法形成对药液的下压力，从而造成药液飘移流失或蒸发，影响作业效果。

无人机植保

2. 植保无人机的分类

植保无人机可以按照飞行平台、发动机类型等进行分类。

(1) 按照飞行平台分类。

可分为植保无人直升机和多旋翼植保无人机。

①植保无人直升机。植保无人直升机的优势在于其具有统一而稳定的下压风场，穿透性更强，桨叶产生的下压气流能够使药液到达作物底部的叶背，具有良好的植保效果，能更好地满足高秆作物、果树和较茂密作物的作业需求。但缺陷主要是结构复杂、

操作难度大，飞手需要较长的培训周期才能达到作业要求，而且在田间作业一旦发生事故就损失较大，需要较长的维修周期和更多的配件投入。

②多旋翼植保无人机。多旋翼植保无人机是近几年发展起来的新型植保无人机，具有操作容易、结构简单、价格相对较低的特点。多旋翼植保无人机能够垂直起降、自由悬停，还能够适应各种自然环境，具备自主飞行和着陆能力，在农业植保方面具有广泛的应用。其飞行中前进、后退、横移、转向、升高、降低主要是依靠调整桨叶的转速来实现的，具有简单易学等优点。多旋翼植保无人机在相同载荷下的造价也比其他机型低，能满足大多数作物的作业要求。六轴植保无人机如图 4-2 所示。

图 4-2　六轴植保无人机

多旋翼植保无人机的飞行平台特性导致其载重量、续航等性能参数相对较低，而且因为有多个旋翼，相邻的两个桨叶旋转方向是相反的，所以存在多个相互干扰的风场，会造成一定的风场紊乱，导致其植保效果稍弱于直升机植保无人机。植保无人直升机和多旋翼植保无人机的优、缺点对比见表 4-1。

表 4-1　植保无人直升机和多旋翼植保无人机的优、缺点对比

对比	植保无人直升机	多旋翼植保无人机
优点	1. 风场稳定，雾化效果好，向下风场大，穿透力强，农药可以打到农作物的根茎部位，对果树、高秆作物作业更具优势 2. 抗风性更强	1. 入门门槛低，更容易操作 2. 造价相对便宜 3. 能胜任大多数作物的植保工作
缺点	1. 一旦发生炸机事故，直升机造成的损失可能更大 2. 价格更高	1. 抗风性弱，下旋风场更弱 2. 造成风场紊乱，风场覆盖范围小

(2)按发动机类型分类。

按照发动机类型可以分为油动和电动。植保无人直升机目前在市场上有电动产品和油动产品两种，在我国主要以电动为主；多旋翼植保无人机目前在市场上以电动为

主,但是也出现过一些油动多旋翼无人机产品。下面就植保无人机中的油动植保无人直升机、电动植保无人直升机和电动多旋翼植保无人机分别讨论。

①油动植保无人直升机。植保无人直升机产品在初级阶段一直是以油动发动机为动力,具备续航时间长、载重较大的优点(相对电动多旋翼无人机)。但是,其使用的发动机存在调试困难、寿命较短的特点,其发动机寿命往往只有 300 h 左右,而且在 100 h 以内需要对发动机进行保养,过程也较为复杂,大大提高了产品维护及植保无人机作业的成本。由于植保作业是低速作业,发动机依靠风冷散热满足不了散热需求,在高温、高湿季节作业时风冷油动植保无人直升机有明显的不适应性,因此目前油动植保无人直升机大部分已经更换为水冷发动机,但也仅是有所改善,没有在本质上解决散热和发动机寿命问题。油动植保无人直升机依赖于空气中的氧气进行工作,因此难以在高海拔的作业环境中工作,油动植保无人直升机是目前所有植保无人直升机中操作难度最高的一种机型。

油动直升机在日本的运用十分成熟,其主要厂家为雅马哈。日本的人力成本及飞机打药成本十分高昂,以雅马哈直升机进行打药的收费价格接近 100 元/亩(1 亩 = 666.67 m^2),这也部分导致了日本的水稻价格远高于国际水稻价格。油动直升机操作复杂、培训成本高、维护成本高、作业成本高、机器成本高,这是其发展十余年始终无法在我国大规模推广的原因。

②电动植保无人直升机。电动植保无人直升机是在油动直升机的基础上解决了发动机寿命过短、调试困难等因素而产生的新型直升机,采用无刷电动机与锂电池作为动力,使电动机的使用寿命及效率大大提高。其构造比较简单,便于维护保养,机器整体质量较为轻便,转场方便,尤其是在复杂地形的作业。

电动植保无人直升机具有环保、结构简单、易于操作和维护、无废气、无污染、售价低、使用寿命长等优点,可以适应较高海拔作业,目前测试的结果是在海拔 4 500 m 可以正常作业。但是其续航及载重性能也都稍有下降,需要携带大量电池,存在质量大、成本较高、载荷小、航时短等缺点,每一架无人机通常需要配备 7~10 块(组)电池才能满足一天的工作需要,另外依然存在人员培训周期较长、摔机成本较大、维修周期较长等问题。目前在我国市场中,植保无人直升机的市场保有量远低于多旋翼植保无人机。油动植保无人机和电动植保无人机的优、缺点对比见表 4-2。

表 4-2　油动植保无人机和电动植保无人机的优、缺点对比

对比	油动植保无人机	电动植保无人机
优点	1. 载荷大,15~120 L 装药量都可以 2. 航时长,单架次作业范围大 3. 燃料易于获得,采用汽油混合物作为燃料	1. 环保,无废气,不造成农田污染 2. 易于操作和维护,一般学习 7~10 d 就可以操作自如 3. 售价低,一般在 3~10 万元左右,普及化程度高 4. 电动机寿命可达上万小时

续表4-2

对比	油动植保无人机	电动植保无人机
缺点	1. 由于燃料是采用汽油和机油混合,因此不完全燃烧的废油会喷洒到农作物上,造成农作物污染 2. 售价高,大功率植保无人机一般售价在20~100万元 3. 整体维护较难,因采用汽油机作为动力,故其故障率高于电动机 4. 发动机磨损大,寿命为300~500 h	1. 载荷小,载荷范围为5~20 L 2. 航时短,单架次作业时间一般为4~10 min,作业面积为10~20 亩/架次 3. 采用锂电作为动力电源,外场作业需要配置发电机为电池充电

③电动多旋翼植保无人机。电动多旋翼植保无人机的主要优点是操作简单、性能可靠。以市场主流产品为例,处于工作年龄范围内且身体健康的零基础学员,经过短期培训可基本掌握该产品的使用并能够进行基本作业操作。多旋翼植保无人机的购机成本、摔机成本、维护成本都低于直升机植保无人机,这是近几年多旋翼植保无人机迅速发展起来的重要原因。

当然,载重量与续航时间是多旋翼植保无人机不足的方面,在锂电池性能没有突破的情况下,多旋翼植保无人机需要准备多块锂电池以进行循环使用,电池更换较频繁。

3. 多旋翼植保无人机的分类和性能特点

(1)按照气动布局进行分类。

多旋翼植保无人机按照气动布局分类,可分为X形和十字形。

①X形气动布局多旋翼植保无人机。X形气动布局是在无人机前进方向的等分角度(左前、右前距机头方向均45°,机尾相同)放置相反方向的电动机以抵消电动机转动时产生的反扭力。

②十字形气动布局多旋翼植保无人机。十字形多旋翼气动布局是最早出现的多旋翼无人机气动布局之一。其气动布局简单,只需要改变轴向上电动机的转速即可改变无人机姿态,从而实现基础飞行,便于简化飞控算法。但其构造会导致无人机航拍时正前方的螺旋桨进入画面而造成不便,随着飞控系统的进化,十字形多旋翼气动布局逐渐被X形多旋翼气动布局取代。

十字形气动布局的多旋翼植保无人机具有喷头布置上的优势,可在其左右对称两个电动机及朝前的电动机下面分别布置一个喷头,三个喷头在平面空间形成完整的喷雾范围。十字形多旋翼植保无人机的典型代表有羽人科技的植保无人机系列和零度智控的守护者系列等。

(2)多旋翼植保无人机的性能特点。

多旋翼植保无人机已经广泛应用在农作物植保,还可利用无人机进行低空农田信息采集,准确清晰地获得农田信息,实现精准农业。利用多旋翼植保无人机进行植保作业具有以下几个特点。

①培训周期短。兴起的智能多旋翼植保无人机甚至已经具备自动作业的能力,这使得多旋翼植保无人机的操作员培训具有培训周期短、培训成本低、对人员素质要求较低等特点。

②高效作业。在目前农村土地流转逐渐加速的前提下,耕地将越来越集中,传统打药方式将成为高效农业的阻碍。如果几千亩面积的耕地突然发生大面积病虫害,则使用人力喷洒根本无法快速全部覆盖,而使用农业植保无人机可以快速完成大面积农作物病虫害的防治作业。

③良好的作业效果。多旋翼植保无人机在作业时具有强烈的下行气流,可使药雾快速直达作物,且下行气流可对作物进行摇动,促进药雾更好地到达作物叶子的背面及根茎部。

④环保安全。我国每年因为人工喷药而导致农药中毒的有上万人,其中有一定比例造成死亡。农药喷洒人员处于药雾环境中,一旦保护不当或喷雾器出现“跑冒滴漏”的情况,作业人员极易发生农药中毒。使用多旋翼植保无人机进行作业可使人员远离作业区域,保证了人员安全。

同时,飞防植保属于高浓度、低容量作业,其作业方式具有节水、省药的特点,有效减少了农药残留及土壤农药污染问题,并且规模化的喷洒方式有利于对农作物质量的控制。

4.1.2　喷洒系统

无人机喷洒系统

1. 喷洒系统的组成与结构

喷洒系统包括继电器、电动泵和喷头组。继电器与电动泵连接,用于控制电动泵开关;电动泵通过药液管与喷头组连接;喷头组控制信息输出接口与继电器连接,飞控处理单元依据是否到达喷雾区域进行继电器开关的控制,从而控制电动泵是否进行喷雾作业。植保无人机喷洒系统主要包括药箱、水泵、软管和喷头,主要使用的喷头有两种:压力喷头和离心喷头。配好的农药装入药箱,水泵提供动力引流,再通过导管到达喷头,将农药均匀喷洒到作物表面。

药箱设计的关键是要防止药液振荡,因为在植保无人机喷洒过程中,无人机稳定的飞行状态是喷洒均匀的关键。

植保无人机使用的水泵通常分为蠕动泵、齿轮泵和高压泵。齿轮泵又称正排量装置,它像一个缸筒内的活塞,当一个齿进入另一个齿的流体空间时,因为液体压缩比很小,所以液体和齿就不能在同一时间占据同一空间,这样液体就被机械性地排开,水泵每转一圈排出的液体量是一样的。

蠕动泵又称恒流泵或软管泵,是一种可控制流速的液体的精密输送装置。常见的蠕动泵是通过重复压缩弹性管使管中内容物朝一定方向运动,其流速由管的直径和压缩速度决定。蠕动泵就是将软管装在转子与定子之间,以此达到泵送的目的。通过使用稳定的电动机、标准的泵头和精确的电子控制技术,蠕动泵每转一圈,所泵出的容积是恒定不变的,其排出来的液体重现精度最高可以达到5%,一般情况可达到±1%,因此蠕动泵又称恒流泵。蠕动泵在恒流和高精度的情况下可以轻松地通过改变泵的转速来实现流量的自由调节和校准。同时,蠕动泵还具有双向输送功能,只要改变泵转轮的方向就可以实现反抽和回吸功能。

2. 流量控制与精准喷洒系统

传统的均量施肥会导致田间一些地方施肥过量而另一些地方施肥不足,超过植物所需的过量施用会造成过多部分进入地下水或地表水。

无人机以遥感技术对大面积农田、土地进行航拍,从航拍的图片、摄像资料中可以充分、全面地了解农作物的生长环境、周期等指标,及时发现肉眼无法发现的病虫草害、细菌侵袭等问题并精确定位出现问题的区域,可以快速判断区域内农作物的患病范围及患病类型,从而有针对性地进行药物治疗。无人机的出现有效弥补了传统监测设备作业范围小、实时监测难等缺陷,同时又解决了卫星遥感的成本高、受天气状况影响大等问题,针对农田病虫害多发性、大面积、突发性的特点,能达到快速、及时防治的效果,极大地满足了现代农业精准化的需要。可根据遥感图片更好地确定农药施用的类型、数量和位置。

低空喷雾作业中最需要完善的问题是提升药液的雾化,从而降低雾滴飘移,这样就能够大大提升雾滴于作物中的穿透性,还可以提高叶面沉积率,进一步提升农药的利用率。按照低空飞行无人机的状态,能够有效控制精量喷雾,决定其类型,还可以根据无人机和作物长势的特点做出合适的喷施指令,借助可控制药装备实施,如改变喷雾的流量、压力及高压静电等参数,达到最佳喷施效果。按照无人机的实时信息,如飞行高度、飞行速度等,依据施药的深度要求,通过实时计算获取药液喷施流量。为更好地控制喷洒速度和精准度,需要借助流量测量仪来获取当前的喷洒流量,借助比例、积分(PI)控制进一步实现快速精准流量控制,从而保障每一处喷洒的药量均衡,使植保无人机的亩喷洒量保持恒定不变,不随飞行速度的改变而改变。

当植物受到病虫侵害时,农作物因缺乏营养和水分而生长不良,海绵组织受到破坏,叶子的色素比例也会发生变化,使得可见光区的两个吸收谷不明显,0.55 μm 处的反射峰值按植物叶子被损害的程度而变低,近红外处的变化更为明显,峰值变低甚至消失,整个反射光谱曲线波状特征不明显。无人机上搭载了多光谱数字照相机采集光谱影像,可获取高精度的监测数据和作物长势情况,对不健康作物都用坐标准确标注。

多光谱照相机根据遥感照片,通过计算机分析处理给出如何治疗的精准处方。植保无人机根据处方,利用流量计、GPS 等设备实现在病虫害重的地方喷药、没病的地方不喷药,达到精准作业的目的。无人机喷洒系统对流量精准控制程度日渐提高,推动植保行业向着“精准作业”“智能化作业”方向发展。不同作物对药量和浓度的需求不一样,喷洒系统需要对药液流速进行精准的监测和控制,要求实时获取流量反馈数据。流量的反向控制要求根据飞行状态,及时、智能地调整药液喷洒量。无人机在飞防作业时,喷洒系统需要根据无人机的飞行状态进行变量喷洒,飞行速度快就需要加大喷洒量,反之就要减少喷洒量,否则容易出现用药不足,无法控制病虫害,或因喷洒量过大而产生药害。

3. 压力雾化系统

压力雾化系统的原理是通过压力泵对药液施加一定的压力，使药液在通过喷嘴时在压力作用下破碎成细小液滴，药液的雾滴直径一般在 70~120 μm，主要受喷嘴压力及孔径的影响。压力雾化系统的优点是药液下压力较大，产生的药液飘移量较小，在干旱地区的蒸发量较小；缺点是药液雾化不均匀，雾滴直径相差较大。常见的压力雾化系统有扇形、空心锥喷头等。

4. 离心雾化系统

离心雾化系统的原理是通过电动机带动离心喷头高速旋转将药液破碎后利用离心力甩出。离心雾化系统的优点是药液雾化均匀，雾滴直径相差不大；缺点是离心雾化系统的配件很容易出现问题，寿命较短，更换频率较高，而且离心雾化系统基本上没有什么下压力，完全凭借无人机的风场下压，相比较压力雾化系统而言，离心雾化系统飘移量更大，对于高秆作物和果树来说效果较差。

离心雾化与液体物性、流量、圆盘形状直径、转速有关。雾化的发生有以下三种情况。

(1) 直接分裂成液滴。

当液体流量很少时，液体受离心力的作用在圆盘边上隆起成半球状，其直径取决于离心力和液体的黏度及表面张力。当离心力大于表面张力时，圆盘周边的球状液滴立即被抛出而分裂雾化。

(2) 丝状割裂成液滴。

当液体流量较大且转速加快时，半球状液体被拉成许多丝状射流边的液丝数目也增加，当液量达到一定数量后，液丝变粗，液量增加，而丝数不再增加。抛出的液丝极不稳定，在离周边不远处即被分裂雾化成球状小液滴。

(3) 膜状分裂成液滴。

当液体流量继续增加时，液丝数量与丝径均不再增加，液丝间相互合并形成薄膜，抛出的液膜离圆盘周边一定距离后分裂成分布较广的液滴。若将圆盘转速提高，液膜便向圆盘周边收缩。若液体在圆盘表面上的滑动能减到最小，则可使液体以高速度喷出，在圆盘周边与空气发生摩擦时分裂雾化，即为速度雾化。

任务 4.2　常见病虫草害识别与化学防治

4.2.1　水稻病虫草害

水稻是我国的主要粮食作物，而水稻病虫草害是影响水稻产量的重要因素。水稻病虫草害种类很多，我国正式记载的病害有 70 余种，有记载的害虫种类有 250 种以上，杂草种类有 100 多种。

1. 常见水稻病害

常见水稻危害

(1)稻瘟病。

稻瘟病在水稻整个生育期都可能发生,危害水稻的各个部位,其中以叶瘟和穗颈瘟最为常见,危害较大。

叶瘟有急性型、慢性型、白点型和褐点型四种类型病斑,以慢性型病斑最常见。其典型症状为病斑为梭形或长梭形,外围有黄色晕圈,内部为褐色,中心灰白色,有褐色坏死线贯穿病斑并向两头延伸,潮湿时多在病斑背面产生灰绿色霉层。

穗颈瘟和枝梗瘟发生在穗颈、穗轴、枝梗上,病斑不规则,呈褐色或灰黑色。穗颈受害早的形成白穗,颈易折断。枝梗受害早的会形成花白穗,受害迟的会使谷粒不充实,粒重降低。

穗颈瘟在破口初期可用75%三环唑可湿性粉剂30 g、40%稻瘟灵乳油100 mL、40%稻瘟酰胺悬浮剂50 mL或9%吡唑醚菌酯微囊悬浮剂60 mL加水45 kg喷雾。防治稻瘟病的药剂还有嘧菌酯、春雷霉素、蜡质芽孢杆菌、多菌灵、福美双、咪鲜胺等。

(2)纹枯病。

纹枯病是水稻常发性的重要病害,在全国大部分稻区都有发生。纹枯病主要危害叶鞘、茎秆,其次危害叶片。病斑为椭圆形,中央为灰白色,边缘为暗褐色,许多病斑连在一起形成云纹状。湿度大时在病部长出白色或灰白色菌丝体,呈蜘蛛网状,最后形成暗褐色的菌核。

可用240 g/L噻呋酰胺悬浮剂20~30 mL/亩、430 g/L戊唑醇悬浮剂10~15 mL/亩、250 g/L嘧菌酯悬浮剂50~70 mL/亩、20%井冈霉素可溶粉剂35~50 g/亩、75%肟菌·戊唑醇水分散粒剂10~15 g/亩、30%苯甲·丙环唑悬浮剂15~20 mL/亩或30%苯甲·嘧菌酯悬浮剂30~40 mL/亩。还可选用氟环唑、已唑醇、枯草芽孢杆菌、井·戊唑醇、烯肟·戊唑醇、噻呋·戊唑醇、噻呋·嘧菌酯等药剂。

(3)稻曲病。

稻曲病在长江中游及江南部分稻区的单季稻上发生较重,近年来在全国稻区有加重趋势。稻曲病在水稻开花后至乳熟期均可发生,受害谷粒初期在颖壳合缝处露出青黄色的小突起,逐渐膨大,最后包裹全粒,色泽转为墨绿色,表面发生龟裂,布满墨绿色。

可用430 g/L戊唑醇悬浮剂12~15 mL/亩、125 g/L氟环唑悬浮剂40~50 mL/亩、1%申嗪霉素悬浮剂60~90 mL/亩、30%己唑醇悬浮剂15~20 mL/亩、20%烯肟·戊唑醇悬浮剂40~53 mL/亩、14%井冈·氟环唑悬浮剂20~40 mL/亩或75%戊唑·嘧菌酯水分散粒剂10~15 g/亩等。

2. 常见水稻害虫

(1)水稻螟虫。

水稻螟虫是钻蛀性害虫的统称,主要包括鳞翅目螟蛾科的二化螟、三化螟,鳞翅目夜蛾科的大螟等,是我国水稻主产区最为常见、危害最烈的一类害虫,俗称“钻心虫”或“蛀心虫”。

①二化螟。成虫为灰黄至淡褐色,前翅近长方形,中央无黑点,外缘有6~7个小黑点,排成1列。雌蛾腹部为纺锤形;雄蛾腹部为细圆筒形。幼虫为淡褐色,体背有5条紫色纵纹。

②三化螟。成虫为淡黄白色,前翅近三角形。雌蛾前翅中央有1个小黑点,腹部末端有棕黄色绒毛;雄蛾前翅黑点不明显,从顶角至内缘有褐色斜纹1条,腹部末端无棕黄色绒毛。幼虫体细瘦,为乳白色或淡黄绿色,有1条半透明的背线。

③大螟。成虫为淡褐色,前翅近长方形,翅中部有1条明显暗褐色带,其上下方各有2个黑点。

可选用5%氯虫苯甲酰胺超低容量液剂30~40 mL/亩、20%氯虫苯甲酰胺10 mL/亩、240 g/L甲氧虫酰肼悬浮剂23.5~27.8 mL/亩、5%甲氨基阿维菌素水分散粒剂15 g/亩、20%二嗪磷超低容量液剂200~250 mL/亩、50%二嗪磷乳油60~100 mL/亩、48%毒死蜱(乐斯本)乳油80~100 mL、10%甲维·茚虫威可分散油悬浮剂10~12 mL/亩、20%阿维·甲虫肼悬浮剂30 mL/亩或17%毒·阿维乳油80 mL/亩加水45 kg喷雾。还可选用三唑磷、杀虫双、乙酰甲胺磷、丙溴磷、呋虫胺、多杀·甲维盐、阿维·毒死蜱等药剂。

(2)稻纵卷叶螟。

稻纵卷叶螟属鳞翅目螟蛾科,是为害水稻的一种迁飞性害虫,在我国大部分稻区均有发生。

成虫为黄褐色小型蛾,前翅的前缘、外缘和后翅外缘均有灰黑色宽带。翅中间有两条灰黑色横纹,前翅的两条横纹中间还有1条灰黑色短纹,雄蛾在短纹上有瘤状毛块突起。

一龄幼虫的头为黑色,体细小,中、后胸斑纹不明显;二龄幼虫的头为淡褐色,前胸背板有两个黑点,中、后胸斑纹可见;老熟幼虫的头为褐色,体为绿色,后转橘黄色或橘红色,前胸背板有4个黑点,气门周围为黑褐色。

可用20%氯虫苯甲酰胺(康宽)悬浮剂10~12 mL/亩、30%茚虫威水分散粒剂9 g/亩、22%氰氟虫腙悬浮剂30~50 mL/亩、5%甲氨基阿维菌素水分散粒剂15 g/亩、100亿孢子/毫升短稳杆菌悬浮剂60~100 mL/亩、16 000 IU/mg苏云金杆菌可湿性粉剂150 g/亩、50%杀螟硫磷(杀螟松)乳油50~100 mL/亩、10%阿维·甲虫肼悬浮剂40~50 mL/亩、6%阿维·氯苯酰悬浮剂45~50 mL/亩或10%甲维·茚虫威悬浮剂加水50~60 kg喷雾。也可以用甘蓝夜蛾核型多角体病毒、乐斯本、丙溴磷、曲古霉素、球孢白僵菌等药剂进行防治。

(3)稻飞虱。

稻飞虱是危害水稻的同翅目飞虱科害虫的统称,其中对水稻危害较大的主要有褐飞虱、白背飞虱和灰飞虱。褐飞虱是单食性害虫,白背飞虱和灰飞虱的寄主种类较多。

①褐飞虱。成虫体为淡褐至黑褐色,有油状光泽,前胸背板及小盾片上有3条黄褐色隆起纵线。

②白背飞虱。成虫体为淡黄至黄色,头顶突出,小盾片两侧为黑色。雄虫小盾片中间为淡黄色,翅末端为茶色;雌虫小盾片中间为姜黄色。

③灰飞虱。成虫体为黄褐至黑褐色。雌虫小盾片中央为淡黄或黄褐色,两侧各有1个半月形黄褐色斑;雄虫小盾片为全黑。

可用25%吡蚜酮可湿性粉剂20~30 g/亩、10%烯啶虫胺水剂20~30 mL/亩、30%噻虫嗪悬浮剂8~16 mL/亩、20%噻虫胺悬浮剂18~24 mL/亩、20%呋虫胺悬浮剂25~30 mL/亩、20%异丙威(叶蝉散)乳油150~200 mL/亩、50%混灭威乳油100~150 mL/亩、50%吡蚜·异丙威水分散粒剂30~50 g/亩或80%烯啶吡蚜酮水分散粒剂5~10 g/亩等兑水50~60 kg喷雾。还可选用氟啶虫胺腈、吡虫啉、噻嗪酮、醚菊酯、仲丁威、噻嗪·异丙威、吡蚜·速灭威、噻虫·吡蚜酮等药剂。

3. 常见稻田杂草

(1)稗草。

一年生草本。秆直立,光滑无毛;叶条形、无叶耳叶舌;叶鞘下部者长于节间,上部者短于节间;花序为圆锥形、尖塔形;颖果为椭圆形、黄褐色。稗草外形与水稻极为相似。稗属有许多常见变种:光头稗、旱稗、孔雀稗、无芒稗、西来稗等。不同学者对变种的划分观点不同,但在实际防控中很少将其细分。

(2)千金子。

一年生草本。秆直立、丛生,基部膝曲或倾斜,着土后节上易生不定根;叶鞘无毛,多短于节间;叶片扁平或卷折,无叶耳,叶舌膜质,常具小纤毛;圆锥花序;小穗多带紫色;颖果为长圆形。

(3)碎米莎草。

一年生草本。秆丛生,扁三棱形;叶片为长线形,短于秆;叶鞘为红棕色;长侧枝聚伞花序复出,辐射枝穗状花序;小穗直立、压扁,长圆卵形;小坚果为倒卵状椭圆形或三棱形,褐色。

(4)异型莎草。

一年生草本。秆丛生,扁三棱形;叶短于秆,上表面中脉具纵沟,背面突出成脊;叶鞘为褐色;长侧枝聚伞花序简单、少量复出,辐射枝头状花序、球形,具极多数小穗;小穗为披针形;小坚果为倒卵状椭圆形或三棱形,淡黄色。

(5)野荸荠。

多年生草本。具匍匐根状茎;秆丛生、直立、圆柱状,灰绿色;无叶,只在秆基部有2~3个叶鞘;叶鞘为管状、膜质,紫红色、淡褐色或草黄色,光滑无毛;小穗为圆柱状,淡绿色;小坚果为宽倒卵形,双凸状,黄褐色,表面细胞呈四至六角形,顶端不缢缩。

(6)陌上菜。

一年生草本。成株根细密成丛;茎方,基部分支,无毛;叶无柄,叶片为椭圆形至长圆形,顶端钝至圆头,全缘或有不明显的钝齿,两面无毛;花单生于叶腋,花梗纤细无毛,花冠为粉红色或紫色;蒴果为球形或卵球形,膜质;种子多数,有格纹。

(7)水苋菜。

一年生草本。全株光滑无毛;茎直立,有四楞,多分枝,带淡紫色,具狭翅;叶对生,长椭圆形、矩圆形或披针形,生于茎上的叶长可达7 cm,生于侧枝的较小,长5~15 mm,顶端为短尖或钝形,基部渐狭,短柄或近无柄;聚伞花序腋生,有短梗,花密集,通常无花瓣;蒴果为球形,紫红色,中部以上不规则盖裂;种子极小,近三角形,黑色。

(8)节节菜。

一年生草本。茎略成四楞,光滑,略带紫红色,有分枝,基部着生不定根;叶对生,无柄,倒卵形、椭圆形或近匙状,叶缘有软骨质狭边;穗状花序腋生,花瓣为淡红色,极小;蒴果为椭圆形,表面具横条纹;种子极细小,狭卵形,褐色。

(9)丁香蓼。

一年生草本。茎近直立或斜上,下部为圆柱状,上部为四棱形,多分枝,常为紫红色,无毛或疏被短毛;叶互生,具柄,叶片披针形或长圆状披针形,先端尖或稍钝,基部楔形,全缘,近无毛或幼时脉上疏生微柔毛;叶柄稍具翅,托叶几乎全退化;花单生于腋,无梗,花瓣为黄色,倒卵形;蒴果为线状柱形,淡褐色;种子为椭圆形,棕黄色或粉红色,表面有深色纵纹。

(10)鸭舌草。

一年生草本。成株根状茎极短,具柔软须根;茎直立或斜上,全株光滑无毛;叶基生或茎生,纸质,上表面光亮,叶片形状和大小变化较大,由心状宽卵形、长卵形至披针形,顶端短突尖或渐尖,基部圆形或浅心形,全缘,具弧状脉;叶柄长,基部扩大成开裂的鞘,鞘顶端有舌状体;总状花序于叶鞘中抽出,花为蓝色或紫色;蒴果为卵形至长圆形,种子多数为椭圆形,灰褐色,具纵条纹。

(11)矮慈姑。

多年生草本。成株须根发达,白色,具地下根茎,顶端膨大成小形球茎;叶基生,条形或稀披针形,光滑,先端渐尖或稍钝,基部鞘状,通常具横脉;总状花序,轮生,雌花无梗,雄花具梗,花瓣为3瓣、白色;蒴果为阔卵形,顶部为圆形,基部狭窄,边缘具狭翅,果喙自腹侧伸出。

茎叶喷雾防治一年生禾本科杂草,可于杂草1.5~2.5叶期、不超过3~5叶期,用10%五氟磺草胺可分散油悬浮剂12~20 mL/亩、10%恶唑酰草胺乳油60~80 mL/亩、30%恶嗪草酮悬浮剂5~10 g/亩、5%嘧啶肟草醚乳油40~50 mL/亩、60 g/L五氟·氰氟草可分散油悬浮剂100~165 mL/亩、17%氰氟·二氯喹可分散油悬浮剂100~150 mL/亩、12%氰氟·精恶唑水乳剂80~100 g/亩、10%恶唑·氰氟乳油120~150 mL/亩。单独防治稗草可用25%二氯喹啉酸悬浮剂50~100 mL/亩、34%敌稗乳油589~882 mL/亩。防治千金子可用30%氰氟草酯可分散油悬浮剂20~30 mL/亩。防治马唐可用10%恶唑酰草胺乳油60~80 mL/亩。

防治一年生阔叶杂草及莎草科杂草,可用480 g/L灭草松水剂150~200 mL/亩、56% 2甲4氯钠可溶粉剂50~75 g/亩、53% 2甲4氯二甲胺盐水剂30~40 mL/亩、35%氯吡嘧磺隆水分散粒剂5.8~8.6 g/亩、10%苄嘧磺隆可湿性粉剂15~25 g/亩、5%吡嘧磺隆可分散油悬浮剂30~45 mL/亩、20%氯氟吡氧乙酸乳油50 mL/亩或460 g/升二甲·灭草松可溶液剂100~120 mL/亩。

4.2.2 小麦病虫草害

我国种植的麦类作物主要是小麦和大麦,燕麦、黑麦等很少。其中,小麦的种植面积约2 400万ha,面积和产量仅次于水稻。麦类作物病虫草害种类很多。目前已有记载的小麦病害有200多种，大麦病害有70多种，我国发生较重的有20多种；我国已知为害小麦的害虫有100多种，影响较大的有约20种；麦田杂草有200余种，发生普遍、为害较重的有近30种。

1. 常见小麦病害

（1）赤霉病。

小麦赤霉病在全国各地均有分布，以长江中下游冬麦区和东北春麦区发生最重，近年来又成为江淮和黄淮冬麦区的常发病害。

赤霉病在小麦生长的各个阶段都能为害，苗期侵染引起苗腐，中、后期侵染引起秆腐和穗腐，尤以穗腐危害性最大。一般在扬花期侵染，灌浆期显症，成熟期成灾。赤霉病侵染初期在颖壳上呈现边缘不清的水渍状褐色斑，渐蔓延至整个小穗，病小穗随即枯黄。发病后期在小穗基部出现粉红色胶质霉层。

可用25%氰烯菌酯悬浮剂100 mL/亩、48%氰烯・戊唑醇悬浮剂60 mL/亩、30%丙硫菌唑可分散油悬浮剂40～45 mL/亩、40%丙硫菌唑・戊唑醇悬浮剂30～50 mL/亩、430 g/L戊唑醇悬浮剂25 mL/亩或75%肟菌・戊唑醇水分散粒剂20 g/亩。也可用叶菌唑、多菌灵、甲基硫菌灵、咪鲜胺、戊唑・多菌灵、多・酮、戊唑・咪鲜胺、戊唑・福美双等药剂。

（2）纹枯病。

小麦纹枯病广泛分布于我国各小麦主产区，尤以江苏、安徽、山东、河南、河北、陕西、湖北及四川等省份的麦区发生普遍且为害严重。发生后，造成的产量损失一般在10%左右，严重时可达30%～40%。

小麦纹枯病主要发生在叶鞘和茎秆上。在幼苗期叶鞘表现为典型的黄褐色梭形或眼点状病斑；拔节后在基部叶鞘上形成中间灰色、边缘棕褐色的云纹状病斑；后期病斑侵入茎壁后，形成中间灰褐色、四周褐色的近圆形或椭圆形眼斑。麦株中、下部叶鞘病斑表面产生白色霉状物，最后形成许多散生圆形或近圆形的褐色小颗粒状菌核。

在小麦拔节前可用240 g/L噻呋酰胺悬浮剂15～20 mL/亩、430 g/L戊唑醇悬浮剂25 mL/亩、12.5%烯唑醇可湿性粉剂32～64 g、20%井冈霉素可湿性粉剂30 g/亩、20%氰烯・己唑醇悬浮剂110～140 mL/亩、250 g/L丙环唑乳油30～40 mL/亩、75%肟菌・戊唑醇水分散粒剂15～20 g/亩或50%苯甲・丙环唑水乳剂12～18 mL/亩。也可用井冈・蜡芽菌、戊唑・嘧菌酯、井冈・三唑酮、氟环・多菌灵等药剂防治。

（3）白粉病。

小麦白粉病广泛分布于我国各小麦主要产区，以四川、贵州、云南、河南、山东等地发生最为普遍，近年来该病在东北、华北、西北麦区的发生有趋重之势。小麦受害后，一般可造成减产10%左右，严重的达50%以上。

白粉病在小麦各生育期均可发生，可侵害小麦植株地上部各器官，但以叶片和叶鞘为主。典型病状为病部表面覆有一层白色粉状霉层，后期霉层渐变为灰色至灰褐色，上面散生黑色小颗粒（闭囊壳）。

可选用15%三唑酮可湿性粉剂50～65 g/亩、250 g/L丙环唑乳油30～50 mL/亩、

12.5%烯唑醇可湿性粉剂 32~48 g/亩或 33%井·蜡芽可湿性粉剂 50 g/亩。还可选用腈菌唑、戊唑醇、粉唑醇、咪鲜胺、吡唑醚菌酯、多·酮、丙环·福美双、醚菌·氟环唑、戊唑·咪鲜胺、硫黄·三唑酮等药剂。

(4)锈病。

小麦锈病在我国主要的小麦种植区均有发生。小麦条锈病主要发生于西北、西南和黄淮等冬麦区和西北春麦区,小麦秆锈病主要发生在东北、内蒙古和西北春麦区,小麦叶锈病在西南、华北、西北和东北麦区渐趋严重。

叶锈病主要为害小麦叶片,产生疱疹状铁锈色病斑,很少发生在叶鞘及茎秆上。夏孢子堆为圆形至长椭圆形,橘红色,比秆锈病小,比条锈病大,呈不规则散生,成熟后表皮开裂一圈,散出橘黄色的夏孢子;冬孢子堆主要发生在叶片背面和叶鞘上,圆形或长椭圆形,黑色,扁平,排列散乱,但成熟时不破裂。叶锈病有别于秆锈病和条锈病。

条锈病的成株叶片初发病时夏孢子堆为小长条状,鲜黄色,椭圆形,与叶脉平行,且排列成行,像缝纫机轧过的针脚一样,呈虚线状,后期表皮破裂,出现锈褐色粉状物。后期病部产生黑色冬孢子堆。冬孢子堆短线状,扁平,常数个融合,埋伏在表皮内,成熟时不开裂,有别于小麦秆锈病。

秆锈病主要发生在叶鞘和茎秆上,也为害叶片和穗部。夏孢子堆大,为长椭圆形,深褐色或褐黄色,排列不规则,散生,常连接成大斑,成熟后表皮易破裂,表皮大片开裂且向外翻成唇状,散出大量锈褐色粉末,即夏孢子。小麦成熟时,在夏孢子堆及其附近出现黑色椭圆至长条形冬孢子堆,后表皮破裂,散出黑色粉末状物。三种锈病的区别可用“条锈成行叶锈乱,秆锈是个大红斑”来概括。

可于发病初期用 15%三唑酮可湿性粉剂 60~80 g/亩、50%粉唑醇可湿性粉剂 8~12 g/亩或 12.5%氟环唑悬浮剂 48~60 mL/亩、430 g/L 戊唑醇悬浮剂 12~15 mL/亩、250 g/L 丙环唑乳油 30~50 mL/亩或 30%吡唑醚菌酯悬浮剂 25~30 mL/亩。也可用嘧啶核苷类抗生素、百菌清、醚菌酯、嘧菌酯、氟环·多菌灵、烯肟·戊唑醇、苯甲·丙环唑、氟环·嘧菌酯、硫黄·三唑酮等药剂。

2. 常见小麦虫害

(1)小麦黏虫。

成虫体长 15~20 mm,翅展 40~45 mm。虫体为淡黄褐至灰褐色,前翅前缘和外缘颜色较深,常呈现数个小黑点,环纹为圆形黄褐色,肾纹为淡黄色,分界都不明显。后翅暗褐色,同基部色渐淡。

幼虫一般为 6 龄。体色随龄期、密度、食物等环境因子由淡绿至浓黑变化。体表有许多纵行条纹,中线白色边缘环绕黑色线纹,两条背线为红褐色,亚背线为蓝色边缘环绕白色线纹。

可于卵孵盛期至幼虫 3 龄前用 45%马拉硫磷乳油 85~110 mL/亩、25%除虫脲可湿性粉剂 10~20 g/亩、30%乙酰甲胺磷乳油 120~240 mL/亩、80%敌百虫可溶粉剂 350~700 倍液、25 g/L 溴氰菊酯乳油 10~15 mL/亩或 25 g/L 高效氯氟氰菊酯乳油 12~20 mL/亩。

(2)麦蚜。

为害小麦的主要有麦长管蚜、麦二叉蚜、禾缢管蚜。

①麦长管蚜。体色黄绿至绿色,腹部背面两侧有褐斑。触角比身体长,第二节有感觉孔 8~12 个,前翅中脉分三叉,腹管长,超过腹部末端。

②麦二叉蚜。体色绿色,背中线深绿色,触角比身体短,第三节有感觉孔 5~9 个,前翅中脉分二叉,腹管短,多不超过腹部末端。

③禾缢管蚜。体色暗绿带紫褐色,腹背后方中央有褐斑,触角比身体短,第三节有感觉孔 20~30 个,前翅中脉分三叉,腹管近筒形,端部收缩。但在小麦蚜虫防治中一般不将其细分。

可用 10%吡虫啉可湿性粉剂 20~40 g/亩、25%吡蚜酮可湿性粉剂 15~20 g/亩或 21%噻虫嗪悬浮剂 4~5 g/亩兑水 30 kg 喷雾防治。也可用马拉硫磷、啶虫脒、氯氰菊酯等药剂防治。

(3)麦蜘蛛。

①麦圆蜘蛛。雌成虫体卵圆形,深红褐色,体背有横刻纹 8 条,足 4 对,第 1 对足最长。若螨共 4 龄,第 1 龄体圆形,足 3 对,红褐色,称为幼螨;2 龄以后足 4 对,取食后渐变为暗绿色,似成螨。

②麦长腿蜘蛛。雌成虫形似葫芦状,黑褐色,体背有不太明显的指纹状斑,背刚毛短,共 13 对,纺锤形,足 4 对,第 1 对足特别发达,中垫爪状,具 2 列黏毛。若螨共 3 龄,第 1 龄体圆形,足 3 对,鲜红色,称幼螨;第 2、3 龄足 4 对,取食后变为黑褐色,似成螨。

可用 1.5%阿维菌素超低容量液剂 40~80 mL/亩、4%联苯菊酯微乳剂 30~50 mL/亩、20%马拉·辛硫磷乳油 45~60 g/亩或 20%联苯·三唑磷微乳剂 20~30 mL/亩等防治。

3. 常见麦田草害

(1)看麦娘、日本看麦娘。

看麦娘,一年生或越年生。秆单生或少数丛生,节处常膝曲;苗期叶色暗绿,茎基部略带紫色;叶鞘光滑,短于节间,叶舌膜质;圆锥花序紧密呈圆柱状,灰绿色;小穗为椭圆形或卵状长圆形,长 2~3 mm;颖膜质,基部连合,有 3 脉,脊上有纤毛;外稃膜质,先端钝,等大或稍长于颖,基部边缘连合;花药为橙黄色。

日本看麦娘与看麦娘同科同属,形态近似,区别在于小穗长 5~6 mm,花药为白色或淡黄色。

(2)茵草。

一年生。秆直立,具 2~4 节;叶鞘长于节间,无毛;无叶耳;叶舌透明膜质;叶片扁平,粗糙或下面平滑,基部阔而抱茎;圆锥花序,分枝稀疏,直立或斜升;小穗扁平,圆形或倒卵圆形,灰绿色;花药为黄色;颖果为长圆形,深黄色,先端具丛生短毛。

适生于湿地、沟渠、稻茬麦田、油菜田及其田埂等处,为长江流域及西南地区麦油田主要杂草,尤在地势低洼、土壤黏重的田块危害严重。

(3)野燕麦。

一年生或二年生旱地杂草。秆直立,光滑,具 2~4 节;叶扁平,略扭曲,有白色蜡粉,两面疏生柔毛;叶鞘松弛,叶舌透明膜质;圆锥花序开展,分枝具楞、粗糙;小穗稀疏,细柄弯曲下垂,顶端膨胀,小穗轴节间常密生淡棕色或白色硬毛;颖果为纺锤形,披淡棕色绒毛,腹面有纵沟。

生于农田、路旁、荒地等,分布于我国南北各省区,以西北、东北地区为害最为严重。

(4)节节麦。

越年生或一年草本。秆直立、丛生,基部弯曲;叶鞘紧密包茎,平滑无毛而边缘具纤毛;叶舌薄膜质;叶片微粗糙,腹面疏生柔毛;穗状花序为圆柱形,小穗为圆柱形,颖革质;颖果为暗黄褐色,椭圆至长椭圆形,先端具密毛,腹面较平或凹入。

多生于荒地或麦田中,在江苏、安徽、山东、河南、宁夏等省、自治区均有发生。

(5)早熟禾。

越年生杂草。成株矮小,秆丛生、直立或基部稍倾斜;叶鞘稍压扁,长于节间,光滑无毛,自中部以下闭合;叶舌薄膜质、圆头形;叶片扁平或对折,质地柔软,先端为船形,边缘微粗糙;圆锥花序为宽卵形;小穗为卵形,绿色;颖质薄,具宽膜质边缘;颖果为纺锤形,具三棱、深黄褐色。

生于农田、路边,几乎遍布全国。

(6)繁缕。

一年生或二年生草本。茎细弱,下部卧伏,常假二叉分枝,常带淡紫红色,披毛;叶片为卵形,基部圆形,顶端渐尖或急尖,两面无毛;基生叶具长柄,上部叶常无柄或具短柄;二歧聚伞花序顶生,花瓣白色;蒴果为卵形,具多数种子;种子为卵圆形至近圆形,稍扁,红褐色,边缘有数列半球形瘤状凸起,脊较显著。

多见于麦田和油菜田,是早春主要杂草,为害较重,分布几乎遍布全国各地。

(7)牛繁缕。

一、二年生或多年生草本。株形似繁缕且粗大;根须状;茎圆柱状,带紫色,下部卧伏,上部斜立,有分枝,略有短柔毛;叶对生,膜质,卵形或宽卵形,顶端渐尖,基部心形,全缘或波状,上部叶无柄,基部略包茎,下部叶有柄;聚伞花序顶生,花梗细长,有毛,花瓣白色;蒴果卵形,种子肾圆形,褐色,表面有疣状突起。

生于农田、路旁、荒地及园圃中,喜潮湿环境,低洼地发生严重,是我国夏熟作物田的恶性杂草,长江流域、华南和西南的北部都有严重危害的报道。

(8)泥胡菜。

一年生或二年生杂草。茎直立,单生,具纵楞,披稀疏白色丝状毛,上部常分枝;基生叶为莲座状,有柄,叶片长椭圆形或倒披针形,羽状分裂,裂片三角形;中部叶为椭圆形,无柄,羽状分裂;上部叶为披针形;全部茎叶质地薄,两面异色,上面绿色,无毛,下面灰白色,披厚或薄绒毛;头状花序,于茎顶排列成伞房状;花紫红色,管状;瘦果圆柱形略扁平,冠毛白色,羽状。

生于路边、荒地、田边等,常侵入夏收作物田为害,分布于全国各地,在长江流域局部农田为害严重。

(9)小藜。

一年生草本。茎直立,分枝,有角棱及绿色条纹;叶互生,有柄;下部叶近基部有二裂片,两面疏生粉粒;中部叶片为长圆状卵形,先端钝,基部楔形,边缘有波状齿;上部的叶片渐小,狭长,有浅齿或近于全缘;叶柄细长而弱;圆锥状花序腋生或顶生,披粉粒;胞果全体包于花被内;种子横生,扁圆形,双凸镜状,黑色,有光泽。

生于湿润具有轻度盐碱的沙性土壤,为害麦类、油菜、玉米、棉花等,发生量大,为害重,是区域性的恶性杂草,除西藏外在全国各地都有分布。

(10)碎米荠。

二年生草本。茎直立或斜升,下部有时为淡紫色,披柔毛;基生叶有柄,单数羽状复叶;顶生小叶为肾形或肾圆形;茎生叶为狭倒卵形至线形;全部小上面及边缘有疏毛;总状花序初期为伞房状,后渐长,生于枝顶,花小,花梗纤细;花瓣为白色,倒卵状;长角果为线形,稍扁,无毛;种子为椭圆形,褐色,表面光滑。

生于田边、路边、坡地等,为夏熟作物田常见杂草,在长江流域局部地区的油菜田为害较重。

(11)播娘蒿。

一年生或二年生草本。成株有叉状毛;茎直立,有分枝,密披淡灰色柔毛;叶为狭卵形,二、三回羽状全裂,末端裂片为条形或长圆形;下部叶具柄,上部叶无柄;总状花序为伞房状,顶生,花瓣为黄色,长圆状倒卵形;长角果为狭条形,无毛,果瓣中脉明显;种子为长圆形。

生于农田、路旁、沟边和荒地,喜湿润环境,在华北地区是为害小麦的主要恶性杂草之一,广泛分布于我国华北、东北、西北、华东、西南等地。

(12)大巢菜。

二年生或一年生蔓性草本。成株茎粗壮有棱,多分支,表皮为深褐色;偶数羽状复叶,椭圆形或卵圆形,先端截形,基部楔形,两面疏生黄色柔毛,叶顶端变为卷须,托叶戟形,总状花序,腋生,花冠为白色、粉红色、紫色或雪青色,长约 6 mm;荚果为长圆形或条形,略扁,两面急尖,表皮棕色,长约 2. 5~4. 5 cm,含种子 4~8 粒;种子肾形,表皮为红褐色。

生于山坡、沟边、路旁和农田,为夏熟作物田为害较严重的杂草,冬麦区发生普遍,春麦区也有发生,分布遍及全国各地。

(13)小巢菜。

一年生蔓性草本。茎纤细,有楞,基部分枝,无毛或披疏柔毛;偶数羽状复叶,有分枝卷须,托叶为半边戟形;小叶为长圆形或倒披针形,先端为截形;总转花序,腋生,花冠为白色或淡紫色,长约 3. 5 mm;荚果为长圆形,扁,长约 8 mm,披黄色长柔毛,含种子 1、2 粒;种子为近球形,稍扁,黄褐色或棕色,光滑有光泽。小巢菜和大巢菜主要通过叶片、花瓣和荚果大小区分。

生于旱作地、路边、荒地,有些地区在麦田及豆类田间为害比较严重,是长江以南麦田的重要杂草,在陕西、江苏、安徽、浙江、江西、河南、湖北、湖南、四川等地都有分布。

(14)通泉草。

一年生草本。成株主根伸长,垂直向下或短缩,须根纤细,多数散生或簇生,着地部分节上常能长出不定根;茎直立或斜倾,分枝多而披散;基生叶有柄,叶片为倒卵形或倒卵状匙形,膜质至薄纸质,边缘具不规则粗钝锯齿,基部为楔形,下延成带翅的叶柄;茎生叶对生或互生;总状花序顶生,常在基部即生花,花冠为紫色或蓝色;蒴果为球形,无毛;种子为斜卵形或肾形,淡黄色。

生于农田、荒地、路旁、田边等,为小麦、油菜、棉花、豆类等旱作地常见杂草,危害性一般,遍布全国。

(15)阿拉伯婆婆纳。

二年生或一年生草本。成株全体披柔毛;茎下部伏生地面,基部多分枝,斜上;叶在基部对生,上部互生,卵圆形或肾状圆形,每边有2~4个深刻的钝齿,两面披白色长柔毛,下部叶常有柄,上部叶无柄;总状花序单生,有柄,花冠为淡蓝色,有放射状深蓝色条纹;蒴果近于肾形,密披腺毛,有网纹;种子为舟形或长圆形,表面有皱纹。

生于农田、路旁或荒地,为夏熟作物田常见杂草,长江中下游发生较多,为害较重,分布于我国华东、华中、云南、贵州等地。

以禾本科杂草为主的麦田,可选择50 g/L炔草酸·唑啉草酯乳油于冬前用60~80 mL/亩、春季用80~100 mL/亩,4%啶磺草胺可分散油悬浮剂15~25 mL/亩,15%炔草酯可湿粉于冬前用20~30 g/亩、春季用30~40 g/亩,6.9%精恶唑禾草灵乳油于冬前用80~100 mL/亩、早春用100~120 mL/亩等,或30 g/L甲基二磺隆可分散油悬浮剂春季用20~35 mL/亩,每亩兑水40 kg均匀喷雾。以菵草等禾本科杂草为主的田块,用5%唑啉草酯乳油80~100 g/亩加50%异丙隆可湿性粉剂150~200 g/亩。以日本看麦娘、看麦娘等禾本科杂草为主的田块,用4%啶磺草胺可分散油悬浮剂15~25 mL/亩加50%异丙隆可湿性粉剂150~200 g/亩。

防除阔叶草可在冬小麦返青期或分蘖盛期至拔节前,用20%氯氟吡氧乙酸乳油40~50 mL/亩、720 g/L 2,4-滴二甲胺盐水剂50~90 mL/亩、50%吡氟酰草胺可湿性粉剂25~35 g/亩、50 g/L双氟磺草胺悬浮剂5~6 mL/亩、75%苯磺隆水分散粒剂1~2 g/亩、80%唑嘧磺草胺水分散粒剂1.5~2.5 g/亩、40%唑草酮水分散粒剂4~6 g/亩,使甲合剂即20%使它隆25 mL/亩+20% 2甲4氯水剂150 mL/亩或苯甲合剂即48%苯达松水剂100 mL/亩与20% 2甲4氯水剂100 mL/亩混用、36%唑草·苯磺隆可湿性粉剂7.5~10 g/亩、58 g/L双氟黄草胺·唑嘧磺草胺悬浮剂9~14 mL/亩或20%双氟·氟氯酯水分散粒剂5~5.5 g/亩加专用助剂。以上药剂兑水40 kg,均匀喷雾。

4.2.3　玉米病虫草害

我国玉米害虫有250多种,主要有以蛴螬、蝼蛄、地老虎等地下害虫,蚜虫等刺吸害虫,玉米螟等钻蛀性害虫为主。病害有30多种,目前发生普遍而又严重的病害有大斑病、小斑病、锈病、纹枯病、弯孢霉叶斑病、茎基腐病、丝黑穗病等。玉米田杂草有40多种,常见的有马唐、狗尾草、牛筋草、苋菜类、香附子、田旋花等。

1. 常见玉米病害

(1)大斑病。

叶片先现水渍状青灰色斑点,然后沿叶脉向两端扩展,形成边缘暗褐色、中央淡褐色或青灰色的大斑,后期病斑常纵裂。严重时病斑融合,叶片变黄枯死。潮湿时病斑上有大量灰黑色霉层,下部叶片先发病。

可用45%代森铵水剂78~100 mL/亩、25%吡唑醚菌酯悬浮剂40~50 mL/亩、75%肟菌戊唑醇水分散粒剂15~20 g/亩、18.7%丙环·嘧菌酯悬浮剂50~70 mL/亩、22%嘧菌·戊唑醇悬浮剂40~60 mL/亩或43%唑醚·氟酰胺悬浮剂15~24 mL/亩等药剂防治。

(2)小斑病。

发病初期,在叶片上出现半透明水渍状褐色小斑点,后扩大为长5~16 mm、宽2~4 mm大小的椭圆形褐色病斑,边缘为赤褐色,轮廓清楚,上有两三层同心轮纹。病斑进一步发展时,内部略褪色,后渐变为暗褐色。天气潮湿时,病斑上生出暗黑色霉状物(分生孢子盘)。

常和大斑病同时出现或混合侵染,因主要发生在叶部,故统称为叶斑病。其发病时间比大斑病稍早。

可用45%代森铵水剂78~100 mL/亩、18.7%丙环·嘧菌酯悬浮剂50~70 mL/亩、22%嘧菌·戊唑醇悬浮剂40~60 mL/亩或75%肟菌戊唑醇水分散粒剂15~20 g/亩等药剂防治。

2. 常见玉米害虫

玉米螟,体背为黄褐色,腹末较瘦尖,触角为丝状,灰褐色,前翅为黄褐色,有两条褐色波状横纹,两纹之间有两条黄褐色短纹,后翅为灰褐色。雌蛾形态与雄蛾相似,色较浅,前翅为鲜黄色,线纹为浅褐色,后翅为淡黄褐色,腹部较肥胖。

老熟幼虫,体长在25 mm左右,圆筒形,头为黑褐色,背部颜色有浅褐、深褐、灰黄等多种,中、后胸背面各有毛瘤4个,腹部1~8节,背面有两排毛瘤,前后各两个,均为圆形,前大后小。

可用30%乙酰甲胺磷乳油120~240 mL/亩、200亿孢子/克球孢白僵菌可分散油悬浮剂40~50 mL/亩、16 000 IU/mg苏云金杆菌可湿性粉剂250~300 g/亩、14%氯虫·高氯氟微囊悬浮剂15~20 mL/亩、40%氯虫噻虫嗪水分散粒剂8~12 g/亩或50%除脲·高氯氟悬浮剂8~10 mL/亩。

3. 常见玉米田杂草

(1)马唐。

一年生。秆直立或下部倾斜,膝曲上升,无毛或节生柔毛。叶鞘短于节间,无毛或散生疣基柔毛;叶片线状披针形,具柔毛或无毛。总状花序;穗轴直伸或开展,两侧具宽翼,边缘粗糙。

(2)狗尾草。

一年生。根为须状,高大植株具支持根。秆直立或基部膝曲,叶鞘松弛,无毛、疏具柔毛或疣毛,边缘具较长的密棉毛状纤毛;叶舌极短,缘有纤毛;叶片扁平,长三角状狭披针形或线状披针形,通常无毛或疏被疣毛,边缘粗糙。圆锥花序直立或稍弯垂,主轴披较长柔毛,通常为绿色、褐黄到紫红或紫色;颖果为灰白色。

(3)牛筋草。

一年生草本。根系极发达。秆丛生,基部倾斜。叶鞘两侧压扁而具脊,松弛,无毛或疏生疣毛;叶片平展,线形,无毛或上面披疣基柔毛,有叶舌。穗状花序;囊果卵形,基部下凹,具明显的波状皱纹。

(4)画眉草。

一年生。秆丛生,直立或基部膝曲,光滑。叶鞘松裹茎,长于或短于节间,扁压,鞘缘近膜质,鞘口有长柔毛;叶舌为一圈纤毛,叶片线形扁平或蜷缩,无毛。圆锥花序开展或紧缩;颖果为长圆形。

(5)香附子。

多年生草本。有长匍匐根状茎,部分肥厚成纺锤形,有时数个相连。茎直立,三棱形,叶丛生于茎基部,叶鞘闭合包于上,叶片为窄线形。花序为复穗状;小坚果为长圆倒卵形,三棱状。

(6)胜红蓟。

一年生草本,无明显主根。茎粗壮,不分枝或自基部或自中部以上分枝,或下基部平卧而节常生不定根。全部茎枝为淡红色,或上部为绿色,披白色尘状短柔毛或上部披稠密开展的长绒毛。叶对生,有时上部互生,常有腋生的不发育的叶芽。中部茎叶为卵形、椭圆形或长圆形。全部叶基部为钝或宽楔形,有叶柄,两面披白色稀疏的短柔毛且有黄色腺点。伞房状花序;蒴果为黑褐色,有白色稀疏细柔毛。

(7)马齿苋。

一年生草本,全株无毛。茎平卧或斜倚,伏地铺散,多分枝,圆柱形,淡绿色或带暗红色。茎为紫红色;叶互生,有时近对生,叶片倒卵形,似马齿状,质感肥厚,上面为暗绿色,下面为淡绿色或带暗红色;叶柄粗短。花无梗,花瓣为黄色,倒卵形。蒴果为卵球形,种子细小,多数偏斜球形,黑褐色,有光泽。

(8)反枝苋。

一年生草本,茎直立,粗壮,单一或分枝,淡绿色,有时具带紫色条纹,稍具钝棱,密生短柔毛。叶片为菱状卵形或椭圆状卵形,基部楔形,全缘或波状缘,两面及边缘有柔毛,下面毛较密;有叶柄,淡绿色,有时为淡紫色,有柔毛。圆锥花序顶生及腋生。种子近球形,棕色或黑色。

(9)铁苋菜。

一年生草本。叶具长柄,膜质,卵状菱形或椭圆形,两面均略粗糙,先端渐尖,基部为楔形,边缘有钝齿。雌雄花同序,雄花生于花序上部,排列呈穗状或头状;蒴果小,披粗毛。

(10)田旋花。

多年生草质藤本,近无毛。根状茎横走。茎平卧或缠绕,有棱。叶片为戟形或箭形。花腋生,花冠为漏斗形,粉红色、白色,外面有柔毛,褶上无毛。蒴果球形或圆锥状,无毛;种子为椭圆形,无毛。

(11)龙葵。

一年生直立草本植物,茎无棱或棱不明显,绿色或紫色,近无毛或被微柔毛。叶为卵形,先端短尖,基部为楔形至阔楔形而下延至叶柄,全缘或每边具有不规则的波状粗齿,光滑或两面均披稀疏短柔毛。蝎尾状花序腋外生,近无毛或具短柔毛;花冠为白色,花药为黄色;浆果为球形,熟时黑色。种子多数近卵形,两侧压扁。

(12)苘麻。

一年生亚灌木状草本,茎枝被柔毛。叶互生,圆心形,先端长渐尖,基部为心形,边缘具细圆锯齿,两面均密披星状柔毛;花单生于叶腋,花梗披柔毛;蒴果为半球形,分果爿 15~20 个,披粗毛,顶端具长芒;种子为肾形,褐色,披星状柔毛。

防、除玉米田一年生禾本科杂草及阔叶杂草,可使用 720 g/L 异丙甲草胺乳油 150~200 mL/亩(春玉米)、15%噻吩磺隆可湿性粉剂 10~12 g/亩、73%滴丁・乙草胺乳油 160~220 mL/亩(春玉米)、81.5%乙草胺乳油 80~100 mL/亩、670 g/L 异丙・莠去津悬浮剂 240~320 mL/亩、75%砜嘧・噻吩水分散粒剂 4.5~5.5 g/亩或 960 g/L 精异丙甲草胺乳油 50~85 mL/亩,在播后苗前土壤喷雾。或在玉米 3~5 叶期、杂草 2~4 叶期使用 9%硝磺草酮悬浮剂 70~100 mL/亩、25%烟嘧・莠去津可分散油悬浮剂 60~80 mL/亩、40 g/L 烟嘧磺隆可分散油悬浮剂 70~100 mL/亩或 32%丁・莠・烟嘧可分散油悬浮剂 100~150 mL/亩(春玉米)等药剂进行茎叶喷雾。

任务 4.3 植保无人直升机

图 4-3 所示为植保无人直升机。

图 4-3 植保无人直升机

4.3.1　油动植保无人直升机

1. 结构与组成

油动植保无人直升机如图 4-4 所示。以全丰 3WQF120-12 型油动植保无人直升机为例，其结构分为机壳、机体、动力系统、离合器系统、冷却系统、变速装置系统、主旋翼系统、尾旋翼系统、导航控制系统、电路系统、喷雾系统、地面控制系统和起落架等。

图 4-4　油动植保无人直升机

(1)机壳。

机壳除作为装饰(尾部的垂尾在植保作业之外的高速飞行中还起到保持尾部平衡、减少尾部动力做功的作用)之外，还有防止植保无人机在作业过程中农药雾滴对飞机腐蚀的作用。有全包机壳、半包机壳，一般使用材料为 FRP、ABS 树脂。

油动单旋翼植保无人机

(2)机体。

机是用于安装动力系统、冷却系统、离合器系统、变速装置系统、主旋翼系统、尾旋翼系统、导航控制系统、电路系统以及起落架等装置的构架。一般分为侧板式结构和机架式结构。侧板式结构是指动力系统、离合器系统、冷却系统、变速装置系统、主旋翼系统、尾旋翼系统、导航控制系统、电路系统和起落架等装置安装在左、右两片侧板之间的设计方式。而机架式结构就像楼房的梁框，飞机的动力系统、冷却系统、变速装置系统、主旋翼系统、尾旋翼系统、导航控制系统、电路系统和起落架等装置安装在梁框里面。

(3)动力系统。

汽油发动机一般使用双缸、水平对置、水冷发动机，其原因在于植保无人机在高温、高湿、低速下飞行，无法通过高速飞行来解决飞机散热的问题。而使用双缸水平对置主要是解决飞机震动的问题，水平对置利用活塞的相向运动可以抵消因发动机做功而带来的偏向震动，从而解决对控制系统中陀螺的影响，提高了飞行的可靠性。

(4)离合器系统。

离合器系统位于发动机与减速装置之间,用于从启动到高速阶段的结合,从而使得发动机顺利过渡,一般使用的是离心式离合器。

(5)冷却系统。

冷却系统是用于给动力散热的系统。油动植保无人直升机多采用水冷散热,利用水泵把发动机缸头的水冷通道和散热交换器连接起来。散热器上安装有电子风扇,当发动机超过预定温度时,电子风扇开始工作来确保发动机工作安全。市面上也有用风扇直接冷却发动机的结构,但是很难解决植保无人机在高温作业下形成的热衰减问题,现大多已被淘汰。

(6)变速装置系统。

由于发动机或者电动机的转速很高,无法直接用于主旋翼和尾旋翼系统,因此需要减速后用于主旋翼和尾旋翼系统。变速装置一般分为变速箱减速、皮带减速和皮带与变速箱混合减速三种方式。变速箱减速的优点在于减速震动小;缺点在于质量大,与发动机硬性连接,从而维护保养成本高、维修速度慢。皮带减速的优点是结构简单、质量小、维护方便;缺点是震动大、对皮带的质量要求高、可靠性相对低。皮带与变速箱混合减速的性能在二者之间,具有维修速度快、性能相对可靠的优点,安阳全丰采用的就是此结构方式。

(7)主旋翼系统。

主旋翼系统是为植保无人直升机提供升力的系统,由旋翼头、旋翼片(桨叶)、螺矩臂(用以改变旋翼片的螺矩角度,通常位于旋翼片前缘或后缘上)、十字盘系统(又称倾斜盘,装有万向接头,可在360°内向任何位置倾斜)组成。通过螺距(即螺旋桨与水平位置的角度)的改变完成飞机的上升、下降、前进、后退、左右横移的动作。在动力充沛的情况下,螺距越大,上升速度越快,拉力也越大。十字盘系统是用于主旋翼控制飞机做上升、下降、前进、后退动作的系统,用于改变各个方向的螺距,从而形成飞机的各种动作。上升是通过调整十字盘系统使得螺距均匀变大,从而使飞机爬升。下降是通过调整十字盘系统使螺距均匀变小,从而使飞机下降。前进是通过调整十字盘系统使得飞机前部方向螺距小,后部方向螺距大,从而使飞机变成前低后高,在作用力下,飞机向前飞行。后退则反之。左右横移采用的也是这种原理。

(8)尾旋翼系统。

尾旋翼系统是控制飞机尾部平衡及转向动作的系统。其由尾管、尾管支撑架、尾旋翼控制件和尾传动部件组成,主要用于控制飞机的平衡。由于单旋翼直升机主旋翼在旋转过程中会产生相反方向的扭力,因此会造成飞机在空中自身旋转。这样,就需要相反的力量来控制飞机的平衡,尾旋翼就起到这样的作用。现在尾旋翼都安装了平衡控制系统,自身能够保持飞机的尾部平衡,克服主旋翼旋转时产生的扭力。尾传动部件分为轴传动和皮带传动两种结构。轴传动优点在于功率损耗小,震动小;缺点在于一旦飞机坠毁,会造成尾部变速箱和主变速箱的损坏,损失大。因此,轴传动大多用于高空作业的无人机设计。皮带传动的优点在于易维护保养,坠机损失小,维修成本低;缺点在于尾传动效率低,震动大。一般植保无人机多采取皮带传动的方式,典型代表为日本雅马哈植保无人机。国内安阳全丰植保无人机也采用这种传动方式:尾管是支承尾部传动的部分;尾部支撑架用于防止尾管发生共振现象,是用来增加机架和尾管强度的部件。

(9)导航控制系统。

导航控制系统是植保无人机的大脑,控制飞机空中平衡,并能够根据地面控制系统指令来完成航空植保作业的系统。该系统一般包括 GPS 天线、磁罗盘、控制器,并与机载接收机以及传感器、其他喷洒传感器相连接。现在已可以与定高传感器和避障传感器相连来实现仿地飞行和避障飞行的功能,从而使得植保作业更安全。它还可在飞行过程中给后台或地面控制系统实时发送位置坐标、流量、电压等飞机信息。

(10)电路系统。

电路系统用于连接植保无人直升机各个电子元器件的电路部分。电路系统的可靠性也是影响植保无人机的重要因素,因此在无人机生产过程中采取“能焊接不插接”的方式,在插接部分一般使用航空专用插头或杜邦插头与热收缩膜来保证插头不松动、不氧化,从而保证飞行的安全。

(11)喷雾系统。

喷雾系统是利用植保无人机下压风场来进行植保作业的喷洒部件体系,包括药箱、水泵、喷洒安装件、喷头、流量计和液位感应器,并与导航控制系统相连接,是植保无人机能够进行有效作业的关键部位。其特征是最大限度地利用植保无人机的下压风场,指标是穿透力和沉降密度,这也是实现低容量喷雾的关键技术。理想的喷洒系统可以提高雾滴的沉降密度与沉降率,减少雾滴飘移,提高农药的利用率,减少环境污染。

(12)地面控制系统。

地面控制系统是用于控制植保无人机工作的系统,一般包含手持遥控器与地面站,也有手持地面站与遥控器二合一的产品。现在具备 OTG(on-the-go)功能的手机也可以作为地面站使用,从而使得地面站变得简单。其功能在于控制植保无人机的起降、设定作业航线、设定飞行速度、设定作业喷洒的流量及失控保护等,并能实时显示飞机的飞行轨迹、流量与作业面积等,还可实时对植保无人机的飞行高度、飞行半径及限飞区做出限定,使其满足国家相关要求,使得植保无人机的作业合法化。

(13)起落架。

起落架是用于保持飞机在地面稳定状态的结构。对于植保无人机,一般要求强度高、不易变形、抗坠毁性强、震动小、结构轻,往往与机体直接相连。

2. 维护与保养

(1)斜盘舵机累计使用 100~150 h 必须进行保养,应每作业季、每飞行 50 h 或外出作业前检查尾舵机连杆是否磨损、尾变矩滑块轴承是否有明显间隙。

(2)尾皮带每 50 h 及每次作业前检查,如有磨损(裂纹、少牙、断牙、橡皮齿面磨损)现象应立即更换。

(3)每次作业前或每 50 h,检查旋翼主轴、横轴是否存在间隙;用手掰旋翼头,看主轴是否有间隙或是否上下窜动。出现间隙的原因是主波箱轴承座轴承损坏或主轴下方受力主螺母松动。检查横轴螺丝是否松动,如出现松动,请打螺母胶进行复位。

(4)对于油滤、空滤,应不定时更换空滤过滤棉部分。例如,被水淋湿过,必须更换;油滤每 50~100 h 更换一次,空滤每 50~100 h 更换一次。如果空滤棉被水淋湿,需要及时更换。更换后的空滤应返回售后,经维修可以再次利用,降低使用成本。

(5)火花塞及点火器上的火花塞帽应勤检查,每 50 h 检查是否正常,如出现异常应进行更换,每 100 h 更换一次火花塞。

(6)发动机高低缸缸压均保持在正常压力。

(7)离合器甩块每工作 50 h,使用砂纸打磨离合片表面并清理干净。检查离合器片,再装入离合罩杯。

(8)通过遥控器观察反馈电压并不定时检查发电机工作是否正常。

4.3.2 电动植保无人直升机

1. 结构与组成

以全丰 3WD-TY-17L 型电动植保无人机采用结构相对简单、技术成熟的单轴、两桨叶、尾桨式布局。3WD-TY-17L 型电动植保无人直升机采用目前风靡全球的微小型直升机无副翼电子增稳结构系统,这种结构设计极大地简化了机械结构,提高了无人机系统的可靠性,同时旋翼系统的效率得到了提升。

3WD-TY-17L 型电动植保无人直升机机身主体及大部分零件主要采用进口高强度 7075 航空铝合金材料进行镂空设计,一体化加工成型,具有密度低、强度高、一致性好等特点。无人机自身质量小,空机质量仅为 10.5 kg,满负载飞行达 32 kg,空机质量载重比达 0.5。流线形外壳减少风阻,滚塑一体成型的凹形钻石体药液箱及低重心设计极大地降低了飞行中药液晃动造成的不稳定性。旋翼与喷杆折叠设计使工作开展及产品转场运输更高效、方便。动力系统采用高性能无刷电机搭配高能量大倍率电池,配备智能飞控系统实现全自动作业飞行。

3WD-TY-17L 型电动植保无人直升机飞行平台主要由无刷电机、控制设备、农药喷洒设备、旋翼头、机身主体、传动机构和尾波箱等部分组成。

2. 维护与保养

植保无人机属于精密器械,任何零部件的微小变动都会影响其正常飞行状态和使用寿命。因此,不仅在其使用、运转和存放的过程中应该小心谨慎,对其日常维护与保养也应注意,这些在很大程度上决定了设备的使用寿命。以下为日常维护、清理与保养相关方法。

作业期间,每天检测主旋翼头及尾旋翼头各螺丝固定情况、大桨松紧情况;检测主轴横向晃动及尾轴旋转面晃量情况,若晃量过大,建议与厂家联系处理;检查主旋翼变距结构及尾轴变距结构,变距系统清洁后,特别是轴承清洁后建议涂上润滑脂;检查主皮带、尾皮带,注意是否有少齿、分叉及其他可能导致断裂的情况,并检查松紧度是否适合;每天进行整机清洁,包括机身主体、喷杆、脚架、头罩、主旋翼等外露结构部件,特别针对药箱及各喷头进行重点清洗,防止农药长时间滞留产生腐蚀或结晶造成滴漏、堵塞;清洗过后,对外露螺丝建议涂上润滑脂,以达到润滑、防锈、防腐蚀的目的。

非作业期间，注意遥控器防潮、防尘、防暴晒，确保各个操纵杆、按键都正常工作；植保机存放点需注意防火、防潮、防尘、防暴晒，远离可能形成线路漏电场所；长期不使用的电池应确保电池单片电压在3.85 V左右进行储存。

此外，在植保飞行作业前还需针对整机做飞前检查，包括植保机电池、遥控器电池电量充足；植保机电池已固定，电源线连接牢固；整机的螺丝无异常松动；整机金属球头无异常松动；传动皮带无松弛、破损；整机轴承运作顺滑，主轴与尾轴上的滑块运动无干涩；主旋翼、尾旋翼均已完全展开并形成直线状，螺旋桨松紧度适中；喷杆正确展开，安装稳固；喷洒管道及喷嘴无堵塞；喷头是否正常工作；等等。

4.3.3 植保无人直升机的流场特性

1. 单旋翼飞行原理

电动单旋翼植保无人机

直升机发动机或电机驱动旋翼提供升力，把直升机举托在空中，单旋翼直升机的主发动机或电机同时也输出动力至尾部的小螺旋桨，机载陀螺仪能侦测直升机回转角度并将其反馈至尾桨，通过调整小螺旋桨的螺距可以抵消大螺旋桨产生的不同转速下的反作用力。首先直升机要先起飞才能向前后、左右移动，所以要使倾斜盘整体向上移动，两个桨夹就要有一定角度，顺时针旋转就有了向下的力，飞机就起飞了，但这时左右旋翼产生的升力相同，所以直升机只能向上运动。若把倾斜盘看成表盘，如果它前倾，倾斜盘上半部分是转动的，那么两个连杆只有在12点和6点方向(一个在上，一个在下)差别最大。6点方向的拉杆把桨夹向上推，增大了原来旋翼的角度，所以产生的向下的力变大了；12点方向的拉杆向下拉，减小了旋翼角度，向下的力减小，这时两个旋翼受力不再平衡，右边力大，左边力小，那么直升机应该向左飞，但是旋转的旋翼遵循陀螺效应，要顺时针转过90°才产生效果，所以旋翼变成6点方向的力大于12点方向，直升机向前飞，其他方向同理。

2. 植保无人直升机的气流场

植保无人直升机启动和飞行时，桨翼始终向右方向旋转，产生下行的纯净风场，这与多旋翼不同。多旋翼是相邻的机臂上的桨翼正、反向旋转，产生相互抵消的扰流风场。同时，单旋翼翼展较长，以3WD-TY-17L机型为例，翼展长达2.3 m，是普通多旋翼翼展的3~4倍。因此，同等载荷情况下，单旋翼作业效率和效果通常远高于多旋翼作业效率与效果。

4.3.4 植保无人直升机的应用

单旋翼植保无人机的应用

作为航空飞行器的一种，植保无人直升机首先应该保障飞行器飞行的稳定性和安全性，这也是对植保飞行器最基本的技术要求。而农药喷洒效果则是评定农业植保设备性能优劣的重要标准。作业前要视察作业地，观测田间是否有障碍物，准备好作业地图，了解病虫害情况和使用的药剂是否满足低容量作业要求，是否会形成药害，确定飞行方案及起降点。同时,要对植保无人机进行检查,确定是否能满足作业要求,不允许无人机带病飞行。

1. 安全防护

作业过程中,应该使用经过认证并印有认证标志的个人防护用品。在配置农药、清洗盛装农药的容器时应穿戴个人防护用品,防护用品应舒适、穿戴方便,并能防止药液渗漏。

作业过程中,全程佩戴安全帽,戴防护口罩。当使用未经稀释的农药制剂做超低容量喷雾时,使用在农药标签上标明的特殊的个人防护用品。作业过程中,不得进食和吸烟。喝水时应使用密封的容器。应远离配药点和加药点,脱去工作服,并在清洗手和脸等外漏皮肤后方可进食。为保障无人机作业区域周围群众的安全,在作业区域 15 m 外应拉起颜色醒目的安全线。

2. 准备

(1)作业规划。接到作业任务后,按照作业地点、作业面积、作物类型等进行路线规划、作业时间规划、人员和物品规划等。

(2)路线规划。在保证安全和不违反相关法律、法规的情况下,遵循从出发地到目的地路线最短的原则进行路线规划。在规划过程中,需要通过多种途径了解所规划路线是否可以安全通过。路线包括出发地(公司或者其他作业地)到目的地的往返路线和驻地到作业区域的往返路线。

(3)作业时间规划。根据作物种类、喷施药剂种类、客户的特殊要求、施药无人机的作业效率等对作业时间进行合理的规划。

(4)人员和物品规划。根据作物种类、所需药剂等,对作业人员和作业物品等进行合理规划。

药剂、施药无人机等必需物品必须有相应备用部分,避免发生短缺,影响作业效率。

3. 实际作业

(1)气象条件。

①无风或风速低于 5 m/s,温度不高于 35 ℃,避免中午高温天气。

②植保无人机喷杆高度应为作物上面 1.5~3 m。

③施药作业时应考虑侧风的影响,来回两个方向的飞行速度与施药剂量应保持一致。

④当有上升气流运动,或有逆温现象时,不可进行喷雾作业。

⑤当相对湿度较低时,应该在药液中加入抗蒸发助剂以减少农药损失。

⑥在选择最佳的喷雾时间时,应考虑温度、相对湿度、风向、风速和降雨等气象条件的影响。

(2)作业区图纸绘制。

①根据客户所提供的作业图纸(提前查看地形绘制作业图),安排好飞机作业区域及标注飞机起降区。

②施药人员在考察作业区域和绘制作业图纸的过程中,应记录影响飞机低空飞行的树木、高架电线和水渠的位置,以及邻近的作物、公路和铁路等。

③根据作业地块分布和大小确定喷洒作业方式。

④喷雾作业应遵守关于隔离带边界的强制宽度设定的有关法律规定。

(3)防治效果。

漏喷率在 5%以内,防治效果应达到当地植保部门对作物病虫草害防治的要求。抵达作业现场后,按照以下流程开始工作。

①每组卸载设备。

②地勤人员放置作业标志物,同时在作业区域外围拉起警戒线。

③飞手展开设备(装配大桨、喷杆、电池盒等)。

④飞手做航前检查。

⑤加油、加药并做起飞前最后确认。

⑥作业无关人员退到安全距离并通知进入可作业状态。

⑦在作业过程中随时与客户沟通,避免重喷和漏喷现象。

⑧作业开始,助手注意燃油和农药的补给工作,保证飞机降落之后 3 min 之内完成补给。

⑨作业结束,清洗飞机。

⑩准备好次日的燃油和农药。

每天作业结束后配比好第二天所用燃油和药剂(如药剂允许),同时规划好第二天的作业田块。每天作业结束后,飞手需要对飞机进行检查,以确保第二天顺利开展作业。若飞机出现故障,作业结束当天想方设法处理好问题,不影响第二天作业。

(4)施药作业收尾工作。

①废弃包装袋处理。

a. 按照相关规定,处理废弃包装袋,含药剂包装袋、饮用水塑料瓶等,不得随地扔在田间地头。

b. 使用后的农药包装容器应在彻底清洗干净后收集起来,安全存放,或集中进行无害化处理,不得随意丢弃。

②剩余药液处理。

a. 应将剩余农药带回或按照国家相关规定处理。

b. 应把泄露的药液和清洗药箱等废液收集到收集箱,并设置一个专用的排污设备来处理剩余的药液和清洗后的废液。

植保无人机在农田上空作业时,会经常性地进行调姿转弯,在这种飞行模式下,飞行速度一般会降低。如果农药喷洒设备采用常速喷洒,即喷洒速率与飞行器飞行状态完全独立,那么就会造成农药喷洒的重复与过量,造成不必要的浪费。为此,当前的植保无人机多采用农药喷洒可控速率技术,即农药喷洒速率和飞行器飞行状态,特别是与速度状态相关联。当飞行速度升高时,农药喷洒速率相应变大;当调姿转弯飞行速率降低时,农药喷洒速率相应变小。以此来避免重复、过量施药,提高农药利用率。

此外,当前植保无人直升机还可进行固态播撒、杂交授粉等。固态播撒是指抛洒固态药剂、肥料或种子,以实现固态农药撒施、施肥、播种等功能;杂交授粉主要指利用直升机下压风场进行花粉吹送扩散,辅助授粉。

任务 4.4　多旋翼植保无人机

4.4.1　多旋翼植保无人机的分类、结构与组成

多旋翼植保无人机的分类、结构与组成

1. 多旋翼植保无人机的分类

当前使用较多的多旋翼植保无人机分类方法是按照动力来源、旋翼数量、气动布局、喷头布局等方式进行分类，也有按机身材质、可靠性设计理念等分类的（图 4-5）。

图 4-5　多旋翼植保无人机

（1）按动力来源分类。

多旋翼植保无人机按动力来源可分为油动发动机和电动机。目前市场上以电动机为主，但是也出现了一些油动多旋翼植保无人机产品。

电动多旋翼植保无人机的主要优点在于操作简单、性能可靠。此处以市场主流产品为例，如大疆 T40 型多旋翼植保无人机、天翼合创 TY5A 型电动多旋翼植保无人机。一般处于工作年龄范围以内（18~45 岁）且身体健康的零基础学员，可以在 10 d 左右基本掌握该类产品的使用，并能够进行简单作业。多旋翼植保无人机购机成本、摔机成本和维护成本都低于直升机植保无人机，这是近几年多旋翼植保无人机迅速发展起来的重要原因。

载重量和续航时间是电动多旋翼植保无人机不足的方面，在锂电池性能没有突破的情况下，多旋翼植保无人机需要准备多块锂电池以循环使用，电池更换较频繁。

(2)按照旋翼数量分类。

多旋翼植保无人机按旋翼数量可分为三旋翼植保无人机、四旋翼植保无人机、六旋翼植保无人机、八旋翼植保无人机等。

①三旋翼植保无人机。中航天信天敌 2 型三轴植保无人机。鉴于三轴多旋翼平台控制难度较大,市面使用量较少,本书不做过多介绍。

②四旋翼植保无人机。四旋翼植保无人机结构简单、飞行效率高、风压大、风场相对单一、雾滴穿透力强、雾滴分布均匀,因此目前在市场上的多旋翼植保无人机很多产品大都选择四旋翼结构,如天翼合创的 TY5A、极飞科技的 P-20 系列等。但是,四旋翼植保无人机因为旋翼数量较少,大尺寸螺旋桨惯性大,姿态控制较难,所以对飞控的要求较高。

③六旋翼植保无人机。六旋翼植保无人机是在四旋翼植保无人机基础之上增加旋翼数量而形成的设计,可在其中一臂失去动力时依然保持机身平衡与稳定,所以其稳定性高于四旋翼植保无人机。随着旋翼数量的增加,在同样的机身质量下,单个旋翼所形成的风场面积减小,风力也减小,这将加剧多旋翼植保无人机风场的复杂程度,如天翔六旋翼植保无人机翔农。

④八旋翼植保无人机。八旋翼植保无人机根据设备性能不同,最多可实现同时两臂动力缺失而依然能够稳定悬停(两臂不相邻的前提下),更加提升了多旋翼植保无人机的稳定性。动力冗余性的设计是在强调设备稳定性的前提下产生的,将多旋翼植保无人机安全性又提升到一个新的台阶。当然,随着旋翼数量增加,在同样的机身质量下,单个旋翼所形成的风场面积继续减小,风力也再次减小,继续加剧了多旋翼植保无人机风场的复杂程度,也加剧了对雾滴均匀分布、雾滴穿透力的不利影响,这也是安全性设计带来的负面效果。

(3)按照喷头布局方式分类。

目前多旋翼植保无人机常见的喷头布局方式分为两类:一是与旋翼臂采取整体设计的喷洒系统,即喷头-旋翼臂一体化结构,二是一字形喷杆系统。

采用整体设计的喷洒系统的典型机型有大疆 MG-1S、极飞 P-20 等,采用一字形喷杆系统的典型机型有天翼合创 TY5A-Plus 等。

两种设计思路各有利弊,具体如下。

喷头-旋翼臂一体化设计是一种成熟的工业化设计思路,相应产品具有更好的结构统一性。例如,大疆将其植保无人机设计为可折叠式,这极大地方便了存放和搬运,在我国中小板块农田作业的转场过程中为工作人员提供了便利,节省了大量劳动力。但是,这种设计必然造成喷头必须配合旋翼臂的设计尺寸,因此喷头间距较大且无法方便调节喷头间距。为保证不重喷或漏喷,必须对喷洒参数进行精确而苛刻的设置,一旦出现一点误差,就会出现重喷或漏喷的情况。

一字形喷杆结构借鉴了传统自走式喷杆喷雾机的喷洒系统。这种设计一般采用分体式安装方式,造成飞机结构的整体性有所降低,也不便于折叠,不利于搬运。但是,一字形喷洒杆上各喷头间距较小、分布均匀、间距方便调节,适应不同情况需要,保证了喷洒均匀性,不容易出现重喷、漏喷。

总体来说,一字形喷杆式植保无人机喷洒效果优于喷头-旋翼臂一体式,而后者在频繁转场作业的便捷性上具有一定优势。

2. 多旋翼植保无人机的结构与组成

多旋翼植保无人机一般由几部分组成,即机体结构、航电控制系统、动力系统、遥控系统、天地数据链路系统和药剂喷施系统。下面以天翼合创四旋翼植保无人机 TY5A-Plus 为例,详细说明多旋翼植保无人机的结构与组成。

(1)机体结构。

机体结构一般分为机身、悬臂(机身和悬臂可合二为一)、起落架和桨保护设施等。

(2)航电控制系统。

航电控制系统由主控模块、电源模块、GPS 天线(含磁罗盘)、对地雷达和飞行指示灯组成。航电控制系统负责对飞机的姿态、位置、航线进行控制。

(3)动力系统。

动力系统由电池、电子调速器、电机和螺旋桨组成。

根据姿态算法,飞行控制器给电子调速器提供快慢控制信号;电子调速器改变电机和螺旋桨的转速(电机旋转动力来源于动力电池),调整各个旋翼的升力,从而实现控制飞机姿态、飞行、转向等控制功能。

(4)遥控系统。

遥控系统分为地面遥控器和机载接收机。此处以天翼合创 TY5A-Plus 标配的乐迪 AT9S 遥控器为例。

遥控器可控制飞机的前后、左右、上下飞行,也可对飞机的飞行模式进行切换(姿态模式、高度模式、全球卫星导航系统(GNSS)模式、位置模式、自动航线模式)、启动/关闭水泵、强制飞机返航、设置飞行断点及 AB 点打点等。

(5)天地数据链路系统。

天地数据链路系统由电台机载端、地面中继站和地面站等组成,负责地面站与机载飞控之间的数据通信,如上传下载航线、发送控制指令、下传飞行数据等。

(6)药剂喷施系统。

药剂喷施系统由机载药箱、液泵、喷洒管(喷头)、增压泵电源模块和增压泵电子调速模块等组成。

药剂喷施过程是由液泵根据飞控发出的喷施指令驱动液泵,将药剂从机载药箱中抽出并增压后注入喷洒管,通过喷头雾化喷出,喷出的药雾在植保无人机螺旋桨风场的吹动下快速沉降到作物上面。

由于植保无人机喷施的药雾是由螺旋桨风场吹到作物上的,因此施药系统必须与螺旋桨风场协同配合,不合理的搭配很容易造成风压过小、风场紊乱,从而导致雾滴缺乏穿透力、雾滴分布不均匀、重喷漏喷,甚至飘逝,病虫害靶标处雾滴沉积率不达标,严重影响防治效果。

4.4.2 多旋翼植保无人机的流场特性简述

旋翼在高速旋转后,旋翼下方一定范围内会形成一种有一定流速、压力和方向性的气流场,俗称风场。不同的飞行平台,风场差异很大,风场内外的空气流速、风压等差异也很大。

多旋翼的风场极为复杂,目前尚无有效的理论计算和仿真方法,实践中大都采用实际测量的方法研究雾滴分布的均匀性和穿透力。

相对单旋翼而言,多旋翼的风场更为复杂,由于多旋翼的相邻桨需要反向旋转,不同螺旋桨产生的风场相互干扰,因此多旋翼的风场相对单旋翼的风场紊乱。同时,随着旋翼数量的增多,风场会越来越紊乱,风压会越来越小,雾滴分布均匀性、雾滴穿透力、雾滴的沉降率等都会逐渐变差。

通过合理设置多旋翼的旋翼数量、各种飞行参数,可以将多旋翼风场对雾滴分布的影响降低到最小,同样可以达到病虫害防治的目的。目前市面常见的多旋翼机型在实际防治过程中也都取得了非常优秀的成绩。同时,由于多旋翼具有方便简单、易学易用、维修费用低等特有的优势,因此在近几年的实际工作中,多旋翼植保无人机是用户使用最多的机型。

4.4.3　多旋翼植保无人机的应用

1. 粮食类作物

多旋翼植保无人机可用于小麦、水稻、土豆等大田作物,亦可用于高粱、玉米等高秆作物。

2. 经济作物

多旋翼植保无人机在大豆、棉花、番薯、油菜花等经济作物上也有良好的作业效果。

3. 部分果树

多旋翼植保无人机因拥有多个旋翼,所以其下压风场效果较弱。在果树作业时,应降低速度与高度,以提高穿透性。在作业对象的选择上,尽量选择冠层相对较薄的果树,如蜜桃等。

4.4.4　多旋翼植保无人机的维护与保养

1. 遥控器使用注意事项及故障处理

(1)遥控器使用注意事项。

①遥控器需定时擦拭,以保持清洁。

②由于植保无人机作业时遥控器会有所污染,因此使用时要避免水、药液进入遥控器。

③运输时应将天线折叠,避免天线折断。

④在水田作业时,如突然发生摔跤等情况,应尽量将遥控器托起,避免遥控器进水报废。

(2)遥控器故障处理要点。

①如遇摇杆未在中立点,需对摇杆进行校正。

②飞行之前必须对遥控器的摇杆模式做到心中有数，避免摇杆模式错误。

摇杆模式错误将导致无人机产生撞机、侧翻等风险，在更改摇杆模式后，需养成压杆确认摇杆模式无误再起飞的良好习惯。

2. 机身使用和维护注意事项

(1)搬抬植保无人机时，应抬大臂而非小臂，否则将有可能损害机身。

(2)套筒旋紧时适度即可，不可过紧，否则将有可能造成套筒破裂及难以旋开。

(3)机身内部有精密电子部件，清洁机身时应以湿抹布进行，切不可用水流直接对机身进行冲洗。

(4)定时清理机身进气口过滤网，保证内外气流流动顺畅。清理频率依作业环境清洁度、工作频率而定，建议一季度清理一次。

(5)各关键部位螺丝必须锁紧，并且需打螺丝胶。螺丝胶可以保证螺丝紧固而不发生松动。根据使用频率选择不同强度的螺丝胶。

(6)生锈、打滑的螺丝必须及时更换，否则后续有可能导致故障螺丝无法取出。

3. 无刷电机的使用注意事项和常见问题

(1)无刷电机使用注意事项。

农业植保无人机电机工作环境恶劣，水雾、药液、农药附着是其损坏的首要因素，所以应做到以下几点。

①每天作业完毕后用湿抹布清洁电机外表，去除农药附着。

②不可用流水或水管直接冲洗电机，以免电机内部进水损坏。

③定时检查电机动平衡是否良好。

(2)无刷电机常见问题。

①电机进水、进液导致电机损坏。

表现：轴承损坏，电机旋转有杂音，阻力较大。

②电机发生过撞击，动平衡破坏。

表现：卸掉螺旋桨之后，电机旋转产生的振动明显大于正常电机。

③电机转向错误。

表现：无人机一起飞就侧翻或起飞后在空中高速旋转。

电机与电调三根动力线的焊接顺序决定了电机转向，所以拆卸电机时请注意颜色顺序，如果发现电机旋转的方向与需要的不一致，调换无刷电机的任意两根线即可。

4. 无刷电调使用注意事项

电调在机身内部，需注意的主要是不能进水，不能用水管直接冲洗电调，下雨天应避免飞行。如果在进水情况下接电，电调有可能烧毁，导致电机不能正常旋转。如果在平常工作中不小心导致电调进水，应以吹风机烘干电调再测试飞行。

5. 螺旋桨的维护与保养

螺旋桨是农业植保无人机消耗最快的配件，在大部分的飞行事故中都有可能发生螺旋桨断裂和破损。

(1)螺旋桨注意事项。

①如果是折叠螺旋桨,一定要成对更换,不可只换单边螺旋桨,否则有可能导致机身振动过大。

②螺旋桨有一定使用年限,若发现螺旋桨材料有变形、发脆、裂纹等情况,一定要提前主动更换。

③螺旋桨发生断裂或破损必须更换,包括一些细小的裂缝都应及时检查。

④安装螺旋桨时,必须没有水平与垂直方向上的松动,如有松动,可能造成飞行不稳定。

⑤作业完毕必须清理农药残留,否则农药附着有可能腐蚀螺旋桨,造成螺旋桨寿命变短、效率降低。

(2)螺旋桨相关故障。

①正反桨弄混。螺旋桨及机臂上都会标注CW/CCW属性,螺旋桨与机臂属性需吻合。

表现:无人机未起飞就侧翻,或者空中自旋,螺旋桨CW与CCW属性必须与其安装位置符合。

②螺旋桨残缺时仍然使用。

表现:无人机振动加大,影响无人机安全。

③存在垂直方向及上下方向的晃动。

表现:桨叶可轻易发生水平方向晃动。

6. 锂电池的维护与保养

锂电池需求数量大、使用频率高、产品价值高,并且锂电池是较为“娇嫩”的电池类型,所以其维护与保养极为重要。

(1)植保无人机锂电池注意事项。

①不过放。锂电池使用过程中,放电末期的电压拐点过后,电压会直线下降,极易造成过放,轻则损伤电池,重则因电压太低而造成炸机。有些飞手配置电池数量较少,为增加飞行时间,每次飞行电池都会存在过放现象,这样使用会严重缩短电池寿命。要严格按照要求使用电池,当飞行器低电量报警时,应尽快降落。

②不过充。锂电池过充,影响电池寿命,有时甚至导致爆炸起火。需选用专业智能平衡充电器,按规定电流充电,并定期对充电器进行检查,这样才能更好、更快捷地对电池进行充电。应定期检查电池组单片电芯电压,确保电池组电压平衡。

③长时间储存,不宜满电。锂电池长时间满电状态下储存,可能存在电池胀气的风险,甚至可能导致电池报废。如果3个月内不使用电池,应将电池充放电一次后继续保存,这样可延长电池寿命。

④安全放置。锂电池需轻拿轻放。电池的外防护膜是防止电池爆炸和漏液起火的重要结构,外防护膜破损将会直接导致电池起火或爆炸。安装电池时,要固定牢固。

存储环境温度需适宜,不宜过热过冷,最好为10~25 ℃且干燥、无腐蚀性气体。极端温度会影响电池的性能和寿命,充电前应检查使用过的电池是否已经冷却,不要在寒冷的车库、地下室、阳光直射下或热源附近充放电。

⑤锂电池安全运输。锂电池最怕磕碰和摩擦。运输时磕碰，可能引起电池外部均衡线短路，导致电池打火或者起火爆炸。运输过程中，需给每个电池单独套袋，置于防爆箱内。农药与电池应分开存放。

⑥正确保养锂电池。定期检查电池主体、把手、线材、电源插头，检查其外观是否受损、变形、腐蚀、变色、破皮，以及插头与飞机的接插口是否过松。每次作业结束，须用干布擦拭电池表面及电源插头，确保没有农药残留，以免腐蚀电池。飞行结束后电池温度较高，需等飞行电池温度降至 40 ℃以下后再对其进行充电（飞行电池充电最佳温度范围为 5~40 ℃）。作业结束后，建议对电池进行慢充。

夏天，从户外高温放电后或高温下取回电池最好不要立即充电，待电池表面温度下降至室温后再对其充电，这样可以大幅提高电池的寿命周期。夏季气温较高，最好不要将电池暴晒在阳光下。

冬天，放电后对电池采取有效的保温措施（如使用保温箱保存），以确保电池的温度保持在 5 ℃以上，低温环境下电池的续航时间会明显缩短。出现低电量报警后，需立即返回降落。

⑦植保无人机电池应急处置。锂电池在充电站起火时，首先应切断设备电源，用石棉手套或火钳摘下充电站架上燃烧的锂电池，隔置于地面或消防沙桶中，用石棉毯盖住地面上锂电池燃烧的火苗，并用消防沙掩埋石棉毯以隔绝空气。若需将使用殆尽的电池报废，应用盐水将其完全浸泡 72 h 以上，确保完全放电后再进行晾干报废。

切忌用干粉灭火，因为对于固体金属化学火灾，干粉方式需要大量粉尘覆盖，且对设备有腐蚀作用，污染空间。二氧化碳不污染空间和腐蚀机器，但只能达到对火苗瞬间抑制作用，需用沙石、石棉毯配合使用。

第一时间发现者应尽快扑救，同时用通信工具通知其他人员增援，最大限度地减少财产损失和人员伤害。

（2）植保无人机锂电池相关故障。

①长期满电压存储，锂电池将会鼓包、膨胀，满电时间越长，对电池的损坏也就越大。

②电池跌落，锂电池内部电芯将有可能发生短路，严重时将造成自燃。

③电池插头打火，金属插头变黑，将使插头发热量增加，严重时将造成无人机故障。

7. 插头连接件的维护与保养

插头是无人机与电池进行连接的必备配件，其工作频率非常高，且对整个农业植保无人机系统非常重要，所以必须明确其注意事项。

（1）无人机插头与电池插头连接时会产生打火现象，打火会造成插头的铜金属氧化，金属部分发黑，从而导致插头发热量增加，造成飞行隐患。

（2）若无人机一端的插头经过长久使用已经发黑，则必须立即予以更换。无人机端的插头如果氧化严重，将会加速电池端插头的氧化速度，所以为方便更换插头，部分植保无人机的插头设计为非焊接形式。

(3)插头连接时,必须完整插入,否则将会使插头发热,影响飞行安全。

(4)长期不良插拔有可能造成插头变形、外径变小,从而导致发热量迅速增加,插头熔化。

(5)避免水及药液进入电池平衡插头,应保持平衡插头无农药腐蚀,否则将有可能导致平衡插头短路乃至电池烧毁。

8. 喷雾系统的维护与保养

喷雾系统包括药箱、水泵、水管、滤网和喷头等。喷雾系统是农业植保无人机发挥具体功能的部件,会接触到农药及有农药残留,所以其维护频率最高。

(1)药箱使用维护。

①每天作业完毕应向药箱灌入清水,开启水泵,以冲洗整个喷雾系统。

②不同使用类型的药剂,一定要注意避免药箱混用。例如,用打过除草剂的药箱来打杀虫剂,很有可能会对当前作物造成药害。如果确实需使用用过除草剂的药箱来进行其他作业,应将药箱底部积垢彻底清除干净并将药箱倒入清水反复冲洗。

(2)水泵使用维护。

①禁止水泵长时间空载高速运转,否则会影响水泵使用寿命。

②禁止水泵内部进入杂质,因此务必保证水泵进液口配有过滤网。

(3)喷头及滤网使用维护。

①避免使用粉剂及高浓度乳油,以免滤网及喷头堵塞。

②每天作业完毕应对滤网进行清理,清除农药残留。定时将喷头及滤网放入水中进行浸泡,以使喷头及滤网工作在良好状态。长期使用但未清洗的喷头滤网的杂质会导致喷头堵塞。

(4)喷头及滤网可能发生的故障。

①喷头或滤网堵塞,无法喷出药液。解决此问题的关键是要保证在水基化药剂的前提下定时清理喷头及滤网。清理喷嘴应使用牙刷或其他毛刷,禁止使用高强度的金属物体来清理,否则将有可能导致喷嘴磨损。

②喷头堵塞导致药管破损。发生此类问题的原因主要是喷头堵塞导致管内压力迅速增大,以及药管因为农药腐蚀而变得更为脆弱。实际工作中若发现喷头堵塞,应及时清理,不可带病作业。

【项目评价】

项目学习完成后,进行项目检查与评价,检查评价单见表 4-3。

表 4-3　检查评价单

评价内容与评价标准				
序号	评价内容	评价标准	分值	得分
1	知识运用(20%)	掌握相关理论知识,理解本次任务要求,制订了详细计划,且计划条理清晰、逻辑正确(20 分)	20 分	

续表 4-3

评价内容与评价标准				
序号	评价内容	评价标准	分值	得分
1	知识运用（20%）	理解相关理论知识，能根据本次任务要求制订合理计划（15 分）	20 分	
		了解相关理论知识，制订了计划（10 分）		
		没有制订计划（0 分）		
2	专业技能（40%）	能够掌握植保无人机的构造与原理及分类（40 分）	40 分	
		能够了解植保无人直升机的构造（30 分）		
		没有完成任务（0 分）		
		具有良好的自主学习能力、分析并解决问题的能力，整个任务过程中有指导他人（20 分）		
3	核心素养（20%）	具有较好的学习能力、分析并解决问题的能力，整个任务过程中没有指导他人（20 分）	20 分	
		能够主动学习并收集信息，具有请教他人以解决问题的能力（10 分）		
		不主动学习（0 分）		
		设备无损坏、设备摆放整齐、工位保持整洁、没有干扰课堂秩序（20 分）		
4	课堂纪律（20%）	设备无损坏、没有干扰课堂秩序（20 分）	20 分	
		没有干扰课堂秩序（10 分）		
		干扰课堂秩序（0 分）		

【项目小结】

通过本项目的学习，了解植保无人机的构造与原理及分类，识别常见病虫害及了解其化学防治。本项目重点学习了植保无人直升机的构造、分类、维护和保养，以及多旋翼植保无人机的构造、分类、维护和保养。

【能力提高】

一、填空题

1. 电动直升机植保无人机是在油动直升机的基础上解决了发动机寿命过短、调试困难等因素而产生的新型直升机，采用________和锂电池作为动力，使电动机的使用寿命及效率大大提高。

2. 多旋翼植保无人机按照气动布局分类，可分为________形和十字形。

3. 药箱设计的关键是要防止________，因为在植保无人机喷洒过程中，无人机稳定的飞行状态是喷洒均匀的关键。

4. 低空喷雾作业中最需要完善的问题是提升药液的________，从而降低雾滴飘移，这样就能够大大提升雾滴于作物中的穿透性,还可以提高叶面沉积率,进一步提升农药的利用率。

5. ________广泛分布于我国各小麦主产区,尤以江苏、安徽、山东、河南、河北、陕西、湖北及四川等省份的麦区发生普遍且为害严重。

二、选择题

1. 直升机植保无人机产品在初级阶段一直是以油动发动机为动力,具备续航时间长、载重较大的优点(相对电动多旋翼无人机)。但是,其使用的发动机多为航模领域的发动机,存在着调试困难、寿命较短的特点,其发动机寿命往往只有(　　)h 左右。

A. 100　　B. 200　　C. 300　　D. 400

2. 电动植保无人机具有环保、结构简单、易于操作和维护、无废气、无污染、售价低、使用寿命长等优点,可以适应较高海拔作业,目前测试的结果是在海拔(　　)m 可以正常作业。

A. 3 500　　B. 4 500　　C. 5 000　　D. 5 500

3 压力喷头的原理是通过压力泵对药液施加一定的压力,使药液在通过喷嘴时在压力作用下破碎成细小液滴,药液的雾滴直径一般在(　　)~120 μm,主要受喷嘴压力及孔径的影响。

A. 40　　B. 50　　C. 60　　D. 70

4. 正螺矩是指旋翼片的螺矩角为(　　)以上的角度。

A. 0°　　B. 10°　　C. 20°　　D. 30°

5. 在进行植保无人直升机合器维护和保养时需要注意甩块每工作(　　)h,使用砂纸打磨离合片表面并清理干净,检查离合器片,再装入离合罩杯。

A. 50　　B. 55　　C. 60　　D. 65

三、思考题

1. 简述植保无人直升机的概念,按照不同的分类依据可以分为哪些植保无人直升机。

2. 简述多旋翼植保无人机的性能特点。

3. 小麦锈病有哪几种,如何区别和防治?

4. 简述麦田禾本科杂草和阔叶杂草的防治药剂。

5. 如何区分玉米大小叶斑病,怎样进行防治?

6. 概述植保无人直升机的种类及其结构与组成。

7. 概述多旋翼植保无人机的维护与保养主要内容。

项目 4 测试

项目 5　5G 网联无人机

【情景导入】

5G 网络的作用主要是让无人机管理从信息“孤岛”走向统一管控平台、全过程联网。5G 网联无人机应用的产业生态在无人机应用场景和通信需求、终端通信能力、无线电技术等方面也已基本成熟。5G 为网联无人机带来全新体验,其业务应用涉及监管方案、充电机制、安全防护等方面,为 5G 网联无人机的发展提供了有力支撑。接入移动通信网络的 5G 网联无人机可以保证无人机超高清图传、远程低时延控制,从而实现设备的监管、航线的规范、效率的提升,这将大大促进低空空域的合理利用,大大扩展无人机的应用场景,并产生巨大经济价值。

5G 网联无人机
基础设施

【知识目标】

1. 学习与 5G 网联无人机相关的基础知识。

2. 掌握 5G 网联无人机应用场景。

【能力目标】

1. 掌握通信与移动通信技术基础知识。

2. 掌握无人机救援的特点。

【思政及素质目标】

1. 培养学生有效沟通和表达的能力,包括口头、书面和非言语沟通的能力,以及团队合作和协作的能力。

2. 培养学生获取、评估、组织和利用信息的能力,包括信息搜索、信息筛选、信息整合和信息创新的能力。

【学习路径】

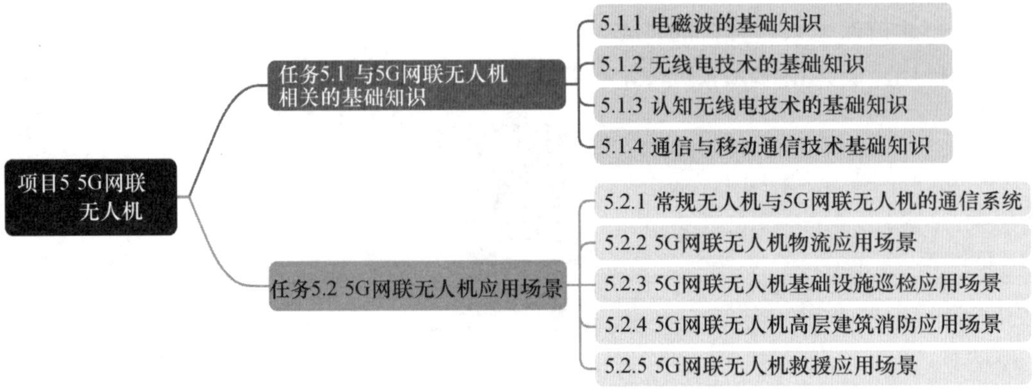

任务5.1　与5G网联无人机相关的基础知识

5.1.1　电磁波的基础知识

电磁波是电磁场的一种运动形态。电与磁可以说是一体两面,变化的电场会产生磁场(即电流会产生磁场),变化的磁场则会产生电场。变化的电场和变化的磁场构成了一个不可分离的统一的场,即电磁场。而变化的电磁场在空间的传播形成了电磁波,电磁的变动就如同微风轻拂水面产生水波一般,因此称为电磁波,也常称为电波。

电磁波的基础知识

1. 电磁波的基本概念

(1)电磁波的定义。

电磁波是指既有电场特性,也具有磁属性的波,它是由相同且互相垂直的电场与磁场在空间中衍生发射的震荡粒子波,是以波动的形式传播的电磁场,具有波粒二象性(图5-1)。电磁波是由同相振荡且互相垂直的电场与磁场在空间中以波的形式移动,其传播方向垂直于电场与磁场构成的平面。电磁波在真空中速率固定,速度为光速。从科学的角度来说,电磁波是能量的一种,凡是高于绝对零度的物体都会释放电磁波,且温度越高,放出的电磁波波长就越短。电磁场是物质的特殊形式,它具有一般物质的主要属性,如质量、能量、动量等。客观上永远存在着与观察条件无关的统一的电磁场,把它分成电场和磁场两部分是相对的,是与实验条件有关的。

在实际生活中,正像人们一直生活在空气中而眼睛却看不见空气一样,除光波外,人们也看不见无处不在的电磁波。电磁波是振荡电路产生的向远处传播的电场和磁场叠加的波,具体表现为这种波既能够被电场接收器接收,也能够被磁场接收器接收。例如,人们通常使用的无线电波和能够被电视机接收的调频波都是电磁波。接收器同样也是一个电路,通过各种元件将电磁波转化成其他物质形式,如声音、视频等。接收器所接受的无线电波有中波、长波、短波和电视调频波等不同类型的电磁波,它们之间的区别只是频率不一样而已,其波的属性应该是一样的。

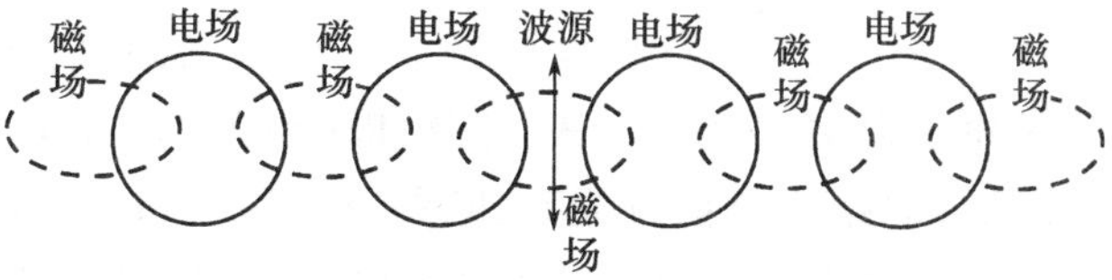

图5-1　电磁波

(2)与波相关的基本概念。

电磁波的电场(或磁场)随时间变化,具有周期性。在一个振荡周期中传播的距离称为波长,振荡周期的倒数即每秒钟振动(变化)的次数称为频率。

①波。波是振动在物质中传播能量的一种形式,人们常见的波有机械波(如声波、

水波)、电磁波(无线电波、宇宙射线、光波)等。

②正弦波。正弦波(又称简谐振动)可以用正弦或余弦函数表示。正弦波是频率成分最为单一的一种信号,这种信号的波形是数学上的正弦曲线。对于一个正弦量来说,如果幅值、频率、初相位确定了,那么这个正弦量就完全确定了。幅值、频率(与周期是倒数关系)、初相位称为正弦波的三要素。

③波长。沿着波的传播方向,两个相邻的同相位质点间的距离称为波长。波长是指波动媒质中,任意两个相位差为 2π 的质点之间的距离。在质点振动的一个周期内,振动状态传播的距离恰是一个波长。波长反映了波在空间上的周期性。

④波速。单位时间内波形传播的距离称为波速,通常以 c 表示,单位是 m/s。声波在空气中传播的速度为 340 m/s(温度为 150 ℃,温度升高时略有增加)。真空下的电磁波波速为 299 792. 458 km/s,近似为 300 000 km/s,而在任何介质中电磁波的波速均小于这一数值。

(3)电磁波的性质。

电磁波频率低时,主要借由有形的导电体(如电线、电缆等)才能传递。其原因是在低频的电振荡中,磁电之间的相互变化比较缓慢,其能量几乎全部返回原电路而没有能量辐射出去,电磁波频率高时既可以在自由空间内传递,也可以束缚在有形的导电体内传递。在自由空间内传递的原因是在高频率的电振荡中,磁电相互交变甚快,能量不可能全部返回原振荡电路,于是电能、磁能随着电场与磁场的周期变化以电磁波的形式向空间传播出去,不需要介质也能向外传递能量,这就是一种辐射。举例来说,太阳与地球之间的距离非常遥远,但在户外时,仍然能感受到和煦阳光的光与热,这就与“电磁辐射借由辐射现象传递能量”的原理一样。电磁波的性质主要有以下几点。

①电磁波为横波。电磁波的磁场、电场及其行进方向三者互相垂直,因此电磁波是横波。振幅沿传播方向的垂直方向做周期性交变,其强度与距离的平方成反比,电磁波本身带动能量,任何位置的能量功率与振幅的平方成正比。当其能阶跃迁过辐射临界点时,便以光的形式向外辐射,此阶段波体为光子,太阳光是电磁波的一种可见的辐射形态。

利用电磁波进行通信的设备都是靠振荡电路产生电磁波的,振荡电路是一种可以产生一定频率的振荡电流的电路。经过相应的处理,最后利用天线来发射电磁波。

②电磁场的场源随时间变化时,其电场与磁场互相激励导致电磁场的运动而形成电磁波,其速度等于光速 c(3×10^8 m/s)。在空间传播的电磁波,距离最近的电场(磁场)强度方向相同,其量值最大两点之间的距离是电磁波的波长 λ(单位为 m)。电磁每秒变动的次数是频率 f(单位为 Hz)。波长与频率的乘积就是每秒钟传播的距离,即波速 c。

③电磁波的传播不需要介质,同频率的电磁波在不同介质中的传播速度不同。不同频率的电磁波,在同一种介质中传播时,频率越大折射率越大,速度越小。且电磁波只有在同种均匀介质中才能沿直线传播,若同一种介质是不均匀的,则电磁波在其中的折射率是不一样的,在这样的介质中是沿曲线传播的。通过不同介质时,会发生折射、反射、衍射、散射及吸收等。电磁波的传播有沿地面传播的地面波,还有从空中传播的

空中波及天波。波长越长,其衰减越少。电磁波的波长越长,越容易绕过障碍物继续传播。机械波和电磁波都能发生折射、反射、衍射、干涉,因为所有的波都具有波动性。衍射、折射、反射、干涉都属于波动性。

④频率是电磁波的重要特性。按照频率的顺序把这些电磁波排列起来,就是电磁波谱。把每个波段的频率由低至高依次排列为无线电波、微波、红外线、可见光、紫外线、X 射线及 γ 射线。通常意义上,有电磁辐射特性的电磁波是无线电波、微波、红外线、可见光、紫外线,而 X 射线及 γ 射线通常被认为是放射性辐射特性的。

⑤可见光。人眼可接收到的电磁波称为可见光(波长为 380~780 nm)。电磁辐射量与温度有关,通常高于绝对零度的物质或粒子都有电磁辐射,温度越高,辐射量越大,但大多不能被肉眼观察到。

2. 电磁波谱、辐射和污染

(1)电磁波谱。

以任何一种形式展示电磁辐射强度与波长之间的关系称为波谱。电磁波谱是按照波长或频率的顺序把电磁波段排列起来形成的关系序列。

如果把每个波段的频率由低至高依次排列,则顺序是工频电磁波、无线电波(简称“电波”,分为长波、中波、短波、微波)、红外线、可见光、紫外线、X 射线及 γ 射线。以无线电的波长最长,宇宙射线(X 射线、γ 射线和波长更短的射线)的波长最短。电波和光波都属于电磁波。

很显然,整个电磁波谱包含从无线电波到宇宙射线的各种波、光和射线的集合。意大利人马可尼在 1895 年进行了无线电通信试验,在此后的 100 年间,从 3 kHz 直到 3 000 GHz 频谱被认识、开发和逐步利用。根据不同的传播特性和不同的使用业务对整个无线电频谱进行划分,共分为甚低频(VLF)、低频(LF)、中频(MF)、高频(HF)、甚高频(VHF)、特高频(UHF)、超高频(SHF)、极高频(EHF)和至高频等九段,对应的波段为甚(超)长波、长波、中波、短波、米波、分米波、厘米波、毫米波和丝米波(后四种统称为微波)。

电磁波的功能特性是由它的频率决定的。不同频率的电磁波有不同的属性特点,从而有不同的用途。例如,无线电广播和电视都是利用电磁波来进行的。在无线电广播中,人们先将声音信号转变为电信号,然后将这些信号由高频振荡的电磁波带着向周围空间传播,在另一地点,人们利用接收机接收到这些电磁波后,又将其中的电信号还原成声音信号,这就是无线广播的大致过程。而在电视中,除要像无线广播中那样处理声音信号外,还要将图像的光信号转变为电信号,然后也将这两种信号一起由高频振荡的电磁波带着向周围空间传播,而电视接收机接收到这些电磁波后又将其中的电信号还原成声音信号和光信号,从而显示出电视的画面和喇叭里的声音。无线电广播利用的电磁波的频率很高,范围也非常大,而电视所利用的电磁波的频率则更高,范围也更大。

电磁波还应用于手机通信、卫星信号、导航、遥控、定位、家电、红外波、工业、医疗器械等方面。例如,微波用于微波炉;红外线用于遥控、热成像仪、红外制导导弹等;可见光是大部分生物用来观察事物的基础;紫外线用于医用消毒、验证假钞、测量距离、工程上的探伤等;X 射线用于 CT 照相;高频的 γ 射线具有很大的杀伤力,可以用来治疗肿瘤等。

(2)电磁辐射。

电磁辐射是由空间共同移送的电能量和磁能量组成的,而该能量是由电荷移动产生的。电磁辐射是物质内部原子、分子处于运动状态的一种外在表现形式,是传递能量的一种方式。广义的电磁辐射通常是指电磁波频谱,狭义的电磁辐射是指电器设备所产生的辐射波,通常是指红外线以下部分。

电磁辐射是以一种看不见、摸不着的特殊形态存在的物质。人类生存的地球本身就是一个大磁场,它表面的热辐射和雷电都可产生电磁辐射,太阳及其他星球也从外层空间源源不断地产生电磁辐射。围绕在人类身边的天然磁场、太阳光、家用电器等都会发出强度不同的辐射。

电磁辐射有一个电场和磁场分量的振荡,分别在两个相互垂直的方向传播能量。电磁辐射所衍生的能量取决于频率的高低,频率越高,能量越大。频率极高的 X 射线和 γ 射线可产生较大的能量,超剂量的照射能够破坏构成人体组织的分子。射频装置的电磁能量属于频谱中频率较低的那一端,不能破解把分子紧扣在一起的化学键,故被列为“非电离”辐射。人体内外均布满了由天然和人造辐射源发出的电能量和磁能量,闪电便是天然辐射源的例子之一。人造辐射源则包括手机、微波炉、收音机、电视广播发射机和卫星通信装置等。

(3)电磁污染。

电磁污染又称射频辐射污染,以电磁场的场力为特征,并与电磁波的性质、功率、密度及频率等因素密切相关。由于电子技术的广泛应用,因此无线电广播、移动电话、电视及微波技术等迅速发展和普及,射频设备的功率成倍提高,地面上的电磁辐射大幅度增加,已达到可以直接威胁人体健康的程度。电磁污染是一种无形的污染,其给人类社会带来的影响已引起世界各国重视,被列为环境保护项目之一。

5.1.2 无线电技术的基础知识

无线电技术最早应用于航海中,使用摩斯电报在船与陆地间传递信息。随着科学技术的飞速发展,人类社会生活发生了翻天覆地的变化。特别是在通信和传输领域,从有线电报到无线电报,从有线电视到无线卫星电视,再从有线固定电话到无线的移动电话,以及无线网络技术的应用,这些科技手段的使用都离不开无线电技术。无线电波作为电磁波大家族中的重要一员,在目前的通信领域被广泛应用着。

无线电技术的基础知识

1. 无线电技术的基本概念

(1)无线电技术的定义。

无线电又称无线电波、射频电波、电波或射频,是指在自由空间(包括空气和真空)传播的电磁波,频率范围为 300 GHz 以下,对应的波长范围为 1 mm 以上。与其他电磁波一样,无线电波以光速前进。也就是说,无线电波是电磁波的一种,光波也是电磁波。电磁波与无线电波的关系是电磁波包含无线电波。无线电波和光波实际上都是电磁波,只是波长不同而已。

无线电技术是通过无线电波传播信号的技术,是一门专门研究利用无线电波传送各种信息的技术学科。无线电技术的原理在于导体中电流强弱的改变会产生无线电波。利用这一现象,通过调制可将信息加载于无线电波之上。当电波通过空间传播到达收信端时,电波引起的电磁场变化又会在导体中产生电流。通过解调将信息从电流变化中提取出来,就达到了信息传递的目的。

经由闪电或天文物体可以产生自然的无线电波,由人工产生的无线电波被应用在无线通信、广播、雷达、通信卫星、导航系统和电脑网络上。无线电发射机借助交流电,经过振荡器变成高频率交流电,产生电磁场,而经由电磁场可产生无线电波。无线电波像磁铁,有同性相斥、异性相吸的现象。同类电子会互相排斥,因此当无线电波射出时,会将前方电波往前推,当连续电波一直射出来时,电波就会在空气中传播。

(2)无线电波的发射。

进行无线电通信,首先要发射无线电波。无线电波发射机中有一个被称为振荡器的重要部件,它能产生频率很高的交变电流,高频交变电流流经天线时,在空间产生高频率的电磁场。由于这个电磁场在做周期性的变化,在周围又产生新的电磁场,因此这种交替变化的磁场和电场通过天线发射出去,就会不断地向四周辐射,从而产生无线电波。

无线电波不仅可以传递声音,还可以传递图像。振荡器产生的高频交变电流是用来携带声音、图像等信息的,称为载波。把要传递的信息加到载波上并发射出去,信息就可以传到远方。把信息加到载波上,就是使载波随信号而改变,这种技术称为调制。调制的方式有两种:一种是常见的使高频载波的振幅随信号改变,这种方式称为调幅,中波和短波波段的无线电广播使用的就是调幅方式,在微波波段,电视广播的图像信号也使用调幅方式;另一种是使高频载波的频率随信号改变,这种调制的方式称为调频,调频的振幅不变,抗干扰的能力较强,传递过程中的失真较小,但调频接收机的结构比调幅机复杂,服务半径也较小。

无线电波能比较容易地通过天线发射出去,其天线与电波的波长有一定的关系。无线电发射机通过天线能有效地发射至空间的电磁波的频率,统称为射频。若频率太低,则发射的有效性很低,故习惯上所称的射频是指 100 kHz 以上的频率。频率越低,发射天线就越庞大。像手机这样发射频率很高的无线电波,天线就很小,通常做在机内。

(3)无线电波的接收。

在人们的现实生活中,每天都被各种各样的电磁波包围着,无论走到何处,周围总是存在着数也数不清的电磁波。例如,世界上有许多电台、电视台,它们每时每刻都在发射电磁波(无线电波)。当人们接收无线电广播时,首先要从众多的电磁波中把自己需要的选出来。人们转动收音机的旋钮选择电台,实际上是在选择自己需要的电磁波,这在技术上称为调谐。

经过调谐,接收机得到的是带有信息标记的高频电流。这种高频信号电流还不是所需的信号本身。要得到所需的声音、图像信息,必须从高频信号电流中把它们“取”出来,这个过程称为解调。通过解调得到的信号还要经过放大。如果传递的是声音信息,可以使用扬声器发出声音;如果传递的是图像信息,可以使用显像管显示图像。

2. 无线电波传播的方式、特点和分类

(1)无线电波传播的方式。

对于日常生活中的实际传播环境,由于地面存在各种各样的物体,因此无线电波的传播有直射、反射、绕射(衍射)、散射和穿透等五种传播方式。

①直射。直射在视距内可以看作无线电波在自由空间中传播。无线电波在自由空间中传播时,由于没有阻挡,因此只有直射,不存在其他方式。

②反射。在电磁波传播过程中遇到障碍物,当这个障碍物的尺寸远大于电磁波的波长时,电磁波在不同介质的交界处会发生反射和折射。另外,障碍物的介质属性也会对反射产生影响。对于良导体,反射不会带来衰减;对于绝缘体,它只反射入射能量的一部分,剩下的被折射入新的介质继续传播;而对于非理想介质,电磁波贯穿介质,即穿透时,介质会吸收电磁波的能量,产生贯穿衰落。穿透损耗的大小不仅与电磁波频率有关,而且与穿透物体的材料和尺寸有关。

一般室内的无线电波信号是穿透分量与绕射分量的叠加,而绕射分量占绝大部分。因此,总的来看,高频信号(如 1 800 MHz)的室内外电平差比低频信号(800 MHz)的室内外电平差要大,并且低频信号进入室内后,由于穿透能力差一些,因此在室内进行各种反射后场强分布更均匀,而高频信号穿透进入室内后,部分又穿透出去了,室内信号分布就不太均匀,也就使用户感觉信号波动大。

③绕射(衍射)。在电磁波传播过程中遇到障碍物,这个障碍物的尺寸与电磁波的波长接近时,电磁波可以从该物体的边缘绕射过去。绕射可以帮助进行阴影区域的覆盖。

④散射。在电磁波传播过程中遇到障碍物,这个障碍物的尺寸小于电磁波的波长,并且单位体积内这种障碍物的数目非常巨大时,会发生散射。散射发生在粗糙物体、小物体或其他不规则物体表面,如树叶、街道标识和灯柱等。

⑤穿透。对于室内用户,还有一部分信号来源于无线电波对建筑的穿透。

(2)无线电波传播的特点。

①传播环境的复杂性。无线电波传播路径总是受到地形及人为环境的影响,使得接收到的信号产生大量的散射、反射或叠加。传播环境的复杂性体现在地形、建筑物、噪声干扰的多样性。例如,周围有树林的地形,树叶会造成无线电波大量的散射。而对于城市环境,由街道两旁的高大建筑导致的波导效应使得街道上沿着传播方向的信号增强,垂直于传播方向的信号减弱,二者相差可达 10 dB 左右。另外,机动车的点火噪声、电力线噪声、工业噪声等人为噪声都会对接收信号造成干扰。

②移动终端的随机移动性。移动终端总是在移动,即使移动终端不动,周围环境也一直在变化,如人、车的移动,风吹动树叶等,使得基站与移动终端之间的传播路径不断

发生变化,并且移动终端相对基站的移动方向和移动速度的变化都会导致信号电平的变化,只能用随机过程的概率分布来描述。

③传播的开放性。无线电波传播空间的开放性导致空间干扰现象严重,比较常见的有同频干扰、邻频干扰、互调干扰等。随着频率复用系数的提高,同频和邻频干扰将成为主要干扰。

(3)无线电波传播的分类。

无线电波自发射地点到接收地点主要有地波、天波、空间直线波、散射传播、波导传播等几种传播类型(图 5-2)。各种类型特性如下。

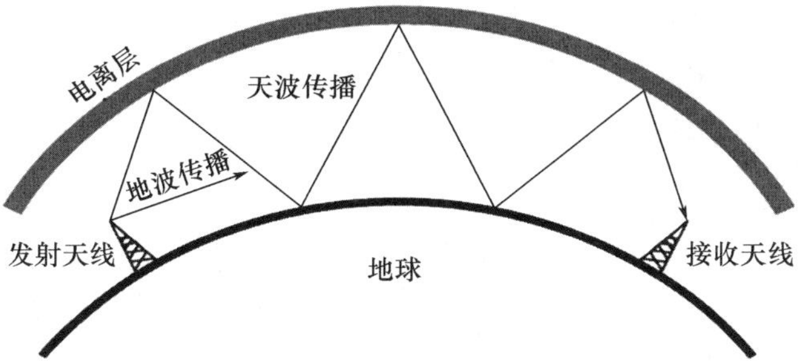

图 5-2 无线电波传播途径

①地波。沿着地球表面传播的电波称为地波。在传播过程中,电波受到地面的吸收,其传播距离不远。频率越高,地面吸收越大,因此短波、超短波沿地面传播时,距离较近,一般不超过 100 km,而中波传播距离相对较远。其优点是受气候影响较小,信号稳定,通信可靠性高。

②天波。靠大气层中的电离层反射传播的电波称为天波,又称电离层反射波。发射的电波是经距地面 70~80 km 以上的电离层反射后至接收地点,其传播距离较远,一般在 1 000 km 以上。其缺点是受电离层气候影响较大,传播信号很不稳定。短波频段是天波传播的最佳频段,渔业船舶配备的短波单边带电台就是利用天波传播方式进行远距离通信的设备。

③空间直线波。在空间由发射地点向接收地点直线传播的电波称为空间直线电波,又称直线波或视距波,传播距离为视距范围,仅为数十千米。由于地球是球形的,因此受地球曲率半径的影响,视距传播存在一个极限距离,该极限距离受发射天线高度、接收天线高度和地球半径的影响。这种传播方式主要用于米波(甚高频)至微波(超高频)波段。

④散射传播。无线电波经过对流层或电离层中的不均匀分布介质而散射至接收点,这种传播方式称为散射传播。它适用的波段与视距传播的基本相同,但距离远得多(如电离层散射可达 2 000 km)。因此,对地面通信来说,它是超视距传播。

⑤波导传播。在分层介质中,层与层之间可能存在着类似于金属波导管内的传播方式,称为波导传播。这种波导是自然条件下存在的波导,或其他不是用来专门传播电波的波导(如地下的坑道)。目前已得到实际应用的波导传播为电离层与地面之间的长波和超长波传播,以及地下坑道中的超短波传播等。

5.1.3 认知无线电技术的基础知识

认知无线电技术
的基础知识

随着科技的发展和社会的不断进步,如今无线通信技术发展的越来越火热,在无线电技术日益普及的情况下,用户对无线电的需求越来越多。面临频谱资源变得越来越少的问题,现有的频谱资源已无法满足人们的需求。以前处于静态的无线频谱管理的方式会让一些频谱常常处于一种空闲的状态。如果长时间这样,则会影响频谱的利用率,造成频谱资源的浪费。为提高频谱的利用率,人们提出认知无线电的思想。在基于认知无线电的基础上发展正交频分复用可以降低总的发送功率,由串行的高功率变成多个并行的子载波低功率发送。

1. 认知无线电的基本概念

(1)认知无线电的定义。

认知无线电(cognitive radio,CR)又称智能无线电,是基于与操作环境的交互能动态改变其发射机参数的无线电,其具有环境感知和传输参数自我修改的功能,核心思想是CR 具有学习能力,能与周围环境交互信息,以感知和利用在该空间的可用频谱,并限制和降低冲突的发生。认知无线电技术定义的内涵主要是 CR 能够充分利用频谱资源,拥有较小的频谱可以充分提高其利用率。有时常常会有处于静态当中空闲的频谱,这些空闲的频谱称为频谱空洞,所以应该充分利用这些频谱空洞,充分提高其利用率。

认知无线电具有学习能力,能与周围环境交互信息,以感知和利用在该空间的可用频谱,并限制和降低冲突的发生。CR 的学习能力是使它从概念走向实际应用的真正原因。有了足够的人工智能,它就可能通过吸取过去的经验来对实际的情况进行实时响应,过去的经验包括对死区、干扰和使用模式等的了解。这样,CR 有可能赋予无线电设备根据频带可用性、位置和过去的经验来自主确定采用哪个频带的功能。随着许多 CR 相关研究的展开,对 CR 技术存在多种不同的认识。

认知无线电技术是一项在认知无线网络中能够提高频谱利用率的关键技术。认知无线电通过检测得知哪里会有空闲的频谱,感知后就会给认知无线网络提供一些基本的频谱信息,并且会随着周围环境的变换对发射参数等数字进行适当的修改。

无线电传输领域当下最重要的研究对象就是认知无线电技术。在无线电资源较为匮乏的当前社会中,如何全面提升无线频谱的利用率是当下无线电技术发展中面临的重要难题,也是无线电传输发展中面临的重要挑战。无线电是由认知无线电的组成和技术的应用两个方面构成的,通过对认知无线电的关键技术进行探究,得出了认知无线电具有巨大发展潜能的结论。

(2)无线电频谱、频带、基带和宽带的含义。

①频谱。频谱是频率谱密度的简称,是频率的分布曲线。复杂振荡分解为振幅不同和频率不同的谐振荡,这些谐振荡的幅值按频率排列的图形称为频谱。无线电频谱一般是指 9 kHz~3 000 GHz 频率范围内发射无线电波的无线电频率的总称。

②频带。频带是指允许传送的信号的最高频率与最低频率之间的频率范围(要考

虑衰减必须在一定范围内）。若二者差别很大，则可以认为频带就等于允许传送的信号的最高频率。

③频谱宽度。频谱宽度是指0到某一个频率的宽度。频带宽度是从某一个频率到另一个频率的宽度，即无线电频谱上位于两个特定的频率界限之间的部分。

④基带。发射端发出的没有经过调制的原始电信号所固有的频带（频率带宽）称为基本频带，简称基带。基带这个词也用于俗称手机的通信模块（调制解调器），它是手机中的一块电路，负责完成移动网络中无线信号的解调、解扰、解扩和解码工作，并将最终解码完成的数字信号传递给上层处理系统进行处理。基带即为俗称的BB。

⑤宽带。宽带是指比音频带宽更宽的频带，它包括大部分电磁波频谱。使用这种宽频带传输的系统称为宽带传输系统。通过频带传输，可以将链路容量分解成两个或更多的信道，每个信道可以携带不同的信号，这就是宽带传输。

（3）无线电频谱的特性。

所有的无线电业务都离不开无线电频谱，就像车辆必须行驶在道路上一样。无线电频谱为国家所有，不属于任何企业与个人。国家负责对无线电频谱的管理与分配，以使无线电频谱资源得到科学、合理、有效的利用，更好地为国家经济建设与国防建设服务。

无线电频谱具有以下特性。

①有限性。由于较高频率上的无线电波的传播特性，因此无线电业务不能无限地使用较高频段的无线电频率，目前人类对于3 000 GHz以上的频率还无法开发和利用。尽管使用无线电频谱可以根据时间、空间、频率和编码等四种方式进行频率的复用，但就某一频段和频率来讲，在一定的区域、一定的时间和一定的条件下使用频率是有限的。

②排他性。无线电频谱资源与其他资源具有共同的属性，即排他性，在一定的时间、地区和频域内，一旦被使用，其他设备是不能再用的。

③复用性。虽然无线电频谱具有排他性，但在一定的时间、地区、频域和编码条件下，无线电频率是可以重复使用和利用的，即不同无线电业务和设备可以频率复用和共用。

④非耗竭性。无线电频谱资源不同于矿产、森林等资源，它可以被人类利用，但不会被消耗掉，不使用它是一种浪费，使用不当更是一种浪费，甚至会因使用不当产生干扰而造成危害。

⑤易污染性。如果无线电频率使用不当，就会受到其他无线电台、自然噪声和人为噪声的干扰而无法正常工作，或干扰其他无线电台站，使其不能正常工作，无法准确、有效和迅速地传送信息。

⑥传播无国界。无线电波是按照一定规律传播的，不受行政地域的限制，是无国界的。

（4）无线电频谱分类。

无线电频谱资源不是取之不尽、用之不竭的公共资源，其有限性日益凸显。由于科技发展的局限，目前人类对3 000 GHz以上频段还不能开发利用，因此相对一定的时间、空间、地点，无线电频谱资源又是有限的，任何用户在一定的时间、地点、空间条件下对某一频段的占用都排斥了其他用户在该时间、地点、空间内对这一频段的使用。无线电频谱使用分类方法如下。

①授权频谱。需要使用某频谱资源的单位或个人向国家无线电管理委员会提交申请，得到批准并缴纳了使用该频谱资源管理费用以后，就拥有了使用该频段的权利。付出费用获得授权频谱使用权的用户称为该频段的主用户，又称授权用户(LU)。

②非授权频谱。非授权频谱是任何人都可以使用的频段，该频段不需要缴费。没有缴纳费用而使用非授权频谱的用户称为非授权用户，又称二级用户，他们不拥有任何“独享的频段”。

2. 认知无线电的认知能力和重构能力

(1)认知无线电的认知能力。

认知能力使认知无线电能够通过频谱感知、频谱分析和频谱判决等三个步骤，从其工作的无线环境中捕获或感知信息，从而可以标识特定时间和空间的未使用频谱资源(又称频谱空洞)，并选择最适当的频谱和工作参数。

以下三个主要的步骤构成了一个环形，称为认知环。

①频谱感知。频谱感知的主要功能是监测可用频段，检测频谱空洞。

②频谱分析。频谱分析估计频谱感知获取的频谱空洞的特性。

③频谱判决。频谱判决是根据频谱空洞的特性和用户需求选择合适的频段传输数据。

(2)认知无线电的重构能力。

重构能力使得认知无线电设备可以根据无线环境动态编程，从而允许 CR 设备采用不同的无线传输技术收发数据。可以重构的参数包括工作频率、调制方式、发射功率和通信协议等。重构的核心思想是在不对频谱授权用户产生有害干扰的前提下，利用授权系统的空闲频谱提供可靠的通信服务。一旦该频段被授权用户使用了，认知无线电有两种应对方式：一是切换到其他空闲频段通信；二是继续使用该频段，但改变发射频率或调制方案以避免对授权用户产生有害干扰。

3. 软件定义的无线电基本概念

(1)软件无线电的定义。

软件无线电(soft ware radio，SWR)是在一个开放的公共硬件平台上利用不同可编程的软件方法实现所需要的无线电系统。理想的软件无线电应当是一种全部用软件编程的无线电，并以无线电平台具有最大的灵活性为特征。全部可编程包括可编程射频(RF)波段、信道接入方式和信道调制。

实际上，软件无线电是一种利用现代化软件来操纵、控制传统的“纯硬件电路”的无线电技术。其重要价值在于传统的硬件无线电设备只是作为无线电的基本平台，而许多功能是由软件来实现的，打破了有史以来设备功能的实现仅依赖于硬件发展的格局。

软件无线电的基本思想是以一个通用、标准、模块化的硬件平台为依托，通过软件编程来实现无线电台的各种功能，从基于硬件、面向用途的电台设计方法中解放出来。

功能的软件化实现要求减少功能单一、灵活性差的硬件电路,尤其是减少模拟环节,把数字化处理(A/D 变换和 D/A 变换)尽量靠近天线。软件无线电强调体系结构的开放性和全面可编程性,通过软件更新改变硬件配置结构,实现新的功能。软件无线电采用标准的、高性能的开放式总线结构,以利于硬件模块的不断升级和扩展。

软件无线电(SWR)是由宽带 A/D 及 D/A 变换器、大量专用/通用处理器、数字信号处理器(digital signal processor,DSP)构成的尽可能靠近射频天线的一个硬件平台。在硬件平台上尽量利用软件技术来实现无线电的各种功能模块并将功能模块按需要组合成无线电系统。例如,利用宽带模数变换器(analog digital converter,ADC),通过可编程数字滤波器对信道进行分离;利用数字信号处理技术在数字信号处理器(DSP)上通过软件编程实现频段(如短波、超短波等)的选择,完成信息的抽样、量化、编码/解码、运算处理和变换,实现不同的信道调制方式及选择(如调幅、调频、单边带、跳频和扩频等),以及保密结构、网络协议和控制终端功能等。

(2)软件定义的无线电。

可实现的软件无线电称为软件定义的无线电(software defined radio,SDR),它是无线电广播通信技术,基于软件定义的无线通信协议而非通过硬连线实现。换言之,频带、空中接口协议和功能可通过软件下载和更新来升级,而不用完全更换硬件。它针对构建多模式、多频和多功能无线通信设备的问题提供有效而安全的解决方案。

软件定义的无线电被认为仅具有中频可编程数字接入能力。发展历史上,无线电的技术演化过程是:由模拟电路发展到数字电路;由分立器件发展到集成器件;由小规模集成到超大规模集成器件;由固定集成器件到可编程器件;由单模式、单波段、单功能发展到多模式、多波段、多功能;由各自独立的专用硬件的实现发展到利用通用的硬件平台和个性的编程软件的实现。

实现软件定义的无线电的关键问题包括资源接入,世界性的互操作,终端和网络控制,控制、传输、管理中的安全,跨波段、跨模式的互处理通信,跨网络的智能及资源的分配,革新频谱利用,按需要接入宽带信道(MBPS),自适应性多媒体内容,以及软件控制的射频(RF)元件、新的无线空中接口和硬件/软件的革新。

(3)软件定义的无线电等级划分。

软件定义的无线电被广泛应用于许多军事应用,而在商业应用中也不乏它们的身影,特别是在业余无线电和短波无线电设备市场中。这种无线电技术采用数字信号处理代替那些曾由模拟硬件执行的功能,因此不仅可以在许多不同的现有无线电平台间实现灵活的互操作,而且在必要时,能够定义和修改定制波形以维持战术通信中的高度安全性。软件定义无线电划分为以下几个等级。

①第 0 级为不可改变的数字硬件无线电。

②第 1 级为软件控制无线电。软件可以改变一些功能(如功率水平和互联方式),但不进行调制或者频率操作。

③第 2 级使用软件对调制、宽/窄带、安全、波形产生和检测进行控制,但通常受到频率的约束。

④第 3 级为理想的软件无线电(ISR),在接收端或发射端无须任何下变频或上变频

转换,它完全可编程。

⑤第 4 级为终极软件无线电(USR),它完全可编程,能同时支持广泛的频率和功能(双路、GPS、视频、智能卡及卫星等)。

(4)认知无线电与软件无线电的关系。

为便于理解认知无线电的基本原理,有必要将它与软件无线电进行比较和区分。根据电气与电子工程师协会(IEEE)的定义,一个无线电设备可以称为软件无线电的基本前提是部分或全部基带或射频信号处理通过使用数字信号处理软件完成,这些软件可以在出厂后修改。因此,软件无线电关注的是无线电系统信号处理的实现方式;而认知无线电是指无线系统能够感知操作环境的变化,并据此调整系统工作参数。从这个意义上讲,CR 是更高层的概念,不仅包括信号处理,而且包括根据相应的任务、政策、规则和目标进行推理和规划等高层功能。

5.1.4 通信与移动通信技术基础知识

人类社会建立在信息交流的基础上,通信是推动人类社会文明、进步和发展的巨大动力。从远古时代到现代文明社会,人类社会的各种活动与通信密切相关,特别是当今世界已进入信息时代,通信已渗透到社会各个领域,通信产品随处可见。通信已成为现代文明的标志之一,对人们日常生活和社会活动及发展起着日益重要的作用。

通信与移动通信技术基础知识

移动通信系统自 20 世纪 80 年代诞生以来,至今已经过了 5 代的发展历程。现在,移动通信有力地促进了人们跨区域、跨地区乃至跨全球的信息传输,推动了日益丰富的手机文化的形成,已成为现代通信领域中至关重要的一部分。特别是以手机为代表的移动通信设备已经成为人们日常生活中必不可少的一部分,大大改变了人们的生活、学习和工作方式,并导致了人们对移动通信依赖性的不断增加。

1. 通信的基本概念

(1)信息和通信的定义。

①信息的定义。信息是指向人们或机器提供关于现实世界的各种知识,是数据、消息中所包含的意义,它不随载体的物理形式的各种改变而改变。信息是事物运动的状态和方式而不是事物本身,因此它不能独立存在,必须借助某种符号才能表现出来,而这些符号又必须附载于某种物体上。载体就是承载信息的工具,文字、声音、图像、视频、电磁波、空气、纸张、胶片和存储器等都是信息的载体。

②通信的定义。通信是指人与人或人与自然之间通过某种行为或媒介进行的信息交流与传递。从广义上讲,通信是指需要信息的双方或多方在不违背各自意愿的情况下采用任意方法、任意媒质,将信息从某方准确安全地传送到另一方。在古代,人类通过驿站、飞鸽传书、烽火报警、符号、身体语言、眼神、触碰等方式进行信息传递。在现代,随着科学水平的飞速发展,相继出现了无线电、固定电话、移动电话、互联网和视频电话等各种通信方式。

(2)通信的分类。

在人类文明不断进步的过程中,通信随着社会生产力的发展及对传递消息的要求不断提升而得到了长足的进步。在各种各样的通信方式中,利用“电”来传递消息的通信方法称为电信,这种通信方法具有迅速、准确、可靠等特点,且不受时间、地点、空间、距离的限制,因此得到了飞速的发展和广泛的应用。

通信通常按以下几种方式进行分类。

①按传输媒质分类。

a. 有线通信。有线通信是指传输媒质为导线、电缆、光缆、波导和纳米材料等形式的通信,其特点是媒质看得见、摸得着,如明线通信、电缆通信、光缆通信和光纤光缆通信等。

b. 无线通信。无线通信是指传输媒质看不见、摸不着(如电磁波)的一种通信形式,包括微波通信、短波通信、移动通信、卫星通信、散射通信等。

②按信道中传输的信号分类。

a. 模拟信号。模拟信号是指信号的某一参量(如连续波的振幅、频率、相位,脉冲波的振幅、宽度、位置等)可以取无限多个数值,且直接与信息相对应的信号。模拟信号有时又称连续信号,这个连续的含义是指信号的某一参量可以连续变化。

b. 数字信号。数字信号又称离散信号,是指信号的某一参量只能取有限个数值,并且常常不直接与信息相对应的信号。

③按工作频段分类。

a. 长波通信。频率为 30~300 kHz,相应波长为 1~10 km 范围内的电磁波

b. 中波通信。频率为 0.3~3 MHz,相应波长为 100 m~1 km 范围内的电磁波。

c. 短波通信。频率为 3~30 MHz,相应波长为 10~100 m 范围内的电磁波。

d. 微波通信。频率为 0.3~300 GHz,相应波长为 1 mm~1 m 范围内的电磁波。

④按调制方式分类。

a. 基带传输。基带传输是指信号没有经过调制而直接送到信道中去传输的通信方式。

b. 频带传输。频带传输是指信号经过调制后再送到信道中传输,接收端有相应解调措施。

2. 移动通信的基本概念

(1)移动通信的定义。

移动通信是移动体之间的通信,或移动体与固定体之间的通信。移动体可以是人,也可以是汽车、火车、轮船、收音机等在移动状态中的物体。移动通信为人们随时随地、迅速可靠地与通信的另一方进行信息交换提供了可能,适应了现代社会信息交流的迫切需要。

(2)蜂窝移动通信系统的定义。

在移动通信技术发展的早期阶段,都是采用大区制通信方式的。大区制就是一个基站的覆盖范围非常大,一般可以达到数十千米甚至上百千米的覆盖半径。这样,在一

个城市建设一个基站就可以了。这种大区制通信系统的好处是建设成本低,但是它有一个致命的缺点,就是网络容量很小,由于频率资源的限制,因此一个基站只能容纳数十至数千个用户。

①由众多的小功率发射机替代大功率发射机,每个发射机只提供较小范围的无线覆盖(覆盖半径从数百米至数千米)。

②每个基站分配可用频率资源的一部分,相邻和相近基站分配的频点各不相同。

③距离较远的基站可以重复使用相同的频点,并保证同频干扰处于系统可容忍的水平。

采用这样的组网方式,一个城市将由许多基站来覆盖,频率在网络中可以重复使用,从而在有限的频谱资源上提供较大的容量。

(3)蜂窝移动通信网络的特点。

蜂窝移动通信网络有三大特点:频率再用、小区分裂和越区切换。

①频率再用。把若干相邻的小区按一定的数目划分成区群(cluster),并把可供使用的无线频道分成若干个(等于区群中的小区数)频率组,区群内各小区均使用不同的频率组,而任一小区所使用的频率组,在其他区群相应的小区中还可以再用,这就是频率再用。

②小区分裂。当用户数增多并达到小区所能服务的最大限度时,把这些小区分割成更小的蜂窝状区域,并相应减小新小区的发射功率和采用相同的频率再用模式,提高系统单位面积可服务的用户数以适应持续增长的业务需求,这种过程称为小区分裂。

③越区切换。当移动台从一个小区进入另一相邻的小区时,其工作频率及基站与移动交换中心所用的接续链路必须从它离开的小区转换到正在进入的小区,这一过程称为越区切换。

(4)移动通信的分类。

移动通信分类主要有按设备的使用环境分类、按服务对象分类及按移动通信系统分类等三种方法。

①按设备的使用环境分类。移动通信主要可以分为三种类型:陆地移动通信、海上移动通信和航空移动通信。针对特殊使用环境,还可分为地下隧道与矿井移动通信、水下潜艇移动通信、太空航天移动通信等。

②按照服务对象分类。移动通信可以分为公用移动通信和专用移动通信。手机通信是公用移动通信,一般主要是提供给广大人民群众使用的。专用移动通信是为公安、消防、急救、公路管理、机场管理、海上管理和内河航运管理等专业部门提供服务的。

③按移动通信系统分类。移动通信可以分为蜂窝移动通信、专用调度电话、集群调度电话、个人无线电话、公用无线电话和移动卫星通信等类型。

a. 蜂窝移动通信。蜂窝移动通信采用蜂窝无线组网方式,在终端与网络设备之间通过无线通道连接起来,进而实现用户在活动中可相互通信。蜂窝移动通信业务是指经过由基站子系统和移动交换子系统等设备组成蜂窝移动通信网提供的语音、数据、视频图像等业务。蜂窝移动通信属于公用、全球性、用户数量最大的移动通信网,也是移动通信的主体。

b. 专用调度电话。专用调度电话属于专用的业务电话系统,可以是单信道的,也可以是多信道的,如公交管理专用调度电话系统。

c. 集群调度电话。集群调度电话可以是城市公安、消防等多个业务系统共享的一个移动通信系统。集群调度电话可以根据各个部门的要求统一设计和建设,集中管理,共享频道、线路和基站资源,从而节约了建设资金、频段资源和维护费用,是专用调度电话系统发展的高级阶段。

d. 个人无线电话。与蜂窝移动通信、集群调度电话相比,个人无线电话不需要中心控制设备,一家企业两个人各拿一个对讲机就可以在近距离范围内实现个人无线通话。

e. 公用无线电话。公用无线电话是公共场所(如商场、机场、火车站)使用的无线电话系统。它可以通过拨号接入城市电话系统,只支持工作人员在局部范围内行走过程中使用,不适合于乘车时使用。

f. 移动卫星通信。21世纪,人类通信技术的重要突破之一是卫星通信终端的手持化和个人通信的全球化。通信卫星覆盖全球,手持卫星移动电话可以用于地面基站无法覆盖的山区、海上,实现船与岸上、船与船之间的通信,这类系统的典型是国际海事卫星电话系统。在遇到自然灾害且常用的蜂窝移动电话基站受到破坏时,普通的手机已经不能够通信,而卫星移动通信系统就能显示出它独特的优越性。

(5)移动通信网络的性能指标。

①速率。数据传输速率在数值上等于每秒钟传输构成数据代码的二进制比特数,即每秒钟传送的数据量大小。

②时延。时延是指一个报文或分组从一个网络的一端传送到另一个端所需要的时间,包括发送时延、传播时延、处理时延、排队时延,即时延=发送时延+传播时延+处理时延+排队时延。一般地,发送时延和传播时延是主要考虑的时延。对于报文长度较大的情况,发送时延是主要矛盾;对于报文长度较小的情况,传播时延是主要矛盾。

a. 发送时延。发送时延是指结点在发送数据时使数据块从结点进入传输媒体所需的时间,也就是从数据块的第一个比特开始发送算起,到最后一个比特发送完毕所需的时间。

b. 传播时延。传播时延是指从发送端发送数据开始,到接收端收到数据(或从接收端发送确认帧,到发送端收到确认帧)总共经历的时间。

c. 处理时延。处理时延是指计算机处理数据所需的时间,与计算机CPU的性能有关。

d. 排队时延。一个特定分组的排队时延将取决于先期到达的、正在排队等待向链路传输的分组的数量。如果该队列是空的,并且当前没有其他分组在传输,则该分组的排队时延为0。如果流量很大,并且许多其他分组也在等待传输,该排队时延将很大。实际的排队时延通常在毫秒到微秒级。

③定位。移动通信无线定位技术是通过对无线电波的一些参数进行测量的,根据特定的算法来判断被测物体的位置。测量参数一般包括无线电波的传输时间、幅度、相位和到达角等。定位精度取决于测量的方法,从定位原理的角度来看,定位技术大致可

以分为三种类型:基于三角关系和运算的定位技术、基于场景分析的定位技术和基于临近关系的定位技术。随着无线通信技术的发展和数据处理能力的提高,基于位置的服务成为最具发展潜力的移动互联网业务之一。

④覆盖深度、广度和高度。移动通信网络覆盖是当前中国移动正在实施的边际网战略所提出的新概念,其实质是特殊场合的点或面的覆盖,包括深度覆盖、广度覆盖和高度覆盖三个相关的性能指标,如果这三个性能指标都很好,移动通信网络的信号就没有盲区了。

a. 深度覆盖。深度覆盖是指移动通信网络信号进入楼宇、地下室、地铁隧道的程度。

b. 广度覆盖。广度覆盖是指移动通信网络信号覆盖的面积范围。

c. 高度覆盖。高度覆盖是指移动通信网络信号达到的高度范围。

3. 数字通信、模数转换和数模转换

(1)模拟信号与数字信号。

一般根据信号方式的不同,通信可分为模拟通信和数字通信。通信系统根据调制信号的不同分为模拟调制和数字调制。采用模拟调制方式的通信系统称为模拟通信系统,采用数字调制技术的通信系统称为数字通信系统。

①模拟信号。在用户线上传输模拟信号的通信方式称为模拟通信。例如,在第一代移动通信(1G)系统中,无线电传送的电信号是随着用户声音大小的变化而变化的。这个变化的电信号无论是在时间上还是在幅度上都是连续的,这种信号称为模拟信号。

②数字信号。数字信号与模拟信号不同,它是一种离散的、脉冲有无的组合形式,是负载数字信息的信号,电报信号就属于数字信号。现在最常见的数字信号是幅度取值只有两种(用0和1代表)的波形,称为二进制信号。

(2)数字通信的定义与特点。

数字通信是指用数字信号作为载体来传输信息,或用数字信号对载波进行数字调制后再传输的通信方式。数字通信与模拟通信相比具有以下明显的优点。

①抗干扰能力强。模拟信号在传输过程中与叠加的噪声很难分离,噪声会随着信号被传输、放大,严重影响通信质量。数字通信中的信息是包含在脉冲的有无之中的,只要噪声绝对值不超过某一上限值,接收端便可判别脉冲的有无,因此抗干扰能力强。

②远距离传输质量好。数字通信采用再生中继方式,能够消除噪音,再生的数字信号与原来的数字信号一样,可继续传输下去,这样通信质量便不受距离的影响,可高质量地进行远距离通信。

③通信可靠性高。数字信号通过差错控制编码,可提高通信的可靠性。

④通信保密性强。数字信号易于加密处理,所以数字通信保密性强。

⑤通信业务适应性好。数字信号可适应各种通信业务要求(如电话、电报、图像等),便于实现统一的综合业务数字网,以及采用大规模集成电路和通信网的计算机管理。

数字通信的缺点是比模拟信号占带宽。

(3)模数转换。

由于移动通信系统信息的实际对象往往都是一些模拟量(如声音、温度、压力、位移、图像等),因此为实现数字通信,必须使发送端发出的模拟信号变为数字信号,这个过程称为模数转换。数字信号送入通信网络进行传输,接收端则是一个还原过程,把收到的数字信号变为模拟信号,即数模转换,从而再现声音或图像。

模数转换是将连续的模拟量(如电压、电流等)通过取样转换成离散的数字量。例如,对图像扫描后,形成象元列阵,把每个象元的亮度(灰阶)转换成相应的数字表示,即经模数转换后,构成数字图像。模数转换包括采样、保持、量化和编码四个过程。在某些特定的时刻对模拟信号进行测量称为采样。通常采样脉冲的宽度是很短的,故采样输出是断续的窄脉冲。要把一个采样输出信号数字化,需要将采样输出所得的瞬时模拟信号保持一段时间,这就是保持过程。量化是将连续幅度的抽样信号转换成离散时间、离散幅度的数字信号,量化的主要问题就是量化误差。假设噪声信号在量化电平中是均匀分布的,则量化噪声均方值与量化间隔和模数转换器的输入阻抗值有关。编码是将量化后的信号编码成二进制代码输出,这些过程有些是合并进行的。例如,采样和保持就是利用一个电路连续完成的,量化和编码也是在转换过程中同时实现的,且所用时间又是保持时间的一部分。

(4)数模转换。

数模转换是把数字量转变成模拟量。数字量是用代码按数位组合起来表示的,对于有权码,每位代码都有一定的位权。为将数字量转换成模拟量,必须将每1位的代码按其位权的大小转换成相应的模拟量,然后将这些模拟量相加,即可得到与数字量成正比的总模拟量,从而实现数模转换。

数模转换器由数码寄存器、模拟电子开关电路、解码网络、求和电路及基准电压等几部分组成。数字量以串行或并行方式输入、存储于数码寄存器中,数字寄存器输出的各位数码分别控制对应位的模拟电子开关,使数码为1的位在位权网络上产生与其权值成正比的电流值,再由求和电路将各种权值相加,即得到数字量对应的模拟量。

4. 数字通信系统的组成

数字通信系统(DCS)是指利用数字信号传递消息的通信系统。

(1)发射端部分。

①信源。信源是产生(发出)信息的信息源,把原始信息变换成原始电信号。

②信源编码。编码是把人能识别的信号转化为机器能识别的信号,实现模拟信号的数字化,即完成模数转换。提高信号传输的有效性是指在保证一定传输质量的情况下,用尽可能少的数字脉冲来表示信源产生的信息,以及进行数字加密。信源编码又称频带压缩编码或数据压缩编码。

③信道编码。对传输的信息码元按一定的规则加入一些冗余码(监督码),形成新的码字,接收端按照约定好的规律进行检错甚至纠错。信道编码的目的是使传输信号在信道传输中能更好地抵抗干扰对信号的影响,降低差错概率,提高传输可靠性。

④调制器。调制器是将编码后的信息叠加到一个载波信号上,将信息的变化用载

波参数(如幅度、频率、相位)的变化来表示的仪器。调制器可提高信号在信道上传输的效率,达到信号远距离传输的目的。

⑤信道。信道是信号传输媒介的总称,由传输介质及相应的附属设备组成。在无线传输中,为将信号通过空中发送出去,发送端将频率由上变频上升到射频频段,经高功率放大器馈送到天线发射出去。

(2)接收端部分。

接收端由天线、低噪声放大器组成,下变频由接收器或解调器的前级末端完成。解调器是从携带有信息的载波信号上将信息分离出来的设备,起到调制器的逆运算作用。

5. 移动通信的工作方式

通信技术可以用调制、解调、编码、解码四个词概括。移动通信的传输方式分为单向传输和双向传输。单向传输只用于无线电寻呼系统;双向传输有单工、双工和半双工三种工作方式。

(1)单工通信。

单工通信信道是单向信道。发送端和接收端的身份是固定的。发送端只能发送信息,不能接收信息;接收端只能接收信息,不能发送信息。数据信号仅从一端传送到另一端,即信息流是单方向的。单工通信过程中,通信双方交替地进行收信和发信。单工通信通常用于点到点通信。根据收、发频率的异同,单工通信又分为同频单工通信和异频单工通信。

①同频单工通信。同频单工通信是指通信双方使用相同的工作频率,发送时不接收,接收时不发送。当电台甲要发话时,按下其送、受话器的按讲开关,一方面关掉接收机,另一方面将天线接至发射机的输出端,发射机开始工作。

同频单工工作的发射机与接收机是轮流工作的,收发天线与发射机、接收机中的某些电路可以共用,所以电台设备简单、省电。但这种工作方式只允许一方发送时另一方接收。

②异频单工通信。异频单工通信是指通信双方使用两个不同的频率分别进行发送和接收。

(2)双工通信。

双工通信是指通信双方可同时进行消息传输的工作方式,又称全双工通信。

双工通信分为频分双工和时分双工。基站的发射机和接收机各使用一副天线,而移动台通过双工器共用一副天线。双工通信一般使用一对频道,以实现频分双工的工作方式。这种工作方式使用方便,与普通有线电话相似,接收和发射可同时进行。但是,在电台的运行过程中,无论是否发话,发射机总是工作的,所以电源消耗大。

(3)半双工通信。

半双工通信是指移动台采用单工方式,基站采用双工通信的通话方式。

任务 5.2　5G 网联无人机应用场景

5.2.1　常规无人机与 5G 网联无人机的通信系统

无人机通信系统作为无人机系统的关键组成部分,是无人机飞行平台与地面控制系统联系的纽带。目前民用无人机主要采用以短距离无线通信(Wi-Fi)、无线电遥控(RC)及数传电台等为代表的短距离测控能力的数据链,其缺点是容易受干扰。另外,无线蜂窝移动通信在过去 20 年经历了突飞猛进的发展,从以话音为主的 2G 时代发展到以数据为主的 3G 和 4G 时代,目前正在步入万物互联的 5G 时代。5G 以全新的网络架构,提供 10 Gbit/s 以上的带宽、毫秒级时延、超高密度连接,为实现民用无人机网络性能新的跃升提供了可行的途径。

常规无人机与 5G 网联无人机的通信系统

1. 常规无人机与 5G 网联无人机的定义

随着无线蜂窝移动通信技术的发展,无人机按照通信系统是否接入移动通信网络可以划分为网联无人机和常规(非网联)无人机两大类。

(1)网联无人机的定义。

5G 蜂窝移动网数据链提供的高可靠、低时延、大带宽网络可以代替常规无人机中的数据链路系统。由于 5G 无线蜂窝移动通信技术已将时延降到 1 ms 量级,因此 5G 就能很好地满足无人机飞行高可靠、低时延要求,能为无人机飞行控制提供良好的无线通信技术支撑,使用 5G 移动通信网络控制无人机飞行已成为现实。这种接入 5G 移动通信网络的无人机就称为 5G 网联无人机(图 5-3)。

图 5-3　5G 网联无人机

(2)常规(非网联)无人机的定义。

无人机通信系统属于无线电通信技术高可靠低时延应用,无人机对无线通信的速率、时延和带宽要求特别高。目前 4G 端到端延迟是数十到数百毫秒量级,无法很好地满足无人机飞行控制的需求,因此现在多数无人机没有或无法接入 4G 移动通信网络。这种不能使用移动通信网络控制,采用点对点通信方式的无人机就称为常规无人机或非网联无人机。由于通信技术的限制,因此如今民用领域的常规无人机仍面临着通信距离短、信号差等问题,严重制约着无人机行业的进一步发展。

2. 常规无人机与 5G 网联无人机通信系统的组成

(1)常规无人机通信系统的组成。

常规无人机通信系统又称无人机数据链路,包括机载数据终端和地面数据终端两部分,其主要功用是产生、传输和处理无人机遥控指令和遥测信息等数据流。机载数据终端由射频接收机、发射机及用于连接接收机和发射机到系统其余部分的调制解调器组成,天线采用全向天线。地面数据终端包括一副或几副天线、射频接收机、发射机、调制解调器及显示设备等。无人机通信系统是无人机对外联系的神经网络,采用点对点的通信方式,维系着空中的无人机与地面控制站之间的信息交换,满足无人机飞行平台监控、传感器监控、传感器数据、任务执行、起降控制等信息传输需求。

根据传输方向的不同,无线数据通信链路可以分为上行链路和下行链路。其中,上行链路主要完成控制站或遥控器至无人机遥控指令的发送和接收确认;下行链路主要完成无人机至控制站的遥测数据及红外或视频图像数据的发送。一般而言,上行链路采用具有远距离传输能力的高频电磁波(简称射频),达到几千赫兹,提供无人机的控制和任务载荷的操纵指令;下行链路提供低数据率频道,以传输无人机的状态信息。

(2)5G 网联无人机通信系统的组成。

因为无人机是无人驾驶的飞行器,所以必须要通过无线信号远程遥控指挥,这对无线通信信号的传输质量、效率、保密性、稳定性等是极大的考验,尤其是在复杂的地形和天气情况下。而“5G+无人机”可以看作物联网最好的“搭档”之一,这主要是因为 5G 具备超高速率、超低时延和超大带宽特性,完全能满足无人机飞行控制对无线通信高速率、低延时和大带宽的特别要求。例如,无人机在做电力巡检飞行时,往往地面操纵人员(飞手)不敢把飞机飞得太远,一是怕图传断了,二是怕遥控断了,因为目前常规无人机的通信方式主要是低频窄带,受设备功率限制往往通信距离只有几公里。如果电力巡检无人机具备了 5G 所赋予远程通信的能力,就能极大地扩展无人机的作业距离和范围,发挥更大的作用。

对于大部分无人机而言,应用场景都在低空,这可以满足 5G 地面网络的覆盖范围,不需要运营商为无人机业务单独建立网络,节省了成本。在 300 m 以下的高度,借助成规模、多站点的连续 5G 覆盖模式,无人机便可直接摆脱地面站控制系统,人们可以通过 5G 网络射频信号对无人机进行控制。这意味着只要在 5G 覆盖范围内,不需要地面中继站无人机也能自由飞翔。另外,5G 能满足无人机的高清视频监控应用需要:时延达到 1 ms,速率超过 1 Gbit/s。

在 5G 移动通信网络下,更大的带宽将丰富无人机搭载的高清摄像头的数据传输模式,相较于当前常规无人机的图片传输模式,5G 网络将支持网联无人机超高清视频的实时传输,保障无人机采集数据的时效性,丰富无人机的应用场景。5G 的低时延特点还将满足网联无人机的远程控制需求,届时无人机的任务管理、飞行控制、航迹监控等操作都可以在远程管控平台上完成。5G 的超大连接能力足以满足未来无人机的广泛连接需求。同时,结合“5G+北斗”的厘米级高精度定位能力可以使无人机在电量低的情况下自动找寻最近的充电平台,完成续航,解决当前无人机的工作时长过短的问题。

“网联无人机+行业应用”是民用无人机真正的刚需,有着广阔的应用前景。无人机在物流、农业植保、基础设施巡检、测绘、高层建筑消防灭火、警务治安、灾难救援、全景虚拟现实直播、无人机集群、智能交通、通信中继、影视拍摄等领域的广泛应用大大地拓展了无人机本身的用途。

5.2.2　5G 网联无人机物流应用场景

随着现代航空、通信和智能控制技术等在各行各业中的普遍应用,人类社会的智能化时代已经来临。无人机和自动驾驶是机器送货最可能的工具,目前已经有公司在小范围内使用,在不久的将来,它们会全面取代人力配送。在城市,无人机物流主要解决货源地到用户楼下的配送,到户的工作可能依然交给配送员完成;在偏远地区,使用物流无人机主要解决物流行业面临的山高水远、交通不便的难题。

5G 网联无人机物流应用场景

1. 无人机物流的基本概念

(1)无人机物流的定义。

无人机物流又称无人机快递,是指利用低空飞行的无人机运载货物、包裹,自动快速送达目的地,以满足城乡居民的生活和工作需求(图 5-4)。其中,专门或主要承担物流业务的无人机就称为物流无人机。

图 5-4　无人机物流

基于现代人类社会商品物质配送需求剧增、人力成本飙升、服务场景复杂等多因素驱动,加之无人机相关软硬件技术的进步,无人机达到了实用性的基本要求,共同促成了一个物流创新的"变局",即促成了无人机物流的出现和兴起。

(2)无人机物流的分类。

①支线无人机运输。支线无人机运输采用大载重、中远距离飞行的无人机,起飞载重质量为吨级,送货飞行直线距离一般在 100~1 000 km,续航时间达数小时。其应用范围主要是跨地区的货运(采取固定航线、固定班次、标准化运营管理)、边防哨所和海岛等物资运输,以及物流中心之间的货运分拨等。

②末端无人机配送。末端无人机配送通常是指快递投送,无人机起飞载重在 5~20 kg,空中飞行直线距离一般在 10 km 以内(对应地面路程可能达到 20~30 km,受具体地形地貌的影响),单程飞行时间在 15~20 min(受天气等因素影响),这方面的应用主要是物流快递末端配送,包括派送急救物资和医疗用品、派送果蔬等农土特产等业

务。当配送无人机飞到客户家门前时,既可以在门前空地上降落后卸下快递物件,也可以在门前低空悬停,用降落伞将快递物件空投到门前。通常采用后一种空投方法更安全快捷。

③无人机仓储巡检。无人机仓储巡检主要是指应用无人机进行大型高架仓库和高架储区的检视和货物盘点,以及集装箱堆场、散货堆场(如煤堆场、矿石堆场和垃圾堆场)等货栈堆场的物资盘点或检查巡视。仓储巡检无人机具有机动迅速、探测覆盖范围广、出勤率高、维护简单等特点,已经日益成为仓储业新型的巡检技术手段。另外,在紧急救援和运输应急物资等方面,无人机能发挥常规运输工具无法比拟的优势,并能把现场信息第一时间传至指挥中心。无论是哪一种应用类型,都必须以准确的市场定位为前提,以此为基础把握用户需求,并以精细规范的管理作为配套,最终达到使用户满意的效果。

④空地一体智慧物流网络。空地一体智慧物流网络由仓储货物分拣和管理的机器人、支线与末端配送的无人机、送货无人车、智能终端、智能机场等一系列节点组成,形成物流配送的人工智能(AI)闭环,成为未来物流配送的支柱力量,这能大大缩短货物配送时间,使中国快递业呈现出更加蓬勃发展的态势。

(3)快递企业无人机物流的发展状况。

综上所述,对于物流领域无人技术应用的驱动力,可以归纳为三点:配送需求剧增、人力成本飙升、服务场景复杂。

随着无人机物流理念的形成到产品的实体化,物流行业进入发展新赛道。物流行业将逐步实现由劳动力密集型向技术密集型的转变,新一轮技术革命的出现为传统物流企业的发展提供了全新的路径。智慧物流体系下无人机产品的协同将起到核心推动作用,不仅为消费者和商家带来"快""精""准"的极致服务,还将成为推进物流业发展的新动力、新路径。

(4)无人机物流的特点

现代消费者追求更便捷实惠的购物渠道。随着无人机物流的普及,消费者购物配送成本只要 1~3 元,配送时效只要 5~20 min。送货上门就会成为第一购物方式,从而全面重构零售生态,甚至占有 50%以上的零售市场。对比传统物流行业,无人机物流优势明显,前景光明,无人机物流已成为现代物流业不可或缺的基础设施,助力物流业实现跨越式发展。无人机物流具有以下优势。

①规避交通拥堵,运输快速高效。相对于地面物流运输,无人机物流能够利用空中飞行的优势,避开地面交通拥堵,具有方便、快速、高效、节约土地资源和基础设施的优点。无人机物流可以做到同城 1 h 内的运送时间,实现同城物流的加急业务,进一步开辟物流行业的细分市场,使物流网点、终端之间的流转获得更高效率。现在,城市高层建筑已经越来越多地配备直升机停机坪,其目的是既能用于载人直升机起降,也能用于旋翼物流无人机起降。同城 1 h 的运送时间可以实现同城物流的加急业务,进一步开辟物流行业的细分市场,使物流网点、终端之间的流转获得更高效率。

在广大山区农村地区,陆路运输所耗费的时间和成本比平原地区高很多,采用无人机物流可以解决陆地道路不便地区最后 1 km 配送难题,能以同样的成本实现更高的物流效率,让智能物流覆盖到更多地区和更多人群。实践证明,在交通拥堵的城市和偏远的山区运送急需物品,无人机物流速度快、效率高,能比陆运节省 80%的时间。

②减少人力使用,降低运营成本。现代物流业发展模式是将复杂环境下和大批量的投递任务交给人和地面车辆,而将简单场景下的小批量的投递任务交给无人机。这样做的好处是可以减少人力资源消耗,解放人力,有效节省人工成本,并能充分发挥无人机不受地面交通拥堵的影响、投递速度快的优势,快速高效地完成小批量投递任务。物流业大量采用无人机,既能大幅度降低物流运营成本,又可以大量减少人力的投入。

③应对极端条件,摆脱高危限制。无人机能胜任条件恶劣、高危环境下的各种危险工作,在危险和极端环境中运送急需物品,使用无人机可有效地减少人员生命损失的风险。在极端条件下,无人机可以轻松抵达地面车辆无法到达的区域。例如,在应急救援物资的投送任务中,使用无人机可以大大提高物质的投送效率。

在被化学、生物、放射性物质及核废料污染的地方执行任务,污染物会对人体及生命产生巨大的危害。由于无人机上没有人,因此这个问题就不存在,无人机可携带急需物品进入受到污染的地方,不用担心人体可能受到的伤害。而且无人机体积小,事后人们更容易清除机上沾染的污染物。

④执行任务灵活,对环境影响小。无人机由于在体积、使用和维护上的综合优势,因此其物流运输配置相当灵活,具有成本低、调度方便等优势。无人机系统在设计时采用平台化、模块化的方式,各种任务模块可根据小批量投递任务的实际情况进行灵活调整,从而能充分发挥无人机在小批量物流运输方面的优势。另外,通常无人机体积小、质量轻、能源消耗少,因此产生的噪声和排放也小。在完成小批量的投递任务时,无人机产生的环境影响和污染既小于有人驾驶飞机,也小于地面运输车辆,因此无人机更适合应用于小批量物流快递。

2. 5G 网联无人机物流通信能力需求与场景

(1)5G 网联无人机物流网络通信能力需求。

实现无人机物流配送包括运营调度中心、无人机配送站、物流终端(即无人机)三个实体。在配送过程中涉及配送任务的下发、配送任务执行、无人机状态上报等环节。无人机物流对移动通信的需求包括飞行状态上报及实时动态(RTK)高精度定位信息的下发。出于飞行安全和紧急情况处理考虑,物流无人机也需要具备视频回传实时操控能力,在必要时由人工接管。

(2)5G 网联无人机物流应用场景。

在 5G 网联无人机承担物流工作的过程中,借助 5G 网络大带宽传输能力,实时回传机载摄像头拍摄的视频,以便地面人员了解无人机的工作状态。同时,地面人员可通过 5G 网络低时延的特性,远程控制无人机的飞行路线。此外,结合人工智能技术,无人机可以根据飞行任务计划及实时感知周边环境情况,自动规划飞行路线。

5G 网联无人机物流技术可以实现运用 GPS 和视频等方式进行地理定位,可以实现货物的机械化装运,并按条形码推送。至于避开天线、建筑物等高空障碍物,目前无人机领域已经有一套成熟的技术可以精准避开障碍物。从成本的角度考虑,单个无人机的成本肯定较高，但是未来如果能够真正突破政策瓶颈进行规模化生产，成本上也可以实现与传统快递的竞争优势。

5.2.3 5G网联无人机基础设施巡检应用场景

由于基础设施大部分部署在高山峻岭、江河湖海等野外自然环境较为恶劣的偏远地区，所处地形复杂多变，因此传统的人工巡检方案受环境及天气等影响，工作量大、工作效率较低、成本较高且存在一定的人身安全风险。无人机以成本低、灵活性强、安全性高、受自然环境及地形影响较小、视角更优等特点而越来越广泛地应用于基础设施巡检领域。

1. 无人机基础设施巡检的基本概念

(1)基础设施的定义和分类。

①基础设施的定义。基础设施是指为社会生产和居民生活提供公共服务的物质工程设施，是用于保证国家或地区社会经济活动正常进行的公共服务系统。它是社会赖以生存发展的一般物质条件，是国民经济各项事业发展的基础。基础设施建设具有“乘数效应”，即能带来高于投资额几倍的社会总需求和国民收入。

一个国家或地区的基础设施是否完善，是其经济是否可以长期持续稳定发展的重要基础。在现代社会中，经济越发展，对基础设施的要求越高，完善的基础设施对加速社会经济活动、促进其空间分布形态演变起着巨大的推动作用。

②基础设施的分类。建立完善的基础设施往往需较长时间和巨额投资。对新建、扩建项目，特别是远离城市的重大项目和基地建设，更需优先发展基础设施，以便项目建成后尽快发挥效益。

基础设施的分类如下。

a. 工程性基础设施。工程性基础设施是指公路、铁路、机场、通信、水电煤气等公共设施。

b. 社会性基础设施。社会性基础设施是指教育、科技、医疗卫生、体育、文化等社会事业。

(2)无人机基础设施巡检的定义。

无人机基础设施巡检是指对工程性基础设施，主要包括输电线路、输油管道、燃气输送管道、通信基站塔台、风力发电站、光伏发电站、高速公路、桥梁、铁道、河道、建筑外墙等国民经济建设基础设施的巡视检查或状态监测。其作业内容具体包括对基础设施本身的监测、对周边环境的勘探、基础设施的日常周期维护，以及简单的故障排查和处理等。

基础设施巡检是有效保证基础设施安全的一项基础工作。通过巡视检查能掌握基础设施的运行状况及周围环境的变化，发现设备缺陷和危及基础设施安全的隐患，在此基础上有针对性地提出具体检修意见，以便及时消除缺陷、预防事故发生或将事故限制在最小影响范围内，从而保证基础设施的安全和系统的稳定。

过去，国民经济建设基础设施巡检作业主要是通过维护人员依靠地面交通工具或徒步行走,借助手持仪器(如望远镜、数码相机、红外热像仪等)或肉眼来巡查和处理缺陷,不仅劳动强度大、工作条件艰苦,而且劳动效率低,存在数据不直观、精度低、再利用程度不高、作业强度大、作业周期长及地形复杂地区难以开展工作等缺点。近年来,无人机成为基础设施巡检的重要巡检手段,使得基础设施巡检作业信息化、可视化、立体化、智能化,基础设施巡检作业过程也更高效、安全。

(3)无人机基础设施巡检作业分类。

传统的基础设施巡检一般是由工作人员利用普通仪器或肉眼巡视设施,人工记录巡检情况。基础设施人工巡检作业不仅需要花费大量的人力成本和投入大量资金,还容易出现记录出错、巡检不到位、特殊地段无法巡检排查等问题。无人机以其机动灵活、空中高分辨率影像采集、安全高效、降低劳动强度、可在人工难以涉足区域勘察等方面的优点,应用在基础设施巡检行业中得到了良好的效益。

无人机基础设施巡检作业的主要有以下几种类型。

①定期巡检。定期巡检又称正常巡检,目的是全面掌握基础设施各系统、各部件的运行情况。巡检周期一般每月至少一次,在冬季冰雪天气、秋天干燥或多雾季节、高峰负荷时期、基础设施附近有施工作业等情况下,应当适当增加巡检次数,以便及时发现和掌握基础设施的运行情况,采取对策,确保基础设施安全运行。

②特殊巡检。特殊巡检是在发生设备结冰、河水泛滥、山洪暴发、泥石流、火灾、地震、狂风暴雨等灾害情况之后,对基础设施进行仔细的巡检,查明是否有异常现象,以及对受灾地区进行灾情调查拍摄和录像取证,搜集基础设施受损及环境变化情况。

③夜间巡检。夜间巡检是为了检查基础设施在夜间运作时出现的缺陷,如基础设施电力线路夜间负荷较大是只有在夜间才可以发现而白天巡检中不能发现的缺陷。

④故障巡检。当基础设施发生故障,或正常巡检作业发现基础设施某零部件损坏,存在安全隐患时,需立即进行故障性巡检,找出故障点,查明故障情况和发生故障的原因,为下一步的维修计划提供依据。另外,还可对基础设施盗窃、紧急事故、违建等进行巡逻飞行并拍照取证等。

(4)无人机基础设施巡检系统的组成。

基础设施巡检是一个较为精细的基础设施安全保障工作,巡检的内容越全面,对基础设施安全越有保障。特别是在后期数据处理的过程中,为实现数据处理过程的自动化、智能化并尽量发挥多种数据融合进行故障诊断的优势,需要确保数据获取过程中的多种传感器采集的数据之间进行严格的时间、空间同步。因此,需要选择搭配合适的无人机飞行平台和传感器载荷,合理设置基础设施巡检系统的性能参数。

无人机基础设施巡检系统典型的结构分为以下五部分。

①旋翼无人机飞行平台。旋翼无人机飞行平台是指系统中负责空中飞行的旋翼无人机,主要提供飞行能力和装载的功能。为消除旋翼反扭矩作用,旋翼无人机有多种结构形式。

②机载多传感器吊舱系统。机载多传感器吊舱系统主要由陀螺稳定平台、减振装置、任务载荷、机载任务控制系统、地面任务控制系统、操纵手柄等六部分组成。双光学相机、红外热像仪、紫外成像仪、激光扫描仪及高精度定位定姿系统等传感器安装在两

轴两框架陀螺稳定平台内部,构成稳定转塔。稳定转塔通过减振装置安装到无人机机体上。

稳定转塔和机载任务控制系统通过电缆连接。稳定转塔中各传感器的数据传输、通信控制和电源通过电缆与机载任务控制系统相连。地面任务控制系统和操纵手柄安装在地面控制站内,其控制指令通过无线通信链路发送给机载任务控制系统,以控制执行吊舱动作。

③地面控制站。地面控制站分系统主要包含无人机飞行过程中飞行状态的控制、飞行状态的监测、传感器数据的获取控制、数据链路通信的地面保障,以及地面自动/半自动检测设备、地面供电、燃油加注、运输和作业等功能。该系统包括机上设备的地面控制系统、多传感器地面控制系统、数据链路通信传输的地面终端、数据编解码设备、实时数据分析,以及运输和作业车辆等设备。

④无线通信链路系统。该子系统是整个系统通信连接的关键设备,包括信号接收/发射设备及无人机通信中继设备等。它主要负责保障地面控制站与旋翼无人机飞行平台之间的数据通信,特别是保障无人机在地形复杂的山区等恶劣条件下与地面之间的可靠通信。

⑤地面数据处理系统。该子系统是后期数据处理与应用系统,包括多传感器数据预处理和几何处理系统,基于激光、光学、红外、紫外等多种传感器的安全巡检智能专家系统及巡检过程的三维可视化系统等。

(5)无人机基础设施巡检作业流程。

无人机基础设施巡检作业过程可按照以下步骤开展。

①制定巡检计划。无人机基础设施巡检作业的第一步是进行原始数据收集及现场踏勘,并制定无人机基础设施巡检任务计划。

②无人机飞行巡检。通过无人机空中飞行勘测,获取有关基础设施的激光点云、可见光照片、红外视频、紫外视频等多源数据,从而获得数字地形模型数据、正射影像数据、地表覆盖、空间几何位置信息及基础设施运行工作状态信息等。这里,点云是指目标空间分布和目标表面特性的海量点集合,其中每个点的信息包含其三维坐标、激光反射强度和颜色信息。

③故障诊断与识别。根据无人机巡检采集的多种类型数据进行巡检数据的处理,实现多种数据的定位与时间同步,并以人机交互或自动化的方式进行故障诊断与识别。

④飞行高度和水平距离。无人机在巡检作业飞行过程中,需与无基础设施保持一定的距离。例如,无人机在做电力线路巡检时,一般来说,水平距离至少应保持 20 m,离地高度 H 至少保持 80 m 以上,以确保无人机的飞行安全。

(6)无人机基础设施巡检作业特点。

无人机基础设施巡检作业是将现代无人机飞行平台、计算机、通信、测控、遥感等技术有机结合,通过自动化飞行控制和传感器检测技术对基础设施的设备运行状态和环境进行快速或细致检测。无人机基础设施巡检具有设备投资小、巡检成本低、自动化、智能化的特点,具有明显的技术、经济优势和基础设施巡检特色,且不存在误操作或恶劣地理和天气因素造成的巡检人身安全问题,能够较大程度上解决载人机巡检和复杂地理条件下人工巡检的安全性强、技术要求高、劳动强度大等问题，直接和潜在经济效益较为可观，可大大提升基础设施管理的技术水平和效率。

归纳起来，无人机基础设施巡检作业具有以下特点。

①无人机飞行平台可靠稳定，基础设施巡检作业人身安全有保障。

②无人机携带方便，基础设施巡检作业不受地形影响，使用机动灵活。

③无人机超远控制距离，高空全局性拍摄，基础设施巡检作业效率高、质量好。

④先进的三轴云台相机技术，画面稳定清晰。

⑤多源数据三维图像显示，高清实时画面回传，回放记录功能齐全。

⑥实现对多时相、多源数据的自动对比分析和综合管理。

⑦自动诊断基础设施安全隐患和故障，自动生成故障数据库和故障报表。

⑧抗电磁干扰。

2. 5G网联无人机基础设施巡检通信能力需求与场景

(1)5G网联无人机基础设施巡检网络通信能力需求。

在基础设施巡检作业中，无人机需要具有优良的飞行稳定性和快速的反应能力，可以不间断地进行现场的实时跟踪、高效数据采集等功能，同时可以实时回传高清视频用于人眼或计算机AI的分析识别，这些功能都需要通过联网作业来支撑。具体来说，无人机基础设施巡检的典型网络需求包括实时视频传输、飞行状态监控、远程操控及网络定位等。

(2)5G网联无人机基础设施巡检应用场景。

以电力线路巡检为典型案例来说明5G网联无人机基础设施巡检应用场景。电力设备中输电线路一般位于崇山峻岭等无人区，人工巡视检查设备缺陷是效率较低，蛇、蚊虫、蚁等小动物咬伤员工的事件屡见不鲜。另外，输电铁塔、导线、绝缘子等设备位处高空，应用无人机巡查，既可以避免高空爬塔作业的安全风险，又可以360°全视角查看设备细节情况，提高巡视质量。

5G网络可实现上行单用户体验速率达100 Mbit/s以上，空口时延10 ms，将使得实时视频更加流畅清晰，巡查效果更优。无人机可分别或组合搭载高清变焦相机、红外相机、夜视相机、激光雷达等多种传感器，传感器通过连入5G网络的客户终端设备(CPE)，将视频流通过上行链路传输到流媒体服务器中，用户再通过PC从该服务器观看巡查过程，实现电力线巡查高清视频的即拍即传。

无人机4K视频实时回传，上行实时30 Mbit/s带宽，多机协同360°全景拍摄，数据冗余采集，减少巡检目标对角、光线不一致、图像漏拍等导致的地理信息系统(GIS)图像3D建模失败，节约成本30%~90%。地面站与管理中心进行内外场协同作业，即时发现问题并进行图像复采集，作业效率可提升40%~80%。

5.2.4　5G网联无人机高层建筑消防应用场景

随着高层建筑在世界各地蓬勃发展，灾难性的高层建筑火灾引起了人们的高度重视。高层建筑发生火灾时，会出现一些特殊的问题，难以采用传统消防工具及方法进行扑救。为解决高层建筑灭火救援中传统消防工具所面临的"够不着、上不去、进不了"等问题,高层建筑消防灭火无人机应运而生。它具有传统消防灭火装备无法比拟的优势,除可用于专业消防部门进行高层建筑灭火救援外,还适用于机场、仓库、石油化工企业的储罐区、港口码头等场所的远程消防灭火救援。

1. 高层建筑消防无人机的基本概念

(1)高层建筑的定义。

高层建筑的起点高度或层数,各国规定不一。在我国,一层至三层为低层住宅,四层至六层为多层住宅,七层至九层为中高层住宅,十层及以上为高层住宅。建筑高度大于 100 m 的民用建筑为超高层建筑。

(2)应用无人机解决高层建筑消防难题。

现在,城市高层建筑越盖越高,越盖越多。这些高大挺拔、千姿百态、风格各异的建筑物虽然大大改善了城市居民的办公和居住环境,给城市增添了许多如诗如画的美景,但也给居住其中的人们增添了一个世界公认的难题:高层建筑消防灭火及人员逃生问题。

针对我国高层建筑数量多、楼层高、人员密集、火灾隐患多及缺乏有效的消防救援手段等困境,高层建筑消防灭火旋翼无人机(简称高层建筑消防无人机或消防无人机)应运而生。高层建筑消防无人机利用旋翼无人机所具备的"垂直起落、空中悬停"飞行特性,从空中由外向里对高层建筑发生火灾的房间玻璃实施强行破窗及向着火房间内喷射灭火干粉,能迅速扑灭大火,这样就为解决以往长期困扰人们的高层建筑消防灭火这一世界性难题提供了一个崭新的思路和方法。

高层建筑消防旋翼无人机凝聚了集成化设计、智能化识别、精确化制导等一系列高科技关键技术,具备灵活机动、操作便捷、精准破窗、高效灭火等多重优势,并且反应迅速、作业可靠、成本较低,而且降低或基本消除了消防人员因攀爬发生火灾的高层建筑而可能受到的伤害。现在,高层建筑消防无人机的研制、生产和应用已经获得世界各国的高度重视,正以前所未有的速度迅猛发展,方兴未艾。

(3)无人机高层建筑消防灭火作业流程。

针对城市人员和建筑物密集的情况,以及不允许使用"灭火弹"的规定,高层建筑消防灭火旋翼无人机以无刷直流电动机作为动力装置,一般采用 4 轴 8 旋翼结构形式,为方便运输,旋翼可折叠。一旦有高层建筑发生火灾,消防灭火旋翼无人机由消防车搭载运送到达火灾现场附近,随即无人机旋翼展开,搭载数十千克的灭火干粉、玻璃破拆枪和自救装备发射装置垂直起飞,直接飞到火灾楼层外面,作为空中悬停平台,遥控对准目标,首先用玻璃破拆枪发射高速冲击弹,击碎高层建筑上起火房间的玻璃窗,击碎玻璃后向室内喷洒灭火干粉,有效扑灭火焰,在 1 min 内灭火体积可达 100 m^3。如果室内还有被困人员,破窗后无人机第一时间要即刻向室内被困人员抛射装有防毒面具的自救装备筒,以便让被困人员从自救装备筒中取出防毒面具戴上,防止或减少受到火灾现场浓烟的毒害,及时逃生出来。

(4)无人机高层建筑消防特点。

消防灭火是消防人员在和平时代最危险的工作之一,高层建筑灭火更是一项艰巨而危险的任务。随着经济和社会的发展,高层建筑越来越多,同时也为消防工作带来越来越大的挑战。传统的消防灭火工具如云梯升空高度不超过50 m,在遇到超高层建筑的火灾时,云梯车无法发挥作用。云梯车操作难度高,反应速度慢。云梯静风状态下摇摆幅度可达1.5 m,不经专业训练很难在上面进行操作,在有风的条件下就更难操作。即使云梯车到达现场,也会遇到诸多意想不到的问题:能不能开进火灾现场是第一个问题,能不能找到合适的停车位置(用来伸展支撑)是第二个问题,能不能及时将云梯伸展到所需要的高度是第三个问题。也就是说,云梯车到达现场,真正投入灭火救援工作是需要一定准备时间的,而这个时间火灾已经处于猛烈发展阶段了。

高层建筑消防无人机与传统的消防工具相比,有以下特点。

①不怕牺牲。利用无人机在危险的高层建筑火灾环境中执行消防灭火任务,既可以不惧危险,提高灭火效率,又以可有效地减少消防人员生命损失的风险。特别对于有毒、易燃易爆等危险环境,消防无人机集成有可燃气体探测仪和有毒气体探测仪,可对易燃易爆、化学事故灾害现场的相关气体浓度进行远程检测,得到危险部位的关键信息,从而有效规避现场人员伤亡。

②行动迅速。旋翼无人机体积小,便于运输,不受场地的限制,能够在极短的时间内飞到高层建筑火灾现场,快速启动作业,把火势抑制在早期,其消防灭火作业效率高、质量好,可实现“打早、打小、打了”的目标。

③精准破窗。消防无人机上安装的玻璃破拆枪,可进行精准射击,发射高速冲击弹击碎高层建筑上起火房间的玻璃窗或钢化玻璃外墙,带有夜视瞄准相机,白天晚上均可作业。

④安全自救。破窗后消防无人机第一时间向室内被困人员抛射装有防毒面具的自救装备筒,使被困人员能戴上防毒面具,及时逃生出来。

⑤灭火效果好。消防无人机在灭火过程中,稳定悬停在着火房间外面,向着火房间室内精准地喷洒灭火干粉,能有效扑灭火焰,在1 min内灭火范围可达100 m^3,灭火效率高。同时,灭火干粉安全无害,不会对建筑物及房间内未疏散人员或户内物品造成次生伤害。

⑥高空侦察。消防无人机上安装有先进的三轴云台相机,可实现高清实时画面和视频回传,视频画面稳定清晰。在高层建筑火灾现场,消防无人机能够迅速展开灾情侦查,有效提升侦查的效率,查明灾害事故的关键因素,以便指挥员做出正确决策。

⑦监控追踪。高层建筑火灾事故现场的灾情往往瞬息万变,在灾害事故的处置过程中,利用消防无人机进行实时监控追踪能够提供精准的灾情变化情况,便于各级指挥部及时掌握动态灾害情况,从而做出快速、准确的对策,最大限度地减少损失。

⑧高空喊话。在高层建筑火灾现场利用无人机携带的集成语音、扩音模块传达关键指令或进行空中呼喊,其喊话效果好,比地面喊话更有效。

2. 5G网联无人机高层建筑消防通信能力需求与场景

(1)5G网联无人机高层建筑消防网络通信能力需求。

高层建筑消防无人机需在空中长时间稳定悬停,需要具有优良的飞行稳定性和快速的反应能力，进行消防灭火作业及观察火势发展和群众受困情况，实时回传高清视频。这些功能都需要通过联网作业来支撑。具体来说，就是要接入 5G 网络，为现场指挥官、指挥中心提供实时高清的直播画面，提高灭火救援的精准性。同时，搭载双镜头的图传技术，能够随时切换灭火器瞄准喷射视角和 30 倍光学变焦视角，不放过火灾现场的每个细节。无人机高层建筑消防的典型网络需求包括实时视频传输、飞行状态监控、远程操控及网络定位等。

(2)5G 网联无人机高层建筑消防应用场景。

无人机数据链路系统是无人机飞行平台系统与地面指控系统的纽带，可通过双向通信完成无人机系统的人机交互。常规的无人机数据链路多为无线电，无线电频段管制多，通信距离容易受地理环境和无线电噪声影响。5G 蜂窝移动网数据链提供的高可靠、低时延、大带宽网络可以代替常规无人机中的点对点数据链路系统。

5G 网络具有“高速率、低时延、大容量”的特点，可以提供最高达 10 Gbit/s 的网络通道，低至 1 ms 的时延，并能承载 100 万个/km^2 的连接，只有在 5G 网络的支撑下，高层建筑消防无人机才能展现出真正的“威力”。当一处高层建筑已经着火时，着火的房间窗户紧闭，屋内浓烟弥漫。面对这一紧急情况，无人机借助 5G 网络传回实时图像，为指挥中心准确判断现场情况提供视频信息，辅助消防指挥人员做出行动决策。这要求无人机传回的实时图像必须是超高清画质，满足 4 KB 或 8 KB 视频和飞控数据传输，可以进行多倍放大，这就只有 5G 网络的高速率能够办到。同时，在找准位置之后，指挥中心从发出命令到无人机准确执行，中间的时延要尽可能缩短，才能保证无人机的任务圆满完成，这也只有 5G 网络低至毫秒级的超低时延能够实现。5G 网联无人机借助 5G 网络实现远程视频采集和远程设备控制，可成为消防队员的有力帮手。

5.2.5　5G 网联无人机救援应用场景

作为世界上自然灾害最为严重的国家之一，我国自然灾害和事故灾害的种类多、分布地域广、发生频率高、造成损失重，洪涝、干旱、台风、风雹、沙尘暴、地震、崩塌、滑坡、泥石流、森林大火等气象灾害和地质灾害在我国经常发生。每次灾情和事故发生时，不仅对各种交通设施造成破坏，而且会伴随着许多人员的被困和伤亡，每年因自然灾害、事故灾害造成的经济损失高达数千亿元。如何提升和发挥应急救援手段，科学有效地应对灾害，开展灾后救援工作，成为人们广泛关注和协调应对的重大问题。

5G 网联无人机消防与救援应用场景

1. 无人机救援的基本概念

(1)无人机救援的定义。

无人机救援是指利用无人机在应急救援中“打头阵”，当有灾害发生时，第一时间快速深入灾害现场，迅速展开救援作业，从高空俯瞰地面获取灾害现场的影像数据，实时将现场的视、音频信息传送到应急救援指挥中心，提供给指挥者进行灾难评估和决策。无人机还能够实现通信中继功能，快速恢复灾害现场局部通信，以及跟踪事件的发展态势，帮助应急救援指挥中心实施不间断指挥处理。

无人机具有低成本、易操纵、无须专用场地、随时起降、避免人员伤亡等特点，在展开救援作业中可实现快速响应，成了复杂气象或地理条件下应急救援的重要手段之一。地面救援队伍（包括救援人员与车辆等）可利用无人机进行侦察、精准定位、空中抛投等救援行动，从而构建空地一体的灾情事故救援网络保障体系，在空中和地面打开一条生命通道，确保空中、地面两线救援的有效实施。

从近年来对于自然灾害和重大安全事故抢险救灾的报道来看，社会各界对抢险救灾手段及科技成果运用的关注度逐渐提高。在灾区，不仅能看到众志成城、感人至深的场面，还能够看到救援体制的完善和科学技术的进步。无人机在抢险救灾中的广泛引用有着重大而深远的意义，这不仅是行业发展的体现，更是科学技术与社会文明进步的重要标志。

（2）无人机救援的功用。

发生自然灾害和重大安全事故的主要特征，一是突发性和难以预见性，二是破坏性，三是具有紧迫性。因为是突然发生的、带有破坏性的灾难，特别是面对受到巨大破坏和家园损毁的灾难性局面时，极易造成人们的恐慌，还有可能会发生次生灾害或二次破坏，所以在实施救援的过程中就带有紧迫性的特点。无论是自然灾害，还是重大安全事故，对紧急救援的要求都是：实现快速响应，尽快到达现场；迅速判明情况，查明灾难发生原因、人员伤亡和重大财产损失情况，采取果断措施，实施正确指挥；进行紧急救援，寻找和救助伤员，妥善安排善后，尽力减少损失，避免发生次生灾害或灾情进一步扩大发展。在这些环节中，无人机都能够发挥出重要作用（图 5-5）。在自然灾害或重大安全事故发生后，无人机对于灾害及事故现场侦查有着明显的优势，第一时间动用无人机进行现场侦察已经成为人们普遍认同的抢险措施。

图 5-5　无人机救援

具体来说，无人机救援的作用主要体现在以下几方面。

①地质灾害救援。无人机地质灾害救援作业主要包括地震救援、滑坡监测、泥石流监测、火山爆发监测等。

a. 及时投送物资。当灾害发生，外界救援部队无法立即到达灾区，救助被困人员时，可以利用无人机给灾区被困人员投送水、食物、药品等必要物资。

b. 灾害侦察阶段。地质灾害发生后,可以利用无人机航摄系统对灾区勘测,提供现场第一手资料,及时了解灾害发生情况、影响范围、受困人员情况、道路是否畅通等,提高灾害救助时效性和针对性,预测震后受威胁的对象与潜在次生灾害发生体,如对于滑坡、泥石流、塌方等形成的淤塞,结合降雨统计数据、河流流量信息等,预测蓄满溢流的可能性。利用无人机空中三角测量地形地貌数据制作灾区三维景观图,可以直观反映灾区地形地貌景观。

c. 应急处置阶段。通过无人机影像了解安置点周边环境信息和空间分布,分析应急安置点布置的合理性,综合评估发生灾害的成因、致灾因素、破坏机制和特征,进行危险性分析和灾情评估,提出防治措施或思路。

d. 灾后恢复重建阶段。对重点地区进行监测,用不同时段数据进行对比,分析重建进度。利用无人机开展临近高速公路、铁路、国道、省道等交通干道易发生滑坡和泥石流塌方的区域重点监测,提升灾害预警能力。对于已发生泥石流、滑坡的区域,利用无人机影像和飞行控制数据进行灾后重建,实现灾害应急测量和灾情评估。开展火山爆发周围区域监测,及时了解灾害影响范围,以及人员伤亡和财产损失情况,完成灾害监测和灾情评估任务,为灾害预防和救援方案的制订提供科学依据。

②森林火灾救援。无人机森林火灾救援作业主要包括大空间范围内的火情探测、火场侦察、火情分析、火源确定、火势蔓延趋势预测、救援方案制订等。利用无人机影像及实时获取的火场环境数据,结合林火模型进行火势蔓延分析,监测火势大小,预测影响范围,为救援途径选择、救援设备及人员部署、火情预警提供决策依据。无人机在对汽车和人无法到达地带的资源环境监测、森林火灾监测及救援指挥等方面具有其独特的优势,有着其他手段不可替代的重要作用,具体表现在以下几个方面。

a. 空中巡护。无人机通过空中巡护,可及时准确地发现、传递和报告森林火情,能弥补地面监测不到的区域的灾情,实现早发现、早扑救。无人机的巡护效率远高于传统的人工巡护,能在短时间内完成原本需要多人、费时、费力进行的巡护工作,运行成本也极为低廉。

b. 火场侦察。无人机通过对火场空中侦察,利用移动多媒体传输系统,向消防指挥中心快速提供准确、直观的火场信息,包括火场地理坐标(经、纬度)、火场的轮廓和面积、火势蔓延速度等数据,使扑火指挥调度更科学合理,提高灭火作战效率。

c. 直接参与灭火。无人机发射灭火弹或喷射灭火剂(或水)灭火,吊桶、吊囊灭火,集群灭火的实施,使山高坡陡、交通不便的边远林区、重点林区、原始林区发生的森林火灾得以及时扑救,力争做到"打早、打小、打了"。

d. 人工增雨。无人机系统可用于人工增雨,其特点是使用简便、机动性好、便于投放、没有人员安全的风险等,因此特别适合森林防火作业中的人工增雨。例如,无人机携带 10 枚增雨焰条,通过挂架挂载在机腹与起落架中间。在飞行中点燃某枚增雨焰条,由地面遥控进行控制,并通过遥测信息显示焰条的状态。每次可根据情况同时点燃多根发烟管。根据无人机人工降雨作业投放碘化银数量与作业区域的关系,10 枚增雨焰条的碘化银含量即可满足 100 km^2 的人工降雨作业区域要求。

③群体活动应急保障。无人机群体活动应急保障作业主要包括大型活动安保、重

大群体事件监测等。利用无人机搭载动态位置姿态传感器、高分辨率成像传感器、序列成像传感器等多模式组合传感器，通过实时快速测绘处理，对目标区进行快速探测解算及地理重建，将视频信息转化为具有定量地理信息标志的动态地理影像，并可接入互联网，实现实时地理信息发布和用户端直播服务，使主管部门能及时获取活动现场信息，掌控事件进展动态。

④城市应急测绘服务。城市应急测绘主要是指在发生台风、暴雨、洪灾、沙尘暴等自然灾害及火灾等危险事件时，提供应急测绘保障服务。利用无人机航摄手段，结合城市应急专题信息库(如城市地形数据库、实时舆情数据库、河网水库数据库、气象资料等)，进行洪水淹没区域、火情影响范围、台风影响范围等分析，以便合理安排人员撤离路线及救援路线，进行救援人员、物质调配等。

⑤伤病员救护。医疗救护无人机结构简单、使用方便，可以突破地理障碍，携带医疗器材和药品，迅速从空中飞行抵达目标地了解伤病员情况，争取时间投入抢救。其使用成本低于有人驾驶飞机，并且无人机标准平台用途广泛。

⑥野外应急救援。无人机运用于野外救援，能够独自自动搜索和发现失踪人员。以往传统的野外应急救援需要人工地毯式搜索，搜索地域广、时间长、成本高、难度大。而无人机具有一系列机载传感器，包括日光摄像头、热像仪、红外摄像头和无线跟踪工具，能够自动扫描大面积的地形，智能判别画面中的物体，有效解决了山区地形地貌结构复杂、人工搜索耗时长的问题。应急救援指挥中心根据无人机实时回传的视频画面迅速锁定失踪人员或迷路游客的位置坐标，指挥所属地派出所、森林公安和民兵救援队，可迅速将被困游客带至安全地带。

⑦建立通信信号基站。在自然灾害受灾地区，由于地处偏僻或基础设施受损造成的信号中断的情况时有发生，因此在灾区建立临时通信基站就显得尤为重要。在信号中断的受灾地区，利用无人机搭载通信基站，升空到一定高度即可快速恢复该地区通信信号。

在有条件的情况下，可以采用车载移动应急通信系统，利用系留无人机建立稳定的通信基站，迅速恢复灾区通信功能。在汽车等地面设备无法进入的情况下，也可利用多架长航时无人机搭载通信基站快速飞赴灾区，在地面设备到达前恢复并维持受灾地区的通信信号。

(3)无人机救援的特点。

无论是自然灾害还是人为造成的事故，灾后救援无疑都是跟时间赛跑，能在第一时间掌握灾区的具体情况并制定出最合理的方案就能将灾难降到最低。而传统的灾情探测主要依靠老三样，即通过电话热线联系灾区现场工作人员、专家组深入灾区实地探访和通过卫星遥感技术获得空中影像照片这三种途径。但灾后灾区的电力通信及道路都有可能被破坏，有时还会伴随着一些次生灾害，所以传统救援很难在第一时间了解到灾区情况，更不能及时针对突发情况做出相应的解决对策，而利用无人机却可以很好地解决了这些问题。无人机救援主要有以下特点。

①无人机灵活便捷，能够快速反应。一般情况下，由于无人机体积小、质量轻，甚至可以由作业人员随身携带，因此一旦出现应急险情，可以第一时间随作业人员一同到达

作业现场。同时,随着无人机运输装载技术的提升,其反应时间大大缩短。部分无人机从开箱调试到安全起飞全过程不到 1 min,在分秒必争的救灾现场,快速反应无疑是救援工作成功的关键。

②无人机机动性强,视野广阔。经过多年的发展,民用无人机技术已经成熟地运用于影视航拍和国土测绘等多个领域,可远观,可近察,可快速搜索整个灾区,也可仔细搜寻特定区域。例如,当发生地震、暴雨山洪、滑坡、泥石流、森林大火等气象灾害和地质灾害时,无人机的应用可大大提高抢险效率。接到出勤任务后,无人机快速启动,进行险情观测及现场巡查,将现场情况通过图像数据传输及时反馈给指挥中心,为救援指挥决策提供准确依据。同时,无人机对险情现场进行反复搜索,发现受灾人员后,协同救援人员实施营救,确保受灾人员安全。

③无人机机载设备的多样性极大地满足了其在抢险救灾中的应用需求。随着无人机载重能力及云台模块化的发展,无人机的任务载荷已经可以实现根据现场需要随时更换机载模块。例如,在夜间搜救中,无人机可搭载红外夜视仪或热成像仪,即使在漆黑夜晚也能够快速锁定受灾人员位置,并通过对周围环境的探查,降低夜间救援的安全风险。在发现受灾人员且不方便马上施救的情况下,可利用无人机进行小型自救设备及少量食物饮水的投放,以提升受困人员的生存能力,为救援赢得时间。

④无人机具有体积小、成本低、操纵容易、反应快、效率高等诸多优点。当前无人机定位技术已经发展到了厘米级的定位,它的探测精确度有了很大提高。与卫星影像不同的是,它的系统记录和影像记录更清晰,还不会受外界的干扰,可以实时查看地形及受灾状况。搭载了红外摄像的相机还能在夜间查看灾难现场灾情发展的具体情况,从而能使指挥中心做出正确有效的应对措施。

⑤无人机保障了救援工作的安全。无人机救援作业运作迅速敏捷,利用搭载了高清拍摄装置的无人机对受灾地区进行航拍,可迅速提供一手影像。无人机从起飞至降落仅耗时 7 min 就可以完成 100 000 km^2 的航拍,对于争分夺秒的灾后救援工作而言意义非凡。此外,无人机保障了救援工作的安全,通过航拍的形式,避免了那些可能存在塌方的危险地带,将为合理分配救援力量、确定救灾重点区域、选择安全救援路线及灾后重建选址等提供很有价值的参考。此外,无人机可实时全方位地监测受灾地区的情况,以防引发次生灾害。

⑥无人机对环境和气象条件有较强的适应性。无人机不仅能够有较快的响应能力,而且对环境和气象条件有较强的适应性。在这方面,无人机比有人驾驶飞机更优越。例如,无人机能在 6 级风下完成飞行任务,受阴、雨、雾等天气条件的限制比有人驾驶飞机小得多。无人机在较差的天气条件超低空作业,获取地面影像的速度非常快,可在半径 15 km 的范围内稳定可靠飞行。

⑦无人机能够实现通信中继功能,快速恢复灾难现场局部通信。中通信中继是无人机的一个重要用途。当自然灾害,如地震、洪水、泥石流、海啸等灾难发生时,在一定地域内,地面原有的有线、无线通信系统均遭到破坏,在最需要通信联络时,信息传递就成为一个大问题。而无人机则可以作为一个便捷的通信中继机,在指挥中心与现场之间搭建一条无形的信息“桥梁”,快速构成一个应急局域无线通信网以解燃眉之急,为救

灾赢得宝贵时间。

⑧无人机在灾害或事故评估方面有明显的优势。除侦察和救援外，由于无人机低空遥感的高分辨率和高机动性是传统遥感技术所无法比拟的，因此利用无人机开展灾害及事故评估的优势明显。

2. 5G网联无人机救援通信能力需求与场景

(1)5G网联无人机救援网络通信能力需求。

随着无线移动蜂窝通信日益渗透到人们生活、工作、娱乐等方方面面，除支持移动宽带外，无线通信未来的应用还将扩展到物联网领域，包括车联网、网联无人机、工业自动化、体联网、智能抄表等，5G就是在这样的大环境下应运而生的。5G移动网络在继续丰富人们沟通和生活的同时，也向全行业数字化转型提供能力，提高各行业的运作效率和服务质量。

国际电信联盟(ITU)定义了5G三大场景：增强移动带宽(enhanced mobile broadband，eMBB)、超高可靠低时延通信(ultra-reliable low-latency communications，uRLLC)和大规模机器类通信(massive machine-type communications，mMTC)。未来，随着无人机续航能力的增强及5G通信模组的成熟，结合边缘计算(MEC)的应用，5G综合承载无人机飞控、图像、视频等信息将成为可能。无人机和控制台均与就近的5G基站连接，在5G基站侧部署边缘计算服务，实现视频、图片、控制信息的本地下载，直接回传至控制台，保障通信时延迟在毫秒级。同时，还可利用5G高速移动切换的特性，使无人机在相邻基站快速切换时保障业务的连续性，从而扩大无人机救援范围到数公里范围以外，极大地提升了救援效率。

在救援场景中，无人机典型网络需求包括实时视频传输(多路)、飞行状态监控、远程操控及网络定位。

(2)5G网联无人机救援应用场景。

我国幅员辽阔，多样的环境和气候特征使得各种自然灾害时有发生。因此，防灾预测及灾后的救援工作尤其重要。

在防灾预测方面，5G网联无人机搭载光电吊舱配合5G网络实时图传，可实现全天候24 h监控拍摄视频图像，并实时回传给指挥中心。

①可疑火点火情。即使是在夜晚，5G网联无人机也能依靠红外吊舱清晰地发现热源火情，全程提供空中视角的情报支持。

②树木盗砍盗伐。5G网联无人机能对树木盗砍盗伐可疑区域进行长时间盘旋监控，根据实际情况随时调整飞行航路，追踪定位盗伐者位置，并释放音效或拉烟进行警示震慑。

③防汛防洪。5G网联无人机搭载气象测量传感器等设备收集并实时回传气象数据，如温度、气压、湿度、风速、不同高度各种气象图像、云形成类型和大小、能见度、湍流发生和大小、积冰等数据。根据回传数据分析天气状况，评估天气影响。同时，利用5G网联无人机到达上游水库人力无法到达的地方，及时发现库区大坝附近裂缝、滑坡体、危岩等情况并立即报告，结合实时回传上游河道、周边环境高清图像及气象探测分析数

据，可有效支撑对降雨量和降雨时空分布的准确预测，以及对洪峰模拟的精确计算等，提前预报山洪、泥石流等灾害，在日常防汛抗洪中发挥重要作用。

④地震救援。地震是一种十分复杂且危害性极大的自然灾害。地震引发的海啸、火灾、瘟疫和放射物扩散等灾害对于人类生命的威胁极大。5G 网联无人机对于加强地震监测预防工作、提高灾后救援的准确性和高效性等大有用武之地。当地震发生后，利用 5G 网联无人机先进的遥感遥测、低空航拍、高清视频图像传输等技术，运用科学合理的救援力法和先进的救援装备实施有效的救援措施，营救幸存者，可以降低人民群众财产损失。

当灾害发生时或发生后，利用无人机灵活性强的特点，使用搭载通信基站的无人机，基于规划的路线飞行，触发受灾被困人员手机接入机载基站网络，实现对被困人员通信设备的主动定位，确认被困人员的位置及身份信息。同时，利用 5G 网络的大带宽传输能力，通过机载摄像头实时拍摄并回传现场高清视频画面，结合边缘计算能力和 AI 技术，实现快速的人员识别及周边环境分析，便于救援人员针对性地开展营救工作。通过该产品与传统搜救方式的结合，可有效降低搜寻时间，保证被困人员能够在第一时间得到有效救助，最大限度地减少人员伤亡，具有显著的社会效益。

【项目评价】

项目学习完成后，进行项目检查与评价，检查评价单见表 5-1。

表 5-1 检查评价单

评价内容与评价标准				
序号	评价内容	评价标准	分值	得分
1	知识运用（20%）	掌握相关理论知识，理解本次任务要求，制订了详细计划，且计划条理清晰、逻辑正确（20 分）	20 分	
		理解相关理论知识，能根据本次任务要求制订合理计划（15 分）		
		了解相关理论知识，制订了计划（10 分）		
		没有制订计划（0 分）		
2	专业技能（40%）	能够掌握 5G 网联无人机的相关基础知识（40 分）	40 分	
		了解 5G 网联无人机的各种应用场景（30 分）		
		没有完成任务（0 分）		
		具有良好的自主学习能力、分析并解决问题的能力，整个任务过程中有指导他人（20 分）		

续表5-1

评价内容与评价标准				
3	核心素养（20%）	具有较好的学习能力、分析并解决问题的能力，整个任务过程中没有指导他人（20 分）	20 分	
		能够主动学习并收集信息，具有请教他人以解决问题的能力（10 分）		
		不主动学习（0 分）		
		设备无损坏、设备摆放整齐、工位保持整洁、没有干扰课堂秩序（20 分）		
4	课堂纪律（20%）	设备无损坏、没有干扰课堂秩序（20 分）	20 分	
		没有干扰课堂秩序（10 分）		
		干扰课堂秩序（0 分）		

【项目小结】

通过本项目的学习，了解 5G 网联无人机的相关基础知识，具体包括电磁波的基础知识、无线电技术的基础知识和通信技术的基础知识，进一步了解 5G 网联无人机的各种应用场景。

【能力提高】

一、填空题

1. 电磁波是指既有电场特性，也有磁属性的波，它是由相同且互相垂直的电场与磁场在空间中衍生发射的震荡粒子波，是以波动的形式传播的电磁场，具有________。

2. 电磁波的电场（或磁场）随时间变化，具有周期性。在一个振荡周期中传播的距离称为波长。振荡周期的________，即每秒钟振动（变化）的次数称为频率。

3. 电磁波的磁场、电场及其行进方向三者互相垂直，因此电磁波是________。

4. 频率是电磁波的重要特性。按照频率的顺序把这些电磁波排列起来，就是电磁波谱。把每个波段的频率由低至高依次排列为________、微波、红外线、________、紫外线、________及 γ 射线。

5. 电磁污染又称________，以电磁场的场力为特征，并与电磁波的性质、功率、密度及频率等因素密切相关。

二、选择题

1. 单位时间内波形传播的距离称为波速，通常以 c 表示，单位是 m/s。声波在空气中传播的速度为（　　）m/s（温度为 150 ℃，温度升高时略有增加）。

A. 240　　B. 300　　C. 340　　D. 380

2. 无线电又称无线电波、射频电波、电波或射频，是指在自由空间（包括空气和真空）传播的电磁波，频率范围为 300 GHz 以下，其对应的波长范围为（　　）mm 以上。

A. 1　　B. 2　　C. 3　　D. 4

3. 无线电波要比较容易地通过天线发射出去,其天线与电波的波长有一定的关系。无线电发射机通过天线能有效地发射至空间的电磁波的频率,统称为射频。若频率太低,则发射的有效性很低,故习惯上所称的射频是指(　　)kHz 以上的频率。

A. 50　　B. 100　　C. 150　　D. 200

4. 无线电频谱一般是指(　　)kHz~3 000 GHz 频率范围内发射无线电波的无线电频率的总称。

A. 9　　B. 10　　C. 11　　D. 12

5. 由于较高频率上无线电波的传播特性,因此无线电业务不能无限地使用较高频段的无线电频率,目前人类对于(　　)GHz 以上的频率还无法开发和利用。

A. 1 000　　B. 2 000　　C. 3 000　　D. 4 000

三、思考题

1. 什么是认知无线电技术及其认知能力、重构能力?

2. 移动通信的工作方式有几种?简述每种工作方式的内容。

3. 5G 网联无人机物流网络通信能力需求有哪些?

4. 简述无人机基础设施巡检作业的主要类型、流程、特点和巡检系统的典型结构。

5. 高层建筑所面临的消防难题有哪些?如何应用 5G 网联无人机解决高层建筑消防难题?

6. 简述无人机直播的定义、工作原理,以及虚拟现实的定义、特征和系统组成。

7. 无人机直播有哪些特点?5G 网联无人机直播网络通信能力需求有哪些?

项目 5 测试

项目6　无人机系统维修与保养

【情景导入】

近年来，无人机的应用范围不断扩大，从军事领域到民用领域都有广泛的应用。无人机的维护与保养是确保其正常运行和延长使用寿命的关键。无论是专业的无人机操作员还是普通用户，都应该养成良好的维护和保养习惯，以保证无人机的安全和可靠运行。

多旋翼植保无人机的维护与保养

【知识目标】

1. 了解无人机维修常用工具。
2. 学习无人机机体常用材料的维修与保养。

【能力目标】

1. 掌握无人机航电系统及控制设备的维修与保养。
2. 掌握无人机飞行控制方式。

【思政及素质目标】

1. 培养学生具备自主学习和持续学习的能力，包括目标设定、学习计划制定、学习方法选择和学习反思的能力。

2. 培养学生具备社会责任感和道德品质，培养他们的公民意识、道德判断和社会参与能力。

【学习路径】

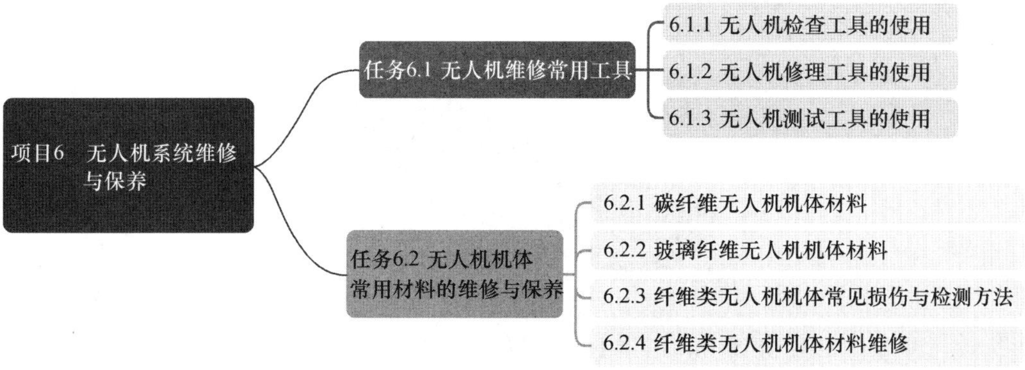

任务 6.1 无人机维修常用工具

6.1.1 无人机检查工具的使用

无人机维修常用工具

检查常用工具有水平仪、螺距尺、游标卡尺等。

1. 水平仪

水平仪主要用来对马达座及电机座进行水平校准，检测机臂、电机、飞控等安装是否水平。水平仪实物图如图 6-1 所示。

图 6-1 水平仪实物图

2. 螺距尺

螺距尺可以支持测量无人直升机主旋翼螺距。感应器正、负最大可测量的度数为 90°，分辨率为 0.1°。螺距尺实物图如图 6-2 所示。

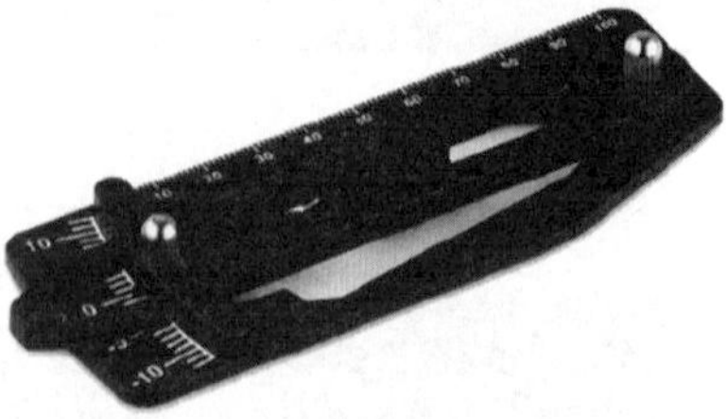

图 6-2 螺距尺实物图

3. 游标卡尺

游标卡尺是精密测量工具，它是精密制造、精确标定的，是一切制造、装配、检验的基准。所有维修人员都应熟悉如何使用、读值和保管测量工具。

游标卡尺是常用的内、外及深度的测量尺，有机械式和电子式两种（图 6-3）。

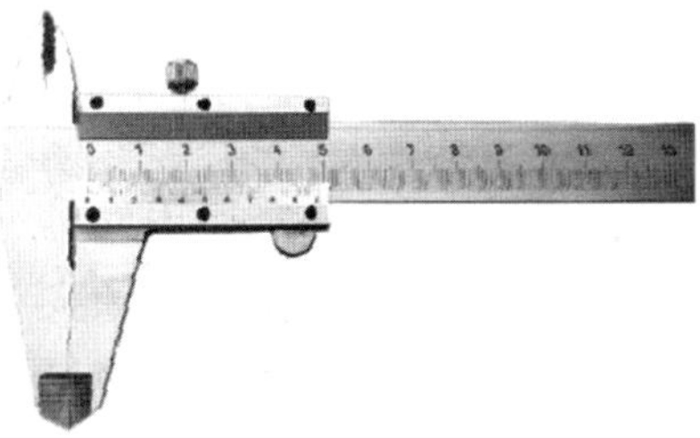

图 6-3　游标卡尺实物图

电子数显游标卡尺是固定翼、直升机、多轴无人机常用的组装工具。

游标卡尺的读数是由主尺和副尺两部分之和表示的。

游标卡尺有英制和公制两种刻度。日常使用的为公制，民航飞机维修方面使用的多为英制。本书以英制单位的游标卡尺为例来说明。游标卡尺采用十进制，主尺上每英寸分 10 大格，每大格为 0.1 in；每大格又分成四小格，每小格为 0.025 in；副尺刻线为 25 小格，即将主尺每一小格分为 25 份，因此其精度为 0.001 in。

6.1.2　无人机修理工具的使用

无人机修理工具主要用来进行无人机的机体、部件等的拆装、维护、修理等工作。

常用的修理工具包括拆卸工具、敲击工具、夹持工具、拧动工具、冲击工具、清洁工具、雕刻工具等多种。

1. 拆卸工具

（1）球头钳。

可以用来拆卸球形或有球形结构的工件。球头钳实物图如图 6-4 所示。

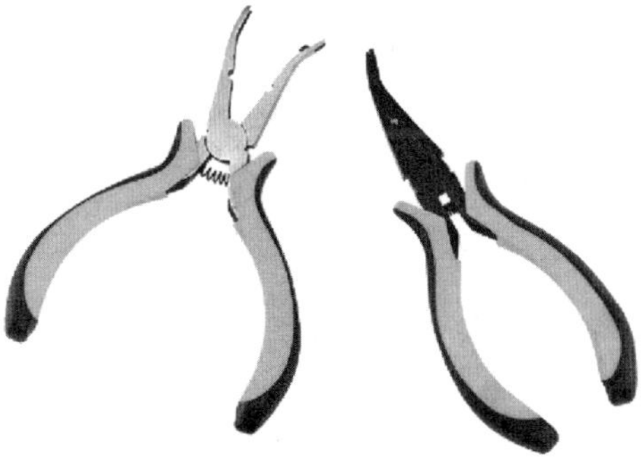

图 6-4　球头钳实物图

弯嘴通用球头钳（只能用于 4.5 mm 规格球头）用于拆除球头扣，适合拆除困难位置的球头，具有实用、方便等优点。

(2)拉玛。

拉玛又称拉马,是机械维修中经常使用的工具,主要用来将损坏的轴承从轴上沿轴向拆卸下来。拉玛主要由旋柄、螺旋杆和拉爪构成,有两爪、三爪之分,主要尺寸为拉爪长度、拉爪间距、螺杆长度,以适应不同直径及不同轴向安装深度的轴承。使用时,将螺杆顶尖定位于轴端顶尖孔调整拉爪位置,使拉爪挂钩于轴承外环,旋转旋柄使拉爪带动轴承沿轴向向外移动拆除。拉玛实物图如图 6-5 所示。

图 6-5　拉玛实物图

①拉玛零部件的组装共分为以下五步。

a. 选择两个金属夹片,一个拉脚,一个螺丝螺帽。

b. 选择相同位置的孔安装夹片,相同方式组装三个拉脚。

c. 连接丝杠与丝杠座。

d. 连接拉脚与丝杠座。

e. 可调式夹片方向,让拉爪钩方向保持一致,即完成组装。

②拉玛的连接方式。

拉玛的连接方式有两种,即两爪连接和三爪连接。

③拉玛在使用时要注意以下事项。

a. 拉爪固定被拉物时,务必保持拉爪内角面与被拉物体接触面保持垂直结合。

b. 利用扳手顺时针上紧丝杠,如果较为吃力,可轻微敲击丝杠头部,然后继续拧紧螺杠。

c. 可调节拉脚孔连接位置或拉脚方向达到最大时的拉取范围。

(3)卡簧钳。

卡簧钳从外形上来说,其实是尖嘴钳的一种,它是专门用来安装和拆卸卡簧环的工具(图 6-6)。从作用类型来分,卡簧钳主要分为内卡簧钳和外卡簧钳,主要用于各种机械设备上各种卡簧的拆卸和安装。这种钳子的出现方便了工人对于器械轴轮中间卡簧的操作。

图 6-6　卡簧钳实物图

卡簧钳的造型和操作方法基本与其他常见钳子是一样的,只要用手指带动钳腿的张开、合并,就可以操控钳嘴,并完成卡簧的安装、拆卸过程。

(4)震动解刀。

震动解刀是一种特殊的拆卸工具,包括铆枪-冲击部分和螺刀杆-旋转部分,螺刀头可更换。震动解刀有手动与电动两种。使用时,将螺刀杆配以合适刀头放入铆枪的铆头安装孔,手动的直接敲击手柄即可利用解刀的震动对紧固件进行敲击,松动螺纹间的锈蚀、杂质,用扳手旋转螺刀杆拆下螺钉。注意,使用此方法时要控制好震枪,避免伤及机件。

2. 敲击工具

(1)圆头锤。

圆头锤特征是一端为平头,另一端为球形头,通常用于某些部件的敲击(图 6-7)。由于其锤面设计硬度大,因此只能用于锤击较硬的金属部件,而不能敲击铝及铜等软金属部件和螺栓。这类锤的质量是按无手柄的锤头质量来规定的,从几十克到上千克不等。

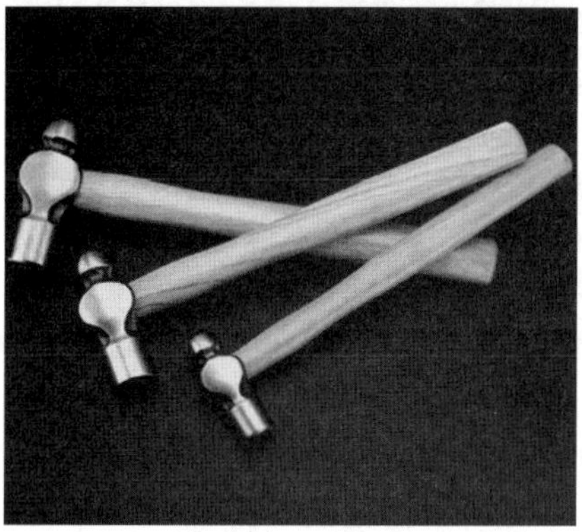

图 6-7　圆头锤实物图

(2)横锤和直锤。

横锤和直锤的特征是在锤的一端用横向或纵向楔形端代替了圆头锤的圆头端,用于对金属板进行初始弯曲或校直金属端边。横锤楔形端与手柄中线垂直,直锤楔形端平行于手柄。

(3)软锤。

软锤用于软金属的成型加工,以及软金属部件和容易致损表面的敲击作业。锤头所用材料有木料、牛皮、橡皮、塑料及合成材料等。不同的锤头材料,其硬度各不相同。某些合成材料制成的软锤,其锤面硬度可根据需要更换,从而适用多种工作环境。

使用敲击工具时,应该根据工作任务选择相应材料的锤头。使用前首先要检查手柄是否固定牢靠。敲击时,应以前手臂作为手柄的延长,用弯肘挥动锤头。在一些锤击力要求不大、空间狭小处,可以用手腕的活动来完成,称为腕击。应使锤头的端面始终垂直于所敲击的工件。使用完毕后要清洁锤面,保证无污垢,并应注意保持锤头的表面光滑,以免损伤工件。

3. 夹持工具

(1)鱼口钳。

鱼口钳又称滑动支点钳,是维修常用的夹持工具(图 6-8)。鱼口钳的钳长为 150~200 mm 的不同尺寸,在其铰接点部位有一个双孔槽,通过滑动支点在双孔中的位置,可以改变其夹持物件的范围,并且可以利用其根部剪切铁丝。但维修中切勿用它夹持拆装螺栓,尤其不能用于铝、铜螺帽的拆装,否则将破坏螺帽的外形,导致正常扳手不能使用。

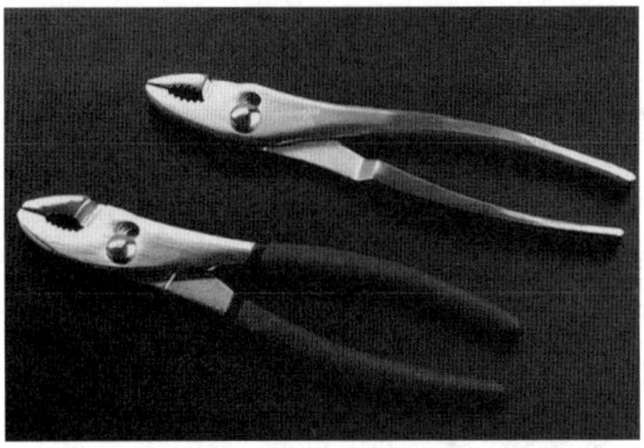

图 6-8　鱼口钳实物图

(2)水管钳。

水管钳又称内锁支点钳,其钳口与钳柄呈一定角度,铰接点可滑动调节。钳口可夹持范围变化大,夹持力较大,可夹住密封螺帽、管子和异型零件。

(3)大力钳。

大力钳又称手虎钳,属于复合型钳子,其钳口的夹持力可通过手柄后端可旋动的螺丝调节。当压紧手柄时,复合支点可使夹持力倍增。由于过绕度作用,因此即使松开手柄,两钳口也不会打开。如果需要松开钳口,可以通过手柄后端的一个小杠杆使其松开。

(4)尖嘴钳。

尖嘴钳用于夹持小物体,可在狭小空间进行操作(图 6-9)。尖嘴钳有不同长度的半圆形钳口,有直、斜尖嘴钳两种,用于附件紧密处的操作和夹持小物体、拧结保险丝等。

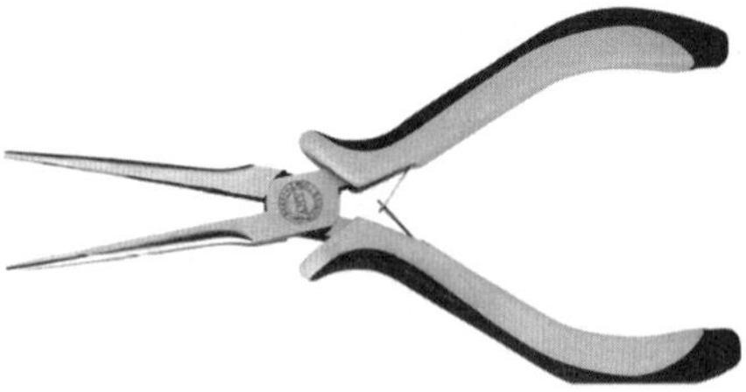

图 6-9　尖嘴钳实物图

(5)斜口钳。

斜口钳又称克丝钳,是维修中不可少的工具。斜口钳是短钳口的剪切工具,在其钳口有一个小角度形成刀刃,用于剪切金属丝、铆钉、开口销和小螺钉。斜口钳在拆卸、安装保险丝中不可少。

(6)鸭嘴钳。

鸭嘴钳手柄长,钳头扁平,形状像鸭子嘴。在颚口内有细牙,用来增加对夹持物的摩擦力。较长的手柄提供了良好的夹持能力,用于拧保险丝结。

(7)平口钳。

平口钳的钳口较厚,钳前端平直。平直的钳口有相当的深度可用于凸缘弯边,且咬合齐整,可制作较好的弯曲造型。钳子根部有剪切刃,可用于剪切铁丝等物。

(8)卡环钳。

卡环钳分为内卡环钳和外卡环钳两种。内卡环钳用于将卡环收缩使进入圆孔中,外卡环钳用于将卡环张开使装于轴上。

(9)保险钳。

保险钳集夹持钳、斜口钳、旋转手柄于一体。使用时,首先在已固定好一端的保险丝上确定所需编结的保险丝长度,然后用钳口夹住另一端并用锁机构锁紧。用手抓住钳子尾端的旋转钮,向后拉动,即可使保险丝编结,其编结的密度取决于拉动的次数。保险丝另一端固定以后,可用它的刃口剪去多余的保险丝。

使用钳子要遵守以下两条重要规则。

①不要使钳子超出它们的能力。长钳口特别脆弱,容易产生崩裂、折断或造成边缘缺损。

②不要用钳子拧螺帽。钳子的夹持会使螺帽快速损坏。

4. 拧动工具

(1)螺丝刀。

螺丝刀按形状、刀口类型和刀口宽度分类。螺丝刀的长度以刀杆长度标示,从十几毫米到几百毫米不等,刀柄一般采用木质和高强度塑料。

①偏置螺丝刀。在垂直空间受到限制时,可使用偏置螺丝刀。偏置螺丝刀的两端头与杆身成90°,两刀口相互垂直。交替使用两头,能完成大多数螺钉的拆装。偏置螺丝刀有标准型和埋头型两种。

②“一”字螺丝刀。“一”字螺丝刀又称普通型螺丝刀,用于带有“一”字形槽口的螺钉紧固件。选用“一”字形螺丝刀时,应保证螺丝刀的刃宽不小于螺丝钉上槽口长度的75%。刃口应锋利,与槽口两侧平行,且能插到槽的底部,否则将会损坏螺钉槽口,以致损坏螺钉。在拧动螺丝刀时,要适当用力顶住手柄慢慢拧动,等螺丝松动以后,才可较快地转动手柄,否则也会破坏螺钉槽口及螺钉。

为便于携带,生产可更换刀头的螺丝刀。一些可调刀头被加工成两端不同尺寸和不同形状的刃口,如一端“一”字刀头、一端“十”字刀头。这可更方便于使用者。

对于需要较大力或生锈的螺钉拆装,单靠个人的腕力可能不能完成,这时可选用四方形刀杆的螺丝刀,在方杆上借助工具帮助旋转。

③“十”字形螺丝刀。“十”字形螺丝刀用于带有“十”字槽形的螺钉紧固件。维修人员应注意区分螺钉紧固件上“十”字槽型的不同,从而选择与之相符的“十”字形螺丝刀。用错螺丝刀会损坏螺丝刀头和螺钉。

一种“十”字螺钉钉头的“十”字槽为双锥形,且两侧不平行。对应的“十”字形螺丝刀,其刃较短,可插入较平的孔底。

一种“十”字螺钉钉头的“十”字槽两侧较直,“十”字突出,槽宽比同规格的“十”字螺钉窄,呈单锥状。“十”字形螺丝刀的刃较长且较尖,称为尖“十”字形螺丝刀。

④气动螺丝刀。气动螺丝刀是用气源做动力的螺丝刀,在大量维修工作中采用。这种螺丝刀端头有固定螺丝钉的夹具,无论是拆还是装螺丝钉都不会脱落。有些螺丝刀上还设有力矩预置装置,可防止安装时力矩过大。

⑤棘轮式螺丝刀。棘轮式螺丝刀是一种手动快速螺丝刀。可更换螺丝刀头,使用时可通过手柄处的棘轮装置使螺刀头连续旋转。通过手柄的转换开关可以选择旋转方向,以拆手压式棘轮螺丝刀装螺钉。

螺丝刀不能当錾子或撬棍使用,应随时注意保持刀头的形状和刃口。当在小零件上用螺丝刀时,应将零件固定在工作台上,不要拿在手上,以免螺丝刀滑开,造成人身伤害。

用棘轮式和旋转式螺丝刀,应注意它们不是重负荷工具,最终紧固应该用标准固定式螺丝刀拧紧。使用中应当始终保持一定的压力,以防刃口从螺丝钉头的槽中滑出,损伤周围的构件。

(2)扳手。

扳手是维修中最常用的工具,分为呆扳手、梅花扳手、组合扳手、内六角扳手、管螺帽扳手、棘齿开口扳手、棘轮梅花扳手、套筒扳手等。偶尔使用的内六角扳手是用于一种特殊的圆柱头内六角螺钉的。

扳手开口大小的表示单位,有以 in 为单位的英制单位和以 mm 为单位的公制单位两个系列,即英制和公制。大部分扳手采用高强度铬钒合金材料锻造成型。

①呆扳手。呆扳手又称开口扳手。在扳手的两端开有平行张开的、用于螺栓螺帽配合的扳手口,开口通常与手柄形成 15°,这样的设计便于在有限的地方旋转拆装螺栓。也有 30°、60°的开口。

②梅花扳手。梅花扳手又称圆框扳手,对于固定较紧的螺帽,即使使用最好的开口扳手,也可能会出现滑动,损坏螺帽的六角,给拆装造成麻烦。而梅花扳手在其圆框的内圈有六或十二个角,旋转时增加了与螺帽六个角的接触点,便于力的分布。十二个内角设计使扳手可在 15°的摆动范围内使用。

梅花扳手对拧松或上紧螺帽是理想的,但螺帽一旦拧松,用呆扳手比用梅花扳手有更大的优越性。

③组合扳手。组合扳手一端是梅花扳手,另一端是同样尺寸的呆扳手。对于固定较紧的螺帽,使用组合扳手工作更方便。

④内六角扳手。内六角扳手是一种常见的扳手,用于装拆大型六角螺钉或螺母。由于紧固件规格不同,因此内六角扳手的规格也有很多种。使用时,将六棱的扳手放在螺丝的内六角槽内,顺时针紧固螺丝,逆时针松动螺丝。

⑤管螺帽扳手。飞机的管路由螺帽组件连接在一起,而且这些螺帽连接要求有足够的紧度。管螺帽扳手大部保持梅花扳手的形状,但其端部开一槽口,便于扳手穿过管路。端头套于待拆装的螺帽,保证有多个棱角与管螺帽接触,便于施力。

⑥棘齿开口扳手。棘齿开口扳手不需重新定位即可拧动螺帽,其形状像在管螺帽扳手基础上又去掉一开端的大部分,但它比开口扳手有更多的与螺帽接触点。

⑦棘轮梅花扳手。棘轮梅花扳手是最为方便的扳手之一。装于扳手两端的梅花套筒可按要求向同一方向连续转动而锁住另一方向,从而完成快速的紧固,也可根据需要选择另一方向的动作拧松。

⑧套筒扳手。套筒扳手由套在螺帽或螺栓头上的套筒和连到套筒上的手柄两部分组成。套筒一端内有六角或十二角卡口与螺帽配合,另一端为正方形的开口供安装手柄。多尺寸的套筒装于一个小工具盒内,便于携带,再配以各种类型的棘轮手柄及加力杆、万向绞接头等,便组成了最便捷的工具。

套筒规格较多,与开口扳手一样也有英制和公制两种单位规格。内卡口多为六角、十二角。对于方头紧固件可用四或八角套筒。在某些情况下,螺栓突出螺帽太多,如拆装火花塞时,标准套筒不能适用,因此制有加长套筒。

5. 冲击工具

某些较大且拆卸周期比较长的紧固件,可能因腐蚀生锈而变得十分难以拧动。冲击工具的使用将使这类紧固件的拆卸变得容易一些。冲击工具有手动冲击和气(电)动冲击两种类型,维修中常用的冲击螺丝刀就是其中一种。

冲击螺丝刀由一套专用刀头、专用套筒头和带有六角面的冲击筒组成。使用时,选择合适的刀头或套筒装于六角面的冲击筒上,然后用锤敲击冲击筒,冲击筒内部的机构使螺刀工具头向松的方向转动。冲击筒在敲击下产生下压和旋转的冲击力。在这种力的作用下,紧固件将松动。使用此工具时要戴好防护镜。气(电)动冲击工具适用于较大力矩的紧固件,它施加的力是间断的冲击力。

6. 雕刻工具

手持雕刻机是一种无人机常用的修理工具,主要用来对无人机的机架或机臂等部位进行打孔、扩孔、扫边操作。

7. 清洁工具

气吹是一种无人机常用的修理工具,其主要作用是对电机、飞控、伺服舵机的电路板进行清尘去灰处理。

6.1.3　无人机测试工具的使用

常用的无人机测试工具有万用表、转速表、示波器、测电器、风速仪等。

无人机测试工具的使用

1. 万用表

万用表常用来测量电流、电压、电阻,有的还可以测量三极管的放大倍数、频率、电容值、逻辑电位、分贝值等。

在无人机检修时,万用表主要用来测量导线的导通性,以及电阻的好坏和阻值的大小。

万用表具有用途多、量程大、使用方便等优点,是电子测量中最常用的工具。

掌握万用表的使用方法是电子技术的一项基本技能。

(1)万用表的类型。

常见的万用表有指针式万用表(模拟式万用表)和数字式万用表。

指针式万用表是以表头为核心部件的多功能测量仪表,测量值由表头指针指示读取(图 6-10)。

数字式万用表的测量值由液晶显示屏直接以数字的形式显示,读取方便,有些还带有语音提示功能(图 6-11)。

万用表是共用一个表头,集电压表、电流表和欧姆表于一体的仪表。

图 6-10　指针式万用表

图 6-11　数字式万用表

(2)认识万用表。

由于数字式仪表灵敏度高、准确度高、显示清晰、过载能力强、便于携带、使用更简单,因此其已成为主流。

①测量电流。首先根据被测电流大小选择插孔。测量毫安级或微安级的电流时,将红表笔插入 mA 电流专用插孔,黑表笔插入 COM 孔。mA 孔一般会设置一个 200 mA 的保险管。测量高于毫安级的电流,将红表笔插入 10 A 或 20 A 孔,黑表笔插入 COM 孔。10 A 孔或 20 A 孔一般不设计保险,但需注意测量时间,正常一般在 10~15 s,如果长时间测量,会使电流挡康铜或锰铜的分流电阻过热,引起阻值变化,从而产生测量误差。

测量时需将红黑表笔串联于线路中,如果测量结果显示“1”,说明量程过小,要增大量程测量。测量直流时不必考虑正负极,因为数字表与指针表不同,即使正负极接反表针反打，数字表也只会显示符号，说明信号是从黑表笔进入的，而不会对表造成损害。

②测量电压。选择适当功能量程。若测量直流电压，要将功能旋钮打到直流电压挡 V-(DCV)；若测量交流电压，就要将功能旋钮打到交流电压挡 V~(ACV)。

将红表笔插入 VΩ 孔，黑表笔插入 COM 孔，然后将被测部分并联于电路测量电压。如果此时最大输入电压不能超过 20 V，则红表笔插入 VΩ 孔，黑表笔插入 COM 孔，此时表上显示的数字就是测量的交流电压。

每个挡位上的数字都是指次挡位的最大量程，是最大允许输入电压。

不能预估被测信号有多大，则要先选择最大量程测量，再根据需要转换量程。

③测量电阻。首先将被测电阻与相关电路断开，将功能旋钮打到电阻挡，选择适当量程。然后将红表笔插入 VΩ 孔，黑表笔插入 COM 孔，两笔端跨接在电阻的两端，不分正负极。如果测量中发现万用表显示“1”，则要使用最大挡测量一遍，若仍显示“1”，则说明该电阻开路。如果测量中发现电阻阻值为“001”，说明该电阻内部被击穿。

测量电阻前，要先对表进行检测。短接两表笔，测出表笔线的电阻值，一般在 0.1~0.3 Ω，阻值不能超过 0.5 Ω，若超过则说明万用表的电源电压低于 9 V 或刀盘与电路板接触有松动。要注意测量时不要用手去握表笔金属部分，以免并联入人体的电阻引起测量误差。

④测量二极管。要使用二极管蜂鸣挡。将功能旋钮打在二极管挡，红表笔插在 VΩ 孔内，黑表笔插在 COM 孔内，两支表笔的前端分别接二极管的两极，然后颠倒表笔再测一次。

如果两次测量的结果是一次显示“1”字样，另一次显示零点几的数字，则此二极管正常；如果两次显示都相同，则此二极管已经被损坏。LCD 上显示的一个数字就是二极管的正向压降，一般硅材料的电压为 0.6 V 左右，锗材料的电压为 0.2 V 左右。根据二极管单向导电的特性，可以判断此时红表笔接的是二极管的正极，而黑表笔接的是二极管的负极。

⑤测量电容。要使用电容挡，首先将电容两端短接，对电容进行放电，确保数字万用表的安全。将功能旋转开关打至电容(C)测量挡，并选择合适的量程。将电容插入万用表 C-X 插孔，读出 LCD 显示屏上数字。

⑥数字万用表使用注意事项。

a. 如果无法预先估计被测电压或电流的大小，则应先拨至最高量程挡测量一次，再视情况逐步把量程减小到合适位置。测量完毕，应将量程开关拨到最高电压挡，并关闭电源。

b. 满量程时，仪表仅在最高位显示数字“1”，其他位均消失，这时应选择更高的量程。

c. 测量电压时，应将数字万用表与被测电路并联。测电流时，应与被测电路串联，测直流量时不必考虑正、负极性。

d. 当误用交流电压挡去测量直流电压，或误用直流电压挡去测量交流电时，显示屏将显示“000”，或低位上的数字出现跳动。

e. 禁止在测量高电压(220 V 以上)或大电流(0.5 A 以上)时换量程，以防止产生电弧,烧毁开关触点。

2. 转速表

(1)转速表简介。

转速表可用来测量无人机螺旋桨的最高转速。通过无人机电机的 KV 值计算的转速与实际是有一定的出入的,特别是直升机。转速是一个动态的值,与旋翼尺寸、油门螺距曲线及直升机的负载等因素息息相关,因此只有测量实际转速才知道。

(2)相关参数。

①测量范围。2~9 叶螺旋桨/风扇最高可以到 99 999 r/min。

②质量。39 g。

③尺寸大小。90 mm×54 mm×16 mm。

(3)测量方法。

①按 Power 键 1 s 后测试仪开机。

②按 Set 键设置要测试的风扇叶数。

③当测试结束后,显示屏会自动显示最高转速。

(4)使用注意事项。

①测试时请保持 5~10 cm 距离,以免螺旋桨或风扇伤到人。

②测试时尽量在自然光线较好的地方。

③测试时保持测试仪尽量不要抖动,以免引起测试误差。

3. 示波器

(1)示波器的功能。

数字示波器作为广泛的电子测量仪器,是电子工程师经常使用的测量仪器。示波器的作用主要可以分为以下几类。

①测量电信号的波形(电压与时间关系)。

②测量幅度、周期、频率和相位等参数。

③配合传感器,测量一切可以转化为电压的参量(如电流、电阻等)。

(2)示波器的结构和工作原理。

数字示波器主要由垂直系统、水平系统和示波管三大部分组成。

被测信号由垂直端送至垂直系统,经内部垂直轴放大电路放大后加至示波管的垂直偏转板,控制光点在荧光屏垂直方向上移动。水平系统中扫描信号发生器产生锯齿波电压(又称时基信号),经放大后加至示波管的水平偏转板,控制光点在荧光屏水平方向上匀速运动。示波管用来显示被测信号的波形。

加至示波管垂直偏转板上的被测电压使光点垂直运动,加至水平偏转板上的锯齿波电压使光点沿水平方向匀速运动。二者合成,光点便在荧光屏上描绘出被测电压随时间变化的规律,即被测电压波形。

(3)示波器的使用。

①使用前的功能检查。

a. 接通仪器电源。将本机接通电源,电源的供电电压为 AC100~240 V,频率为

45~440 Hz。接通电源后,为使数字存储示波器工作在最佳状态,可在热机 30 min 后,按 UTILITY 菜单,按 F1 执行自校正,然后进入下一页按 F1,调出出厂设置。

b. 探头补偿。在首次将探头与任一输入通道连接时进行此项调节,使探头与输入通道相配。未经补偿或补偿偏差的探头会导致测量误差或错误。

②示波器的使用。

a. 选择矩形信号输出,用垂直、水平位置调整按钮调整到屏幕只显示一个周期左右,选择“探棒”为“1 * ”挡。

b. 按下“CH1MENU”,选择“探棒”为“1 * ”挡。

c. 按下“AUTOSET”。

d. 按下“CURSOR 功能键”,选“类型”为“电压”,“信源”选“CH1”,移动光标 1,使得光标间隔为所测物理量的间隔。

e. 测出周期、最大电压值和最小电压值各一次。

③信号的测量。以测试示波器的校准信号为例来介绍幅度和频率的测量方法。

a. 将示波器探头插入通道 1 插孔,并将探头上的衰减置于“1”挡。

b. 将通道选择置于 CH1,耦合方式置于 DC 挡。

c. 将探头探针插入校准信号源小孔内,此时示波器屏幕出现光迹。

d. 调节垂直旋钮和水平旋钮,使屏幕显示的波形图稳定,并将垂直微调和水平微调置于校准位置。

e. 读出波形图在垂直方向所占格数,乘垂直衰减旋钮的指示数值,得到校准信号的幅度。

f. 读出波形每个周期在水平方向所占格数,乘水平扫描旋钮的指示数值,得到校准信号的周期(周期的倒数为频率)。

g. 一般校准信号的频率为 1 kHz,幅度为 0.5 V,用以校准示波器内部扫描振荡器频率,如果不正常,应调节示波器(内部)相应电位器,直至相符为止。

4. 测电器

(1)作用。

测电器用于测量适用于 2~7S 的各种电池,4~7S 镍氢、镍镉电池、锂电池等电压值,以判断电池的剩余电量。

(2)性能数据。

①锂电池电压检测进度。0.001 V。

②锂电池每片电压显示范围。0.5~4.35 V。

③1S 电池检测范围。3.60~15 V。

④2~7S 锂电池总电压检测显示范围。0.5~30.45 V。

⑤4~7S 镍氢、镍镉电池检测显示范围。3.60~15.00 V。

⑥LiPo。锂聚合物电池。

⑦LiFe。锂铁电池。

⑧Li-ion。锂离子电池。

⑨NiMH。镍氢电池。

⑩NiCd。镍镉电池。

(3)操作方法。

①通过按键 TYPE,可以选择相应电池类型(LPO/LEFE/LON),并显示相应的电压和电量值。

②通过按键 MODE,可以选择显示总电压和电池节数 TOTALI、最大的电压和电池 MAX、最小的电压和电池 MIN、最大电压和最小电压的电压差 MAX-MIN。

③通过按键 CELL,可以查看各节电池的电压和电量,以及总电压和总电量。在镍氢、镍镉电池模式下,可以测试电池电压,检测范围为 3.6~15.00 V。

④使用说明:若是测锂电池,则将电池平衡头上的负极对准 2~7S 电显排针端的“-”极端,平衡头上的其他孔位依次插入电线排针内;若是测镍氢/镍镉电池组,输出插头的负极对准电显 3PIN 排针端的“-”极。

5. 风速仪

便携式风速仪用于测量风速的大小,依据测量所得的数据判断是否可以进行飞行(训练)作业。

(1)开机。

按压“MODE”键并保持 2 s 左右,此时 LED 显示屏显示风速、温度值及电池图标,同时背光灯亮,大约 12 s 后,背光灯熄灭。

(2)风速单位和测试模式设置。

按“MODE”键大于 3 s 进入设置状态,此时可看到“m/s”风速单位闪动,按“SET”键可进行选择,再按“MODE”键进行确认。关机后,上述设置自动保存,更换电池后,数据不再保存,产品恢复到预设状态。

风速单位:m/s(米每秒)、km/h(千米每小时)、ft/min(英尺每分钟)、knots(海里每小时)、mp/h(英里每小时)。

测量模式:CU 为当前风速,MAX 为最大风速、AVG 为平均风速。

(3)温度单位设置。

温度有摄氏和华氏两种显示模式。转换开关在机身背面,卸掉硅胶外壳,可以看到温度转换孔。用一个小的金属条插入圆孔按压一下,即可转换一次温度模式。

(4)背光。

每按任何一键,背光灯亮,保持 12 s 左右熄灭。

(5)测量。

当风叶转动时,可实现风速测量,屏幕上显示风速值、温度值及蒲福风力等级,当温度低于 0 ℃时,有冷冻“WIND CHILL”提示。

(6)关机。

同时按下“MODE”和“SET”键 3 s 即可关机。

(7)自动关机。

开机 14 min 后无任何操作则自动关机。

(8)更换电池。

此款风速仪使用的是 3 V 纽扣电池。逆时针旋转风速仪背面的电池仓盖,取下旧电池,及时更换备用新电池。

任务 6.2　无人机机体常用材料的维修与保养

6.2.1　碳纤维无人机机体材料

生产碳纤维的原材料有人造丝(黏胶纤维)、聚丙烯腈(PAN)和沥青三种,其中聚丙烯腈(PAN)和沥青是制造碳纤维的主要材料。

碳纤维是指纤维中含碳量在 95%左右的碳纤维和含碳量在 99%左右的石墨纤维。碳纤维具有不完整的石墨层片结构,几个至几十个石墨层片形成乱层石墨微晶,石墨微晶沿碳纤维轴向优先取向形成原纤维结构。正是这种结构使得碳纤维具有了高强高模的特性。原碳纤维结构、无定型碳、孔洞、杂质等构成碳纤维。石墨微晶越大,取向越高,纤维模量越大。

1. 碳纤维分类

碳纤维是由有机物经固相反应转化为三维碳化合物,转化过程中原料不同,碳化历程不同,形成产物结构不同,性能也各异。

(1)按照先驱体纤维原丝类型分类。

国内外生产的碳纤维种类很多,按照先驱体纤维原丝类型通常将碳纤维分为黏胶基碳纤维、聚丙烯腈基碳纤维及沥青基碳纤维。一般来说,聚丙烯腈难以石墨化,容易得到高强度纤维;沥青易于石墨化,容易得到高模量纤维。沥青碳纤维比聚丙烯腈碳纤维生产成本要低,但由于聚丙烯腈碳纤维生产技术成熟,能生产出高品质性能稳定的碳纤维,综合力学性能好,易于规模化生产,因此聚丙烯腈基碳纤维在当今碳纤维市场中占主要地位。同时,沥青碳纤维的新工艺也在不断开发,有很好的发展前景。黏胶基制备碳纤维由于设备复杂、成本高、难度大,因此现已逐步淘汰。

(2)按照力学性能分类。

按照力学性能可以将碳纤维分为通用级碳纤维和高性能碳纤维。

通用级碳纤维是拉伸强度小于 1.0 Pa、弹性模量小于 100 GPa 的碳纤维;高性能碳纤维包括通用型、中模型、高模型、超高模型、高强型、超高强型碳纤维。超高模型碳纤维弹性模量高于 800 GPa,超高强型碳纤维拉伸强度能超过 7.0 GPa。

(3)按照碳纤维丝束大小分类。

国际上根据性能和丝束大小分为航天级(小丝束)和工业级(大丝束)两类。小丝束与大丝束没有明显界限,一般来说将 1k、3k(民用无人机一般使用 3k 的小丝束作为原结构材料)、6k、12k 和 24k 的碳纤维称为小丝束,将 24k 以上的碳纤维称为大丝束。小丝束主要用于国防军工、民用无人机、高科技及文体用品;大丝束主要用于能源、交通、土木建筑等民用工业需要大量使用的工程项目。

2. 碳纤维的制品形式

根据材料制造的需求,碳纤维能以各种不同的制品形式出现,包括长纤维、短纤维、碳纤维平纹布、碳纤维缎纹布、碳纤维斜纹布、碳纤维带、宽幅无纺布和碳纤维三维织物等。

3. 碳纤维的性能

碳纤维密度小,在 1.5~2.1 g/cm^3 范围内,聚丙烯酯基碳纤维的单丝直径为 5.0~8.4 μm,而沥青基碳纤维的单丝直径约为 10 μm。

(1)力学性能。

碳纤维突出的特点是高强度、高模量、低密度,其强度、模量远高于合金钢、铝合金和钛合金。采用不同先驱体纤维原丝型生产的碳纤维,其力学性能有所区别。

碳纤维还具有抗疲劳性能好、耐磨耗性和润滑性能优异、良好的阻尼性能、良好的吸能减振性能等一系列特点。

需要指出的是,碳纤维的脆性大,抗冲击性能差。碳纤维破坏方式与玻璃纤维一样,属于脆性破坏,在拉断之前应力-应变行为都是完全弹性的,没有明显的塑性变形,并且断裂伸长率也较低。

(2)热性能。

碳纤维的耐高温和耐低温性能较好,在惰性气体中 2 000 ℃的高温下还能保持一定强度,在液氮下也不脆断。

碳纤维热膨胀系数小,尺寸稳定性好;而且碳纤维的热膨胀系数具有明显的方向性,纤维轴向的热膨胀系数为负值,而纤维横向的热障系数为正值。碳纤维室温轴向热膨胀系数为 $0\sim-1.6\times10^{6}$ ℃$^{-1}$,垂直纤维轴方向热膨胀系数为 $22\times10^{-6}\sim32\times10^{-6}$ ℃$^{-1}$。碳纤维的石墨化程度越高,热膨胀系数越小。由于一般树脂基体的热膨胀系数约为 45×10^{-6} ℃$^{-1}$,碳纤维与树脂基体之间的热膨胀系数相差较大,因此碳纤维材料在制作或维修期间固化后冷却过快或经过高低温变化时,易产生裂纹。

碳纤维热导率较高,导热性能较好。碳纤维热导率具有方向性,碳纤维轴向热导率远大于横向热导率。碳纤维的热导率随温度的升高而减少,受纤维的结构及缺陷影响,热导率随纤维模量的增加而增加,而缺陷和气孔会使热导率下降。此外,高强度碳纤维要小于高模量碳纤维的热导率。

(3)电性能。

碳纤维沿纤维轴向具有良好的导电性,其电阻率与纤维类型有关,碳纤维石墨化程度越高,导电性能越好,因此碳纤维模量越高,电阻率越小。碳纤维的电动势为正值,因此碳纤维材料铝合金等组合应用时会发生电化学腐蚀。此外,碳纤维能反射电磁波,具有良好的 X 射线透过率。

(4)耐环境性能。

碳纤维不耐氧化,在氧化性气体中 600 ℃以上发生分解,这限制了碳纤维在高温中及大气中的使用。碳纤维在空气中 400 ℃以下比较稳定(在现有的无人机市场上极少出现需要在 400 ℃高温工作,所以在现有市场上大多数还都是以航天级 3k 小丝束碳纤维作为材料的机架),标准碳纤维在 316 ℃以下可以长期使用。碳纤维稳定性随石墨化程度的提高而增加,高模量的碳纤维的使用温度可达到 530 ℃。碳纤维的石墨化程度越高,抗氧化性能越好。高模型碳纤维的石墨化程度较高,因此高模型碳纤维的抗氧化性比高强型好。但碳纤维的抗氧化性还受到碳纤维中碱金属、碱土金属含量较大影响,高性能黏胶基碳纤维就因为其碱金属、碱土金属低和无定形结构而获得了较好的防热和耐烧蚀性。

碳纤维具有优良的耐化学腐蚀性,不被一般的酸、碱溶剂侵蚀,比玻璃纤维具有更好的耐腐蚀性。碳纤维在潮湿的空气中不像玻璃纤维一样发生水解,有较好的耐水性和耐湿热老化性。此外,碳纤维还有抗辐射、减速中子等特性。

(5)工艺性。

碳纤维的表面是由石墨微晶、空洞和杂质组成的,石墨的表面不能被树脂很好地浸润。石墨化程度越高,碳纤维表面惰性越大。因此,需要改变碳纤维表面的形态和结构来使其表面能提高,以改善与树脂的浸润性或使表面生成与树脂反应的活性官能团,从而使纤维与基体之间的黏结强度得到提高。

4. 碳纤维机架特点

由于无人机普遍具有体积小、质量轻的特点,与载人飞机的安全标准也不尽一致,因此在材料设计和加工工艺设计上需开发并遵循一套新的标准体系,这也是世界各国的无人机材料设计者不断研究和探索的内容。碳纤维机架的产品优势如下。

(1)续航时间长。

碳纤维具有质量超轻的特点,其制成的碳纤维无人机架质量非常轻,与其他材质无人机相比,续航时间更长。

(2)坚固性强

碳纤维的抗压强度在 3 500 MPa 以上,且具有高强度的特点,制成的碳纤维无人机抗摔性强,抗压能力极强。

(3)易组装、易拆卸。

碳纤维多旋翼无人机架结构简单,采用铝柱和螺栓连接而成,使得在进行元器件安装过程中编排极其方便,可以随时随地进行组装,易于携带,使用非常方便,而且采用航空铝柱和螺栓,牢固性强。

(4)稳定性佳。

碳纤维制成的多旋翼碳纤维无人机架的云台具有减振增稳的效果,通过云台抵消机身晃动或振动的影响。好的减振球与云台板的结合,可以有效地增加稳定性和减少振动,使无人机在空中平稳地飞行。

(5)安全性高。

碳纤维多旋翼无人机架由于动力分散到多个机臂,因此可以保证较高的安全系数,在飞行中可以做到力的平衡,易于操控,自动悬停,使其按照所想要的路径飞行,避免突然下降造成伤害。

很多人都认为碳纤维无人机机架或零件一旦损坏,就会被彻底淘汰,其实这是大家对它的误解,碳纤维无人机机架和碳纤维零件与常见的金属材质一样,在一些情况下是可以修复的。可将损坏部分进行止裂,使用新的材料进行桥接修补,进一步加工、固化、打磨、上漆,让其与原先的材料相匹配。经过专业修复的碳纤维无人机机架一般情况下强度不会有太大的影响。

6.2.2 玻璃纤维无人机机体材料

1. 玻璃纤维材料

玻璃纤维无人机机体材料

玻璃纤维是一种无机非金属材料,具有不燃、耐高温、电绝缘、拉伸强度高、热膨胀系数低、化学稳定性好、价格相对低廉等优点,现已被广泛应用于交通运输、建筑、石油化工、航空航天、机械、兵器等领域。玻璃纤维是目前复合材料中用量最大的一种增强纤维,世界上共有 30 多个国家生产品种多达 5 000 多种的玻璃纤维。由于新技术、新工艺的不断出现,因此玻璃纤维得到了更加广泛的应用,并且促进了玻璃纤维行业的高速发展。

玻璃纤维是由几种金属氧化物组成的硅酸盐类混合物,主要成分为 SiO_2,还包括 Al_2O_3、CaO、MgO、B_2O_3、Na_2O、K_2O 等,这些金属氧化物的作用一方面是改善制备玻璃纤维的工艺技术,另一方面是使其具有一定特性。

2. 玻璃纤维分类

玻璃纤维按照成分和使用特性可以分为以下几大类。

(1) 无碱玻璃纤维。

无碱玻璃纤维国际上通常称为 E-玻璃纤维,是指碱金属化合物含量小于 1%的铝硼硅酸盐玻璃纤维。无碱玻璃纤维最初为电气应用而研制,现已成为一种通用配方,是塑料和复合材料工业中重要的增强体。无碱玻璃纤维的力学性能、电绝缘性能、耐热性和耐候性等都较好,其缺点是易被低浓度的无机酸腐蚀,故不能适用于酸性环境。

(2) 中碱玻璃纤维。

中碱玻璃纤维是我国研究成功的玻璃纤维,与国际上所谓的 C-玻璃纤维成分接近,碱金属化合物含量为 11.5%~12.5%。中碱玻璃纤维的拉伸强度约为无碱玻璃纤维的 80%,其特点是耐化学性稳定。国外中碱玻璃纤维只用于生产耐腐蚀的玻璃纤维产品,而在我国广泛用于玻璃钢的增强,以及过滤、包扎织物的生产。中碱玻璃纤维价格低于无碱玻璃纤维,占我国玻璃纤维产量的一大半。

(3) 有碱玻璃纤维。

有碱玻璃纤维又称 A-玻璃纤维,其化学组成类似窗玻璃、玻璃瓶等日常用钙钠玻璃。此类玻璃纤维含碱量高,强度低,对潮湿环境敏感,很少作为增强材料使用。

(4) 高强玻璃纤维。

高强玻璃纤维又称 S-玻璃纤维,主要成分为 SiO_2、Al_2O_3 和 MgO。其特点是抗拉强度比无碱玻璃纤维高 25%左右,弹性模量比无碱玻璃纤维高 14%左右,但其价格相对较高,生产的复合材料都用于军工、空间、防弹盔甲及运动器械。

(5)其他特殊玻璃纤维。

其他特殊玻璃纤维包括耐化学介质腐蚀玻璃纤维、高模量玻璃纤维、低介电玻璃纤维、高硅氧玻璃纤维、石英纤维、含铅玻璃纤维等。

3. 玻璃纤维的性能

玻璃纤维的密度与块状玻璃相近,一般为 2.4~2.7 g/cm^3,作为增强体的玻璃纤维直径一般小于 20 μm。

(1)力学性能。

玻璃纤维的拉伸应力-应变曲线呈脆性材料特征,直至拉断前其应力-应变关系曲线为一直线,没有明显的屈服和塑形阶段。

刚拉制的新生态玻璃纤维的单丝拉伸强度为 3~5 GPa,缠绕在原丝筒上的玻璃纤维的实际强度由于后续工序中的表面损伤及环境温湿度的影响,因此比新生态玻璃纤维强度低 15%~25%。影响玻璃纤维强度的因素很多,玻璃组成不同,纤维的强度也不同。一般条件下,随着纤维直径减小,玻璃纤维的强度增加。

玻璃纤维的断裂伸长率较低,E-玻璃纤维仅为 3%左右,S-玻璃纤维也仅为 5.4%左右。

玻璃纤维拉伸模量较低,一般为 69~90 GPa,这是玻璃纤维的主要缺点之一。

(2)热性能。

玻璃纤维的热导率低,使用温度的变化对其热导率的影响不大,因此玻璃纤维是一种优良的绝热材料。但是,当玻璃纤维受潮时,其热导率增加,隔热性能降低。

(3)电性能。

玻璃纤维具有良好的高频介电性能,介电常数一般较小,介电损耗也较小,可用作雷达罩、微波天线的天线罩等。

(4)耐环境性能。

玻璃纤维的耐介质、耐腐蚀性依赖于组成。一般来说,玻璃纤维的耐腐蚀能力优良,除对氢氟酸外,对一般的酸、碱、盐及有机溶剂也具有良好的耐腐蚀能力。但是,在有水分的条件下,玻璃纤维的强度会随着载荷持续时间的增长而降低。

(5)工艺性。

玻璃纤维由于有许多制品形式,因此对制件结构是没有限制的,并且也适用于多种复合材料成形方法。例如,无捻粗纱常用于缠绕、拉挤、喷射等工艺,短切后的无捻粗纱用于生产片状模塑料(SMC)或预成形体,都用于手糊工艺;短切原丝毡用于手糊和模压工艺,连续原丝毡主要用于拉挤、树脂转移成形(RTM)等工艺中;玻璃纤维织物常用于手糊、模压、RTM 等工艺中。

用作增强材料的玻璃纤维要进行表面处理,以增强与树脂的黏结力。在制备玻璃纤维的过程中,一般会在纤维表面像“上浆”一样涂覆耦合剂或浸润剂。不同用途的玻璃纤维采用不同的浸润剂配方,这些表面处理剂与专门的树脂体系相容。

4. 玻璃纤维机体特点

常见的玻璃纤维是黄色的,实际在使用无人机板材及无人机管材中所使用的玻璃纤维多数是黑色的。玻璃纤维是以玻璃纤维材料作为增强材料，树脂及填充剂作为基础物质的复合材料。碳纤维材料是以碳纤维作为增强材料，树脂及填充剂作为基础物质的复合材料。碳纤维强度优于玻璃纤维，但价格也远高于玻璃纤维。玻璃纤维的产品优势如下。

(1)降低机体在飞行中的振动。

在同等体积情况下，玻璃纤维的质量大于碳纤维，玻璃纤维的拉伸应力-应变曲线呈脆性材料特征，直至拉断前其应力-应变关系曲线为一直线，没有明显的屈服和塑形阶段。因此，在玻璃纤维做成的无人机机架中，无人机能有效降低电机带来的震动，减少航拍画面产生的水波纹，使信号噪声尽可能地降到最低，也可以降低对飞控采集姿态数据的影响和动力输出。但同时其带来的缺点是整个无人机在质量上会变大，影响其飞行时间及其性能，所以在无人机市场上对于作业要求较高的需求，很多无人机厂家会选择碳纤维材料与玻璃纤维材料相结合的方法，既可满足作业要求，又可保证无人机性能，而且无人机成本会降低，以提高其性价比。

(2)性价比高。

由于玻璃纤维板、管原材料主要以玻璃纤维作为增强材料，树脂及填充剂作为基础物质的复合材料，而玻璃纤维原材料价格远低于碳纤维，因此在价格方面优于碳纤维板、管，而其在无人机机架上所表现的相关性能也可以满足很大一部分无人机作业需求，所以对于这一部分需求，玻璃纤维机架具有较高的性价比。

(3)强度高。

玻璃纤维的拉伸强度较高，超过了合成及天然纤维的强度，也超过了钢铁等合金材料的强度。刚拉制的新生态玻璃纤维的单丝拉伸强度为3~5 GPa，抗拉伸能力较强。

(4)易组装，易拆卸。

玻璃纤维与碳纤维一样，在使用过程中多旋翼无人机机架结构简单，采用铝柱和螺栓连接而成，牢固性强。

6.2.3 纤维类无人机机体常见损伤与检测方法

无人机纤维类复合材料(碳纤维、玻璃纤维)结构损伤类型较多，其分类方法也较多。

下面按损伤现象、损伤形成原因和损伤程度分别介绍无人机纤维材料结构常见损伤。

纤维类无人机机体常见损伤与检测方法

1. 无人机常见损伤按照损伤现象分类

无人机常见损伤按照损伤现象可分为脱胶、分层、凹坑、擦伤、裂纹等几类。

(1)脱胶。

脱胶是指纤维材料结构的粘接面在生产过程中因受潮、进水、污染，以及外物碰撞、冲击或受力过大等原因而出现的分离破坏。

(2)分层。

分层与脱胶的损伤情况类似,是结构层与层之间出现的分离破坏。分层主要是遭受外物撞击或受载荷作用引起的。

(3)凹坑。

凹坑是指受外力撞击,使无人机纤维材料结构表面出现凹陷破坏,从而导致凹坑周围出现脱胶分层。

(4)擦伤。

擦伤是指碰撞、摩擦或刮划引起的划伤、刻痕、划痕等表面损伤。擦伤使结构表面粗糙、表面材料缺失。

(5)裂纹。

裂纹是指纤维材料结构件受交变载荷作用,在基体树脂材料中出现裂纹。

2. 按照损伤形成原因分类

按照损伤形成原因可分为冲击损伤和疲劳损伤两类。

(1)冲击损伤。

冲击损伤是指外来物体对纤维材料结构的冲击或碰撞而引起的损伤。例如,冲击引起的损伤有分层、脱胶、凹坑等损伤。有外来物冲击产生的损伤是复合材料构件的主要损伤之一。常见的外来物有掉落的工具、跑道上的沙石等。最常见的冲击损伤是由飞行器的粗猛着陆造成的。需要特别注意的是,有些冲击损伤,其内部的结构破坏已经很严重了,但其表面损伤看起来并不严重,仅靠目视检查很容易将其忽视。

(2)疲劳损伤。

疲劳损伤是指复合材料在交变载荷的作用下,随着交变载荷循环次数的增加而产生的基体树脂裂纹、分层、脱胶、纤维断裂等损伤。

3. 按照损伤程度分类

按照无人机的损伤程度,可以分为可允许损伤、可修理损伤、不可修理损伤三类。

(1)可允许损伤。

可允许损伤是指不影响结构性能或完整性的轻微损伤。界定结构可允许损伤的标准(具体的尺寸和条件等)可在相应机型结构修理手册中查到。注意,这些尺寸是指结构本身的尺寸,并不包括表面涂层的尺寸。对可允许损伤,应根据具体情况确定是否修理。如果可允许损伤可能会扩展,使结构的剩余强度下降,从而降低设计寿命,就必须在规定的时间内对可允许损伤做简单的修理,以防损伤进一步扩展。

(2)可修理损伤。

可修理损伤是指损伤的严重程度超过了许可损伤的范围,致使结构(件)的强度、刚度等性能下降而需要加强修理的损伤。

(3)不可修理损伤。

不可修理损伤是指损伤已经超过可修理的极限,在这种情况下,复合材料结构只能进行更换。虽然零部件更换本身也是一种结构修理的手段,但本书不将其作为一种修理方法列出。

4. 复合材料损伤检测方法

无人机复合材料损伤常用的检测方法主要有目视检测法和敲击法两类。

(1)目视检测法。

目视检测法(visual inspection)是损伤检测的最基本方法。采用目视检测法可发现复合材料构件上的擦伤、划伤、穿孔、裂纹、撞击损伤压痕、雷击损伤、烧伤和紧固件孔损伤等表面损伤,以及构件边缘的分层和脱胶损伤。对于擦伤、划伤等表面损伤,还可确定其损伤的面积和损伤的程度。

在进行目视检查时,因环境、条件不同,检查技术要求不同,以及限于视线可达性和视力的局限性,故有时还需借助一些简单的工具,如手电筒、放大镜、反光镜和内窥镜等辅助工具来实施目视检查。

目视检测还作为无损检测的预先检查方法,在所有复合材料部件进行无损检测之前,凡是能够目视检查到的部位,都必须进行目视检查。

目视检测法也有其局限性。例如,对于复合材料构件的内部分层、脱胶、夹芯的损伤及其积水等无外表征候的缺陷和损伤,目视检查无法检测出其损伤,也无法确定其损伤的程度和范围,这种情况就需要用到无损检测方法。

(2)敲击法。

敲击法(tap test inspection)是一种采用专用的敲击棒、敲击锤、硬币或仪器等检测工具轻轻敲击被检测复合材料结构表面,通过辨听敲击声音的变化来确定损伤的检测方法。

敲击法是一种常用但比较粗糙的检验方法。这种方法简便易行,常常作为其他无损检测方法的前期检测或补充检测手段,具有较高的实用价值。敲击法可用于检测复合材料构件的分层、脱胶、树脂固化不完全和某些裂纹等损伤。敲击法特别适用于检测层数小于3的层合板的分层损伤。

同时,要使用轻而稳定的动作敲击。在没有分层或脱胶的区域,敲击时会产生清脆的声音;在有分层或脱胶的区域,敲击时会产生沉闷的声音。

注意,在采用敲击法检验时,敲击用力要适度,避免损伤工件表面,特别是在检验薄壁件时。人工敲击法对检查人员的经验要求较高,因为检测的效果在很大程度上依赖于检验人员的经验。该法对环境也有要求,在嘈杂的环境下检测,易受干扰。

以上两种检测方法是在无人机基体检测上面比较常用的。其次,还有X射线检测、超声穿透法检测、超声脉冲反射法检测、超声波脱胶检测、红外线照相检测、激光全息检测等一些方法。

6.2.4 纤维类无人机机体材料维修

无人机属于精密机械,任何部件的微小变动都会影响其飞行状况、飞行性能和使用寿命。因此,无人机在日常使用过程中应小心谨慎,并应定期进行维护和检修。

在执行飞行任务,无人机机体出现脱胶、分层、开裂等一系列问题时,千万不要认为小范围的损坏不会影响机体强度而继续执行任务,因为当无人机在飞行过程中电机、发动机、螺旋桨等动力系统会产生无法避免的高频振动,导致无人机的这些损伤加剧扩大。因此,若发生故障,应及时维修,切勿抱有侥幸心理而造成更大的损失。

纤维类无人机机架材料修理方法有很多种,其中分类方法也有很多种。在实际结构修理中,常用的修理方法有铺层修理、胶接修理和机械连接修理等。

(1)铺层修理。

铺层修理法(layup of the repair plies index method)是指清除损伤后,采用湿铺层(wet layup)或预设料(prepreg)实施铺层修理,在室温下或加热到某温度以实现固化的修理方法。

铺层修理方法是纤维复合材料最重要、最具代表性的修理方法,复合材料结构可修复损伤绝大多数采用铺层修理方法实施结构修理,是常用且使用最广泛的修理方法。

①清除结构损伤中的水和水蒸气。当纤维材料受到损伤时,常常会有水蒸气、湿气进入损伤裸露部分,尤其是断裂、开裂分层裸露部分,这会对修复工作产生影响,容易出现修复不牢固,甚至二次开裂的情况。因此,对无人机纤维材料修复前首先要进行清理,将损伤结构中的水分去除干净。去除水分的设备为电热毯、电吹风或加热灯,通常情况下选择电吹风。

②清除损伤。一般情况下无论纤维材料出现断裂、分层还是脱胶,首先都要对损坏部位进行清理。

③打磨清洁损伤区域。在清除损伤后,打磨出铺层黏结型面,黏结型面一般分为铺面平行、铺面斜坡和梯形面。

④清洁修理部位。当处理好损伤表面后,用无绒干净布进行擦拭,然后用溶剂(酒精、丙酮等)清洗打磨表面。使用溶剂时需要注意,要将溶剂湿润擦拭纸或无绒干净抹布后,再擦拭待清洁的表面。擦拭清洁时一定要将溶剂擦拭干净,切勿让溶剂在擦拭的表面自我挥发干燥。重复上面擦拭工作,直至打磨表面清理干净为止。

⑤调配树脂。当采用铺层修理时,要使用树脂黏结构件,需要调配树脂。

树脂是按照质量或体积计量的。调配树脂关键问题之一是如何确定树脂的质量或体积。因为调配好的树脂不能长时间保存,所以一次不能调配过多,以免造成浪费,调配少了又不够用。因此,按照规定在正常修理过程中一般A组和B组以1:1的比例进行调和均匀,总质量与纤维布的质量比应为1.2:1。

⑥手工铺层。在手工铺层前首先要确定损坏部分的纤维层数、类型和方向。

⑦封装。在完成手工铺层后,要将所铺设的修理层进行真空封装,为其固化做准备。一般可选择保鲜膜或透明胶带等,这样固化后容易形成平整表面,有利于最后的研磨修饰。

⑧固化。封装工作结束后,即开始实施固化工序。固化一般分为两大类:温室固化和加热固化。温室固化就是在温室下,树脂从胶糊状逐渐变为固体,使黏结层与原结构固化为一体的过程。加热固化一般分为升温、保温和降温过程。加热固化可缩短固化时间,以达到最佳的黏结效果。无论是温室固化还是加热固化,一般都要抽成真空,其目的是通过外界大气压作用在修理层,压紧修理层,以黏结出质量高的修理面。

固化温度必须在材料要求极限温度范围内,温度过高或过低都会引起原结构的损伤或材料的固化不够，影响修理质量。

(2)胶接修理。

纤维复合材料通常使用的是胶接修理，此胶接修理是指广义的修理，包括前面介绍的铺层修理等。本书介绍的是狭义的胶接修理。胶接修理是指对一个部件因损坏而裂成两个部分，或原有胶接连接构件出现脱胶损伤的情况，以特定的连接形式通过胶粘剂，使之连接成一体恢复其功能的方法。在有的情况下，胶接修理还需与机械连接修理一起对损伤实施修理。

在无人机结构上，进行胶接修理的一般为四种：单搭接、双搭接、斜搭接、梯形搭接。因为无人机通常使用 3 mm 厚的材料，且部位有较多的机械连接，所以通常使用单搭接或梯形搭接。

(3)机械连接修理。

机械连接修理是指在损伤结构的外部，用螺栓或铆钉固定一个外部补片，使损伤结构遭到破坏的载荷传递线路得以恢复的修理方法。机械连接修理方法通常与胶接一起使用，以达到修复后的使用强度要求。补片与连接面通常先使用胶接进行固定。

机械连接修理具有操作简单、性能可靠、结构强度相对较高、可以传递大载荷等优点。其缺点也比较突出，一般要想达到很好的效果，都要在结构上打紧固件孔。紧固件孔会削弱结构强度，改变或引起应力集中，以及相对其他修理方法会增加原结构的质量。

在纤维复合材料修理过程中，机械连接修理适用于被修理部件较厚且所修理部位对外形要求不高的结构件，以及外场快速修理的场合。根据紧固件的种类，机械连接又分为螺栓连接和铆钉连接。螺栓连接一般使用在无人机易活动或距离连接结构较近的位置，也使用在方便拆卸非永久固定的部位；而铆钉连接一般用于不容易损坏，且修复之后永久固定的位置，在对拆解无人机无影响时使用。

【项目评价】

项目学习完成后，进行项目检查与评价，检查评价单见表 6-1。

表 6-1　检查评价单

序号	评价内容	评价标准	分值	得分
1	知识运用(20%)	掌握相关理论知识，理解本次任务要求，制订了详细计划，且计划条理清晰、逻辑正确(20 分)	20 分	
		理解相关理论知识，能根据本次任务要求制订合理计划(15 分)		
		了解相关理论知识，制订了计划(10 分)		
		没有制订计划(0 分)		

续表6-1

序号	评价内容	评价标准	分值	得分
2	专业技能（40%）	掌握无人机维修常用工具的基础知识(40 分)	40 分	
		了解无人机集体常用材料的维修和保养(30 分)		
		没有完成任务(0 分)		
		具有良好的自主学习能力、分析并解决问题的能力,整个任务过程中有指导他人(20 分)		
3	核心素养（20%）	具有较好的学习能力、分析并解决问题的能力,整个任务过程中没有指导他人(20 分)	20 分	
		能够主动学习并收集信息,具有请教他人以解决问题的能力(10 分)		
		不主动学习(0 分)		
		设备无损坏、设备摆放整齐、工位保持整洁、没有干扰课堂秩序(20 分)		
4	课堂纪律（20%）	设备无损坏、没有干扰课堂秩序(20 分)	20 分	
		没有干扰课堂秩序(10 分)		
		干扰课堂秩序(0 分)		

【项目小结】

通过本项目的学习,掌握无人机维修常用工具的基础知识,具体包括无人机检查工具的使用、修理工具的使用、测试工具的使用。了解无人机集体常用材料的维修和保养,以及无人机航电系统控制设备的维修与保养。

【能力提高】

一、填空题

1. 水平仪主要用来对马达座和电机座进行水平校准,检测机臂、电机、飞控等安装是否________。

2. ________是精密测量工具,它是精密制造、精确标定的,是一切制造、装配、检验的基准。

3. 无人机修理工具主要用来对无人机的机体、部件等进行拆装、维护、修理等工作。常用的修理工具有包括球头钳、________、________螺丝刀、手持雕刻机、气吹等多种。

4. ________是机械维修中经常使用的工具,主要用来将损坏的轴承从轴上沿轴向拆卸下来,主要由旋柄、螺旋杆和拉爪构成。

5. 鸭嘴钳手柄长,钳头扁平,形状像鸭子嘴。在颚口内有________,用来增加对夹持物的摩擦力。较长的手柄提供了良好的夹持能力,用于拧保险丝结。

二、选择题

1. 螺距尺可以支持测量 800 mm 的主旋翼螺距,方便在 90 级直升机上使用。感应器正、负最大可测量的度数为90°,分辨率为(　　)。

A. 0.1°　　B. 0.2°　　C. 0.3°　　D. 0.4°

2. 圆头锤特征为一端为平头,另一端为球形头。通常用于某些部件的敲击。由于其锤面设计硬度大,因此只能用于锤击较硬的金属部件,而不能敲击铝及铜等软金属部件和螺栓。这类锤的质量是按无手柄的锤头质量来规定的,从(　　)克到上千克不等。

A. 几　　B. 几十　　C. 几百　　D. 零点几

3. 根据被测电流大小选择插孔。测量毫安级或微安级的电流时,将红表笔插入mA电流专用插孔,黑表笔插入COM孔。mA孔一般会设置一个(　　)mA的保险管。

A. 50　　B. 100　　C. 150　　D. 200

4. 碳纤维是指纤维中含碳量在(　　)%左右的碳纤维和含碳量在99%左右的石墨纤维。碳纤维具有不完整的石墨层片结构,几个至几十个石墨层片形成乱层石墨微晶,石墨微晶沿碳纤维轴向优先取向形成原纤维结构。

A. 65　　B. 75　　C. 85　　D. 95

5. 碳纤维密度小,在1.5~2.1 g/cm^3 范围内,聚丙烯腈基碳纤维的单丝直径为5.0~8.4 μm,而沥青基碳纤维的单丝直径约为(　　) μm。

A. 0.1　　B. 1　　C. 10　　D. 100

三、思考题

1. 无人机检修常用的工具有哪些?

2. 简述水平仪的使用方法。

3. 简述螺距尺的使用方法。

4. 简述万用表的使用方法。

5. 简述碳纤维材料的分类。

6. 玻璃纤维的性能有哪些?

项目6测试

项目 7　多旋翼无人机

【知识目标】

了解旋翼无人机的基础知识。

【能力目标】

掌握多旋翼飞行器的组成与构造。

【思政及素质目标】

1. 培养学生面对问题时能够进行分析、提出解决方案并实施的能力,培养他们承担挑战和解决问题的勇气和能力。

2. 培养学生具备客观评价和反馈的能力,包括对自身和他人的能力进行客观评估,并能够提供建设性的反馈和改进意见。

【学习路径】

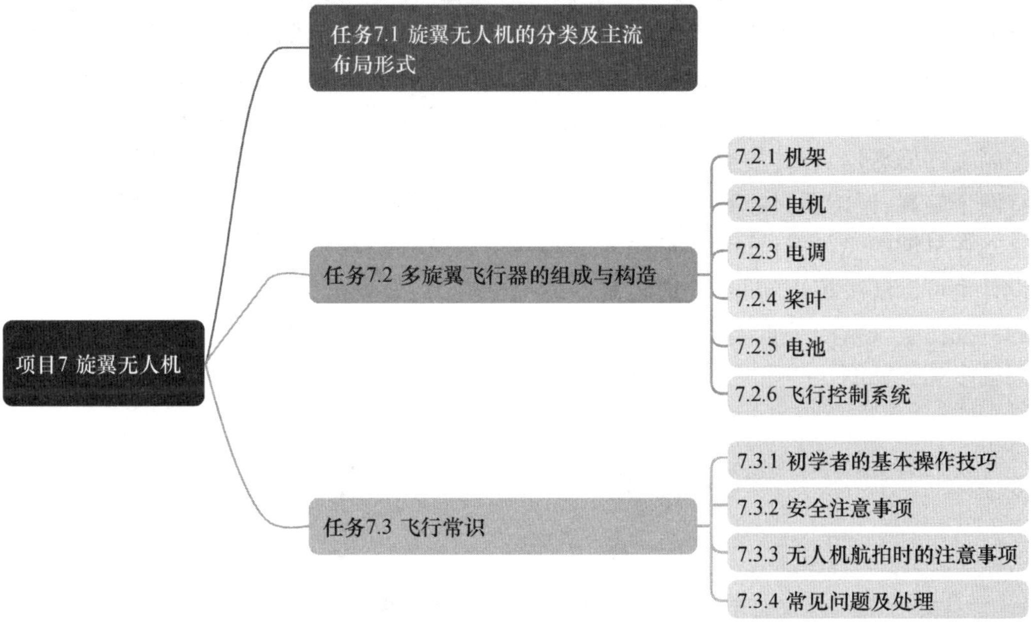

多旋翼飞行器作为无线电遥控的一种类型,历史尚浅。多旋翼无人飞行器理论开创于20世纪前十年,直升机研发之前,几家主要飞机生产商开发出在多个螺旋桨中搭乘飞行员的机型。这种设计开创了多旋翼飞行器的理论。

2007年以后,装配高性能压电陶瓷陀螺仪和角速度传感器(六轴陀螺仪)的多旋翼无人飞行器开始加速发展。伴随着飞行器技术的进步,多旋翼无人飞行器使用者急剧增加。这样,事故和故障也会相应增加,甚至会发展成社会问题。

任务7.1　多旋翼无人机的主流布局形式

多旋翼航空器是一种重于空气的航空器,其在空中飞行的升力由三个以上旋翼与空气进行相对运动的反作用获得、与固定翼航空器为相对的关系。

多旋翼飞行器又称多轴飞行器,它通常有三个以上的旋翼。飞行器的机动性通过改变不同旋翼的扭力和转速来实现。相比传统的单水平旋翼直升机,它构造精简,易于维护,操作简便,稳定性高且携带方便。常见的多旋翼飞行器(如四旋翼,六旋翼和八旋翼)被广泛用于影视航拍、安全监控、农业植保、电力巡线等领域。

旋翼无人机的分类及主流布局形式

多轴无人飞行器是一种具有两个旋翼轴以上的无人旋翼航空器,由每个轴末端的电动机转动、带动旋翼从而产生上升动力。以其中最常见的四旋翼为例,其有四个旋翼来举升和推进飞行。与固定翼飞机不同、它利用旋翼的旋转使飞行器升空。它的四个旋翼大小相同、分布位置对称,通过调整不同旋翼之间的相对转速来调节拉力和扭矩,控制飞行器悬停、旋转或航线飞行,这一点与直升机不同。常见的单旋翼尾桨式直升机有两个旋翼,尾旋翼只起到抵消主旋翼产生的扭矩、控制飞机机头指向的功能。

在早期的飞行器设计中,四轴飞行器被用来解决旋翼机的扭矩问题。主副旋翼的设计也可以解决扭矩问题,但副旋翼不能提供升力,效率低。因此,四轴飞行器是最早的一批比空气重的垂直起降飞行器,但其早期的型号性能很差,难以操控和大型化。不同轴多旋翼如图7-1和图7-2所示。

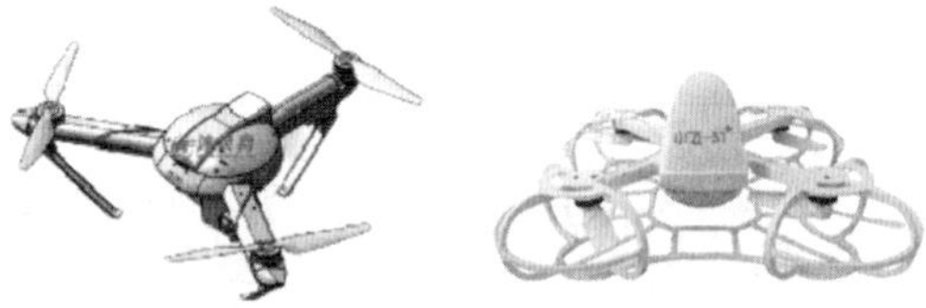

图7-1　三轴、四轴多旋翼

图7-2　六轴、八轴多旋翼

近年来,多轴飞行器在无人机领域获得了新生。其使用现代的电动动力装置和智能控制系统,飞行稳定,操控灵活,可以在户内和户外使用。与传统直升机相比,它有许多优点:旋翼总距固定,结构简单,每个旋翼的叶片较短,叶片末端的线速度慢,发生碰撞时冲击力小,不容易损坏,对人也更安全,有些小型四轴飞行器的旋翼还有外框,可有效避免磕碰和损坏。

任务7.2　多旋翼飞行器的组成与构造

相对于传统直升机,多旋翼飞行器最大的优势是结构与控制简单,劣势是速度慢。多旋翼飞行器多用于应急救灾、军用侦察、警用监视、娱乐、广电行业、航拍、电影取景等。多旋翼飞行器主要由机架、电机、电调和桨叶组成,为满足实际飞行需要,一般还需要配备电池、遥控装置及飞行控制系统等(图7-3)。

多旋翼飞行器的组成与构造

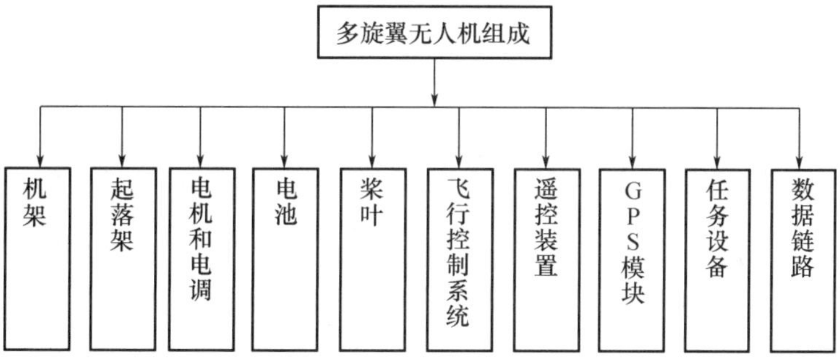

图7-3　多旋翼无人机组成

7.2.1　机架

机架是指多旋翼飞行器的机身架,是整个飞行系统的飞行载体,一般使用强度高、质量轻的材料,如碳纤维、PA66+30GF等材料(图7-4)。多旋翼飞行器起降时接触地面的(一般)是脚架。部分商用多轴飞行器有收放脚架功能或机架整体变形功能,其主要目的是改善机载任务设备视野。多旋翼无人机机体一般不使用玻璃纤维材料。

图7-4　碳纤维、PA66+30GF机架

7.2.2 电机

电机由电动机主体和驱动器组成，是一种典型的机电一体化产品。在整个飞行系统中，电机起到提供动力的作用（图 7-5）。

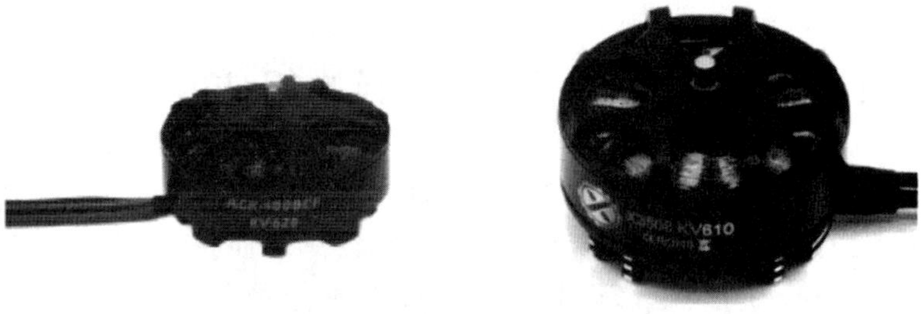

图 7-5 电机

电机是无人机的动力来源，通常分为无刷电机和有刷电机。多旋翼飞行器动力系统主要使用无刷外转子电机（每个轴一个）。无刷电机比有刷电机效率高，能驱动交流电机。

1. 电机的转速

电机的转速是指对应每伏特电压，电机每分钟旋转的圈数。例如，电机转速为 3 000 r/min，是指每分钟 3 000 r；标有 500 KV 字样，是指对应每伏特电压，电机提供 500 r 转速。

2. 电机的大小

不同的电机有不同的大小，用于不同的机型或不同的环境。其中，前两位数代表电机转子直径，后两位数代表电机的高度。例如，电机标有 2208 字样，是指该电机转子直径为 22 mm，高度为 8 mm；标有 3810 字样，是指该电机转子直径为 38 mm，高度为 10 mm。

7.2.3 电调

电调全称电子调速器（electronic speed controller，ESC）。在整个飞行系统中，电调主要提供驱动电机的指令，控制电机，完成规定的速度和动作等。

电子调速器是多旋翼无人机最重要的部件之一，是控制电机转速的直接设备，可以通过调整供电电压来调整电机转速。一般一个电机连接一个电调。与电机一样，电调通常被划分为有刷电调和无刷电调，多旋翼飞行器使用的一般为无刷电调。用遥控器设置电调，需要接上电机（负载运行）。

电调上最粗的红线和黑线用来连接动力电池，较细的白、红、黑三色排线又称杜邦线，用来连接飞控。电调与电机一般通过三根单色线连接（中等粗细），若任意调换其中两根与电机的连接顺序，会出现该电机反向运转。

为保证多旋翼飞行器稳定飞行，电调的电流一般设置为电池的 5~6 倍大小。例如，动力电池的持续输出电流为 5 A,该多旋翼飞行器可以选用 30 A 的电调,是指电调所能承受的最大瞬间电流是 30 A(图 7-6)

图 7-6　电子调速器

7.2.4　桨叶

桨叶是通过自身旋转,将电机转动功率转化为动力的装置。在整个飞行系统中,桨叶主要起到提供飞行所需的动能。桨叶按材质一般可分为尼龙桨、碳纤维桨(图 7-7)和木桨等。

图 7-7　碳纤维桨

7.2.5　电池

多轴飞行器动力装置多为电动系统的最主要原因是电动系统形式简单且电机速度响应快。多轴无人机一般采用的电池是聚合物锂电池(Li-Po),现在市面上在也有一些多旋翼无人机使用半固态及固态锂电池。

聚合物锂电池是小型电动无人机常用的动力电池,其标称电压为 3.7 V,满电电压为 4.2 V,长期保存电压为 3.8~3.9 V。充电时,超出满电电压的做法是错误的。

在实际应用中,单块芯电池往往不能满足需要。一般将多芯电池进行串并联使用。例如,某多轴动力电池标有 3S2P 字样,代表电池组先由三个单体串联,再将串联后的两组并联。由于电池串联,因此此时的电压为 3×3.7 V=11.1 V。反向可以推出某多旋翼飞行器标有 11.1 V,它是 3S 锂电池;动力电池标有 22.2 V,它是 6S 锂电池。

聚合物锂电池最大放电电流为额定电流乘放电倍率。电池上标有 25C 字样,C 代表放电倍率。例如,一块标有 30 000 mAh,5C 的电池,最大放电电流为 150 A;标有 8 000 mAh,20C 的电池,最大放电电流为 160 A(或 160 000 mA)。动力电池容量为

6 000 mAh,表示理论上,以 6 A 电流放电,可放电 1 h。

民航旅客行李中携带锂电池的额定能量超过 160 W · h 则严禁携带。

某多轴电调上标有“15 A”字样,是指电调所能承受的最大瞬间电流是 15 A。经测试,某多旋翼飞行器稳定飞行时,动力电池的持续输出电流为 10 A,该多旋翼飞行器可以选用 50 A 的电调。常见无人机锂电池及智能锂电池如图 7-8 所示。

图 7-8 常见无人机锂电池及智能锂电池

7.2.6 飞行控制系统

飞行控制系统集成了高精度的感应器元件,主要由陀螺仪(飞行姿态感知)、加速计、角速度计、气压计、GPS 及指南针模块(可选配),以及控制电路等部件组成。飞行控制系统通过高效地控制算法内核,能够精准地感应并计算出飞行器的飞行姿态等数据,再通过主控制单元实现精准定位悬停和自主平稳飞行。无人机可拓展飞行控制系统如图 7-9 所示。

无人机飞控与飞行常识

图 7-9 无人机可拓展飞行控制系统

大多数多轴飞行器自主飞行过程利用 GPS 实现高度、位置和速度感知。多轴飞行器飞控计算机的功能不包括接收地面控制信号。飞控硬件尽量安装在飞行器中心,链路天线应尽量远离飞控和 GPS 天线安装。

多轴飞行器中的GPS天线应尽量安装在飞行器顶部。GPS定位中,最少达到四颗星,才能够在飞行中保证基本的安全。四颗星可以正常定位,但是在实际操作中一般都要求GPS达到七颗星以上才能飞行。

任务7.3　飞 行 常 识

7.3.1　初学者的基本操作技巧

1. 起飞与降落

起飞时,需要确保无人机处于平稳平台,慢慢推高油门,使无人机缓缓离地。降落时,应逐渐减少油门,控制无人机缓慢降落到地面,以避免硬着陆。

2. 保持悬停

悬停是一项基础但重要的技能。通过练习悬停,飞行员可以熟悉飞行控制及无人机的响应。初学者最好在开阔空间中逐步练习,保持无人机稳定悬停在一定高度。

3. 飞行线路

在掌握基本的起降和悬停后,初学者可以开始练习简单的飞行线路,如"8"字形、对角线等。这些练习有助于熟悉无人机的方向控制和线路规划,同时提高飞行的精准度。

4. 调整视角

无人机通常配备摄像头,飞行中需要频繁调整摄像头的视角和拍摄角度。初学者应熟练掌握控制器上的相机调整功能,确保获得最佳拍摄画面。

5. 定期校准

无人机在多次飞行后可能会出现小范围的偏移。定期进行校准(如指南针和IMU校准)可以确保飞行状态稳定性和控制的准确性。

6. 模拟飞行练习

利用模拟飞行器进行飞行练习有助于熟悉操控技能,从而在真实飞行中应对更多突发情况。市面上有很多优质的无人机飞行模拟软件,可以提高飞行员的操作水平。

7.3.2　安全注意事项

1. 遵守法规

无论是业余爱好者还是职业操作者,都必须遵守当地的无人机飞行法规。这包括飞行高度限制、禁飞区等规定。这不仅是为了安全,也是为了合法飞行。

2. 选择适合地点

应选择开阔、无障碍物的场地进行飞行。避免在人群密集和建筑物密布的地区操控无人机,以防因意外而导致财产损失或人身伤害。

3. 电池管理

电池管理对飞行安全尤为重要。飞行前确保电池电量充足,并定期检查电池状态。避免长时间存放电池于过高或过低温度的环境,以延长电池寿命。

4. 天气因素

避免在恶劣天气条件下飞行,如大风、大雨等。恶劣天气会影响无人机的稳定性和控制,增加操作风险。

5. 持续监控

在飞行过程中保持无人机在视线范围内,确保随时可以进行调整和操作。时刻保持警惕,避免因分心而导致事故。

6. 定期维护

无人机在长时间使用后,需要进行定期维护,包括桨叶、引擎、飞行控制系统等的检查和替换。保持无人机处于最佳状态,刻不容缓。

7.3.3 无人机航拍时的注意事项

1. 设备检查

航拍前应彻底检查无人机的状态,包括机体完整性、螺旋桨的固定情况、相机和云台功能是否正常。这有助于避免出现飞行中断或拍摄不稳定的状况。

2. 画面稳定性

为获得清晰稳定的航拍图像,建议使用云台稳定装置。此外,飞行过程中尽量保持平稳,避免急刹和剧烈动作,这样拍摄出来的画面才会更清晰。

3. 操控技巧

推荐在拍摄过程中尽量保持慢速飞行,以提高画面的稳定性和画质。尤其在大景别拍摄时,更需注意飞行速度和方向的平稳控制。

4. 储存管理

确保相机的存储卡有足够空间,建议准备多张存储卡备用,以免航拍过程中存储空间不足而无法记录。

5. 光线条件

注意拍摄时的光线条件,选择合适的时间段(如早晨或傍晚)进行拍摄,以获得最优质的光照效果。如果需要在高对比度环境下拍摄,考虑使用 ND 滤镜来减弱光线强度。

6. 拍摄规划

在正式拍摄前进行细致的拍摄规划,包括选择拍摄路径、预估拍摄目标和画面构图等。这样可以有效提高拍摄效率,并确保获取到想要的画面内容。

7. 备用设备

准备备用设备,如电池、桨叶和存储卡等,以防拍摄过程中出现设备故障或意外情况。确保有足够的资源完成拍摄任务。

8. 避免信号干扰

在拍摄时应避免在信号干扰较强的区域飞行,如高压电缆、大型建筑物等,以减少无人机和控制器之间信号中断的风险。

9. 定期清洁镜头

确保摄像机镜头保持干净,无灰尘和污垢,防止影响拍摄画质。使用专业的清洁工具和液体,轻柔擦拭镜头。

7.3.4 常见问题及处理

1. GPS 信号丢失

如果飞行过程中 GPS 信号丢失,首先保持冷静,确保无人机悬停稳定。可以检查周围环境因素可能导致信号干扰,或调整飞行高度和位置,尝试重新连接 GPS 信号。

2. 电池低电量警报

当电池电量低于预设值时,控制系统会发出警报。此时应立即返航并降落,避免因电量耗尽而导致无人机坠落。

3. 云台异常

若发现相机画面晃动或不稳定,应检查云台的固定是否松动或驱动装置是否故障,进行调整和修理。

4. 通信中断

如果无人机与遥控器的信号中断,应让无人机进入自动返航模式。大多数高级无人机会在通信中断时自动返航,以保证安全。

5. 飞行器失控

如果无人机失去控制,应立即启动紧急停止措施或自动返航功能,同时确保空中没有其他障碍物,避免进一步意外。

6. 校准误差

若发现无人机飞行中途倾斜或偏移,应重新进行指南针和 IMU 校准,确保无人机能精准控制飞行方向和姿态。

7. 图像传输延迟

在拍摄过程中,若发现图像传输存在明显延迟,可能是信道繁忙或者干扰过大。应尝试更换信道,或尽可能避开干扰强的环境。

【项目评价】

项目学习完成后,进行项目检查与评价,检查评价单见表 7-1。

表 7-1　检查评价单

序号	评价内容	评价标准	分值	得分
1	知识运用（20%）	掌握相关理论知识，理解本次任务要求，制订了详细计划，且计划条理清晰、逻辑正确（20分）	20分	
		理解相关理论知识，能根据本次任务要求制订合理计划（15分）		
		了解相关理论知识，制订了计划（10分）		
		没有制订计划（0分）		
2	专业技能（40%）	能够掌握旋翼无人机的主要分类与主流布局形式（40分）	40分	
		了解多翼飞行原理、导航控制系统与无人机飞行的一些常识和注意事项（30分）		
		没有完成任务（0分）		
		具有良好的自主学习能力、分析并解决问题的能力，整个任务过程中有指导他人（20分）		
3	核心素养（20%）	具有较好的学习能力、分析并解决问题的能力，整个任务过程中没有指导他人（20分）	20分	
		能够主动学习并收集信息，具有请教他人以解决问题的能力（10分）		
		不主动学习（0分）		
		设备无损坏、设备摆放整齐、工位保持整洁、没有干扰课堂秩序（20分）		
4	课堂纪律（20%）	设备无损坏、没有干扰课堂秩序（20分）	20分	
		没有干扰课堂秩序（10分）		
		干扰课堂秩序（0分）		

【项目小结】

通过本项目的系统学习，了解旋翼无人机的主要分类与主流布局形式，掌握多旋翼无人器的组成与构造，学习多翼飞行原理、飞行控制系统和无人机飞行的一些常识和注意事项。

【能力提高】

一、填空题

1. 相对于传统直升机，多轴最大的优势是结构与控制简单，劣势是________。

2. 部分商用多轴飞行器有收放脚架功能或机架整体变形功能，其主要目的是________。

3. 电机由电动机主体和驱动器组成，是一种典型的机电一体化产品，在整个飞行系统中起到________的作用。

4. 电子调速器是多旋翼无人机最重要的部件之一,是控制电机转速的直接设备,可以通过调整________来调整电机转速。

5. 无人机动力电池一般分为________、聚合物锂(Li-Po)电池、________、镍镉(Ni-Cd)电池。

二、选择题

1. 不同的电机有不同的大小,用于不同的机型或者不同的环境。其中,前两位数代表电机转子直径,后(　　)位数代表电机的高度。

A. 一　　B. 两　　C. 三　　D. 四

2. 一般锂聚合物电池上都有(　　)组线。

A. 一　　B. 两　　C. 三　　D. 四

3. 六轴飞行器安装有(　　)个顺时针旋转螺旋桨,(　　)个逆时针旋转螺旋桨。

A. 三　三　　B. 四　四　　C. 五　五　　D. 六　六

三、思考题

1. 什么是旋翼航空器?

2. 简述按起飞质量分类的旋翼无人机种类。

3. 简述多旋翼飞行器的组成与构造。

4. 简述无人机的导航控制系统。

项目 7 测试

参 考 文 献

[1]于坤林,刘肩山.无人机导航与通信技术[M].北京:北京理工大学出版社,2022.
[2]马彦恒,褚丽娜,李根,等.无人机高机动条件下SAR成像[M].北京:北京航空航天大学出版社,2022.
[3]王希彬,戴洪德,赵国荣,等.无人机同时定位与地图创建技术[M].北京:北京航空航天大学出版社,2022.
[4]于坤林.无人机操控技术与任务设备[M].北京:北京理工大学出版社,2022.
[5]张文博,肖洪,李爽.无人机测绘技术应用及成本研究[M].长春:吉林科学技术出版社,2022.
[6]聂成龙,徐英,于永利,等.集群无人机可靠性建模与评估[M].西安:西安电子科学技术大学出版社,2022.
[7]杨森,苏立军.四旋翼无人机自主控制技术[M].北京:北京理工大学出版社,2022.
[8]申时凯,佘玉梅.人工智能时代无人机通信先进技术及其实现研究[M].长春:吉林大学出版社,2022.
[9]闫利.低空无人机遥感技术与应用[M].武汉:武汉大学出版社,2022.
[10]孙永生,舒振杰,付强.无人机+产业延庆民用无人驾驶航空试验区的探索[M].北京:机械工业出版社,2022.
[11]王毅,张恩正.无人机飞行原理[M].成都:西南交通大学出版社,2022.
[12]吴道明,刘霞.无人机操控技术[M].北京:机械工业出版社,2022.
[13]胡健生,罗卫兵,张倩.小型无人机技术与应用[M].西安:西安电子科学技术大学出版社,2022.
[14]吕建涛,苏建平,蒋志超.无人机摄影测量[M].郑州:黄河水利出版社,2021.
[15]房余龙.无人机技术与应用[M].苏州:苏州大学出版社,2021.
[16]唐大全,鹿珂珂.无人机导航与控制[M].北京:北京航空航天大学出版社,2021.
[17]马国利.无人机基础概论[M].西安:西北工业大学出版社,2021.
[18]何景武,谢长川.无人机专业应用型人才培养规划教材无人机结构设计[M].北京:北京航空航天大学出版社,2021.
[19]董彦非,李继广.固定翼无人机技术[M].西安:西安电子科学技术大学出版社,2021.
[20]沈延安,李俊.无人机光电吊舱智能化检测诊断与维护[M].合肥:中国科学技术大学出版社,2021.
[21]何雄奎.植保无人机与施药技术[M].2版.西安:西北工业大学出版社,2021.
[22]丁全心.无人机系统技术丛书无人机系统任务载荷技术[M].北京:航空工业出版

社,2021.
[23]王祥科,沈林成,李杰.无人机系统特征技术系列无人机集群控制理论与方法[M].上海:上海交通大学出版社,2021.
[24]符艳军.无人机系统研究与应用丛书无人机景象匹配技术[M].西安:西北工业大学出版社,2021.
[25]陈震,程千,苏欣,等.无人机光谱感知作物信息及变量灌溉方法研究[M].郑州:黄河水利出版社,2021.
[26]王耀坤,郭伟丰,高静.无人机系统概论[M].北京:北京航空航天大学出版社,2020.
[27]张胜逊,戴伟军.无人机综合应用[M].武汉:华中科技大学出版社,2020.
[28]黄智刚,郑帅勇.无人机通信与导航[M].北京:北京航空航天大学出版社,2020.
[29]贾玉红.无人机系统概论[M].北京:北京航空航天大学出版社,2020.
[30]赵中营.无人机植保技术[M].北京:机械工业出版社,2020.
[31]张琪.无人机仿真技术[M].北京:航空工业出版社,2020.
[32]张月义.无人机结构与原理[M].西安:西北工业大学出版社,2020.
[33]王冬梅.无人机测绘技术[M].武汉:武汉大学出版社,2020.